はじめに

生物は，生物基礎をさらに発展した科目であり，大学入試において
本書では基礎から応用までをコンパクトにまとめ，無理なく実力が高められるように工夫をしました。本書の問題を繰り返し学習することで，定期テストや大学受験に対応できる学力を効率的に身につけていきましょう。

帆苅 信

本書の特色としくみ

①各単元は **STEP 1**，**2** の2段階で構成されています。**STEP 1** では基礎的な問題で知識の確認を，**STEP 2** では標準的なレベルの問題で定期テストや共通テストに向けた力が養えます。

②各章末には **STEP 3** として，よりレベルの高い問題を掲載しています。はじめに「チャレンジ例題」で考え方を確認し，次に「チャレンジ問題」に取り組みましょう。

③解答・解説は詳しくわかりやすい説明となるようにしています。

アイコンの説明

- 用語：単元の重要語を解説しています。
- 参考：発展的な内容を含む，参考となる事項を掲載しています。
- *Hints*：問題の解き方や着眼点を掲載しています。こちらを参考に問題に取り組みましょう。
- 確認：問題を解く上での確認事項を解説しています。
- 注意：注意すべき間違えやすい事項を掲載しています。

目次

1

第1章 生物の進化

生命の起源と進化

STEP 1 基本問題

解答→別冊1ページ

1 [進化と系統，共通性] 次の文章の空欄に適語を入れなさい。

生物を分類する基本的な単位を(①)といい，現在地球上には多様な生物が生息している。生物が世代を経て形質を変えることを(②)といい，その道筋を(③)という。生物は共通の祖先から枝分かれして多様な生物が誕生したと考えられており，すべての生物は，(④)からできている，遺伝物質として(⑤)をもっている，エネルギーを利用する，自分と同じような個体をつくる能力である(⑥)能力をもつ，恒常性をもつといった共通性が見られる。

①(　　　　　) ②(　　　　　) ③(　　　　　)
④(　　　　　) ⑤(　　　　　) ⑥(　　　　　)

重要 **2** [生命の起源と進化] 次の文章を読み，あとの問いに答えなさい。

地球は約(①)億年前に誕生し，無機物からなる原始大気をもつようになった。この頃の地球には，生物に欠かせない有機物は存在していなかったと考えられているが，1953年にアメリカの(②)が，原始大気を想定した混合ガス中で放電することで(③)などの有機物の合成に成功したことから，無機物から有機物を合成できることが示された。また，現在の海底に見られる(④)では，高温高圧でメタン，水素，アンモニアなどが噴出していることから，有機物はこのような場所で生じた可能性もある。

生命が誕生する以前の有機物の生成過程を(⑤)という。生命の誕生において重要な有機物は(⑥)，タンパク質，脂質であり，(⑥)とタンパク質がリン脂質からなる膜構造に包まれることにより細胞がつくられ，生命が誕生したと考えられている。最初の生命では遺伝情報は(⑦)に保持されており，あわせて触媒作用ももっていたと考えられている。その後，遺伝情報を保持する役割はより安定的な構造をもつ(⑧)に，触媒作用の役割はより効率的に行うことができる物質である(⑨)に移ったと考えられている。

Guide

参考 種(しゅ)

現在地球上には1000万種を超える生物の種が生息していると考えられているが，記録されている種は約190万種である。

確認 生命の起源

原始地球での生命誕生の過程は，
①**有機物**(**アミノ酸**や**塩基**)の誕生と蓄積
②**生体物質**(**タンパク質**や**核酸**)の形成
③**細胞構造**の誕生
④**代謝**と**自己複製**系の完成
の4段階からなっている。第1段階を実証するものとして，ミラーらの実験が有名であるが，彼らが用いた還元型の大気は現在否定されており，原始地球の大気は CO_2，N_2，H_2O が中心の酸化型の大気であったと考えられている。また，①の有機物の誕生と蓄積については，海洋底の**熱水噴出孔**周辺で起こったとする説や隕石(いんせき)などによって運ばれたとする説もある。

(1) 文章中の空欄に適語を入れよ。

①(　　　　　　)　②(　　　　　　)　③(　　　　　　)

④(　　　　　　)　⑤(　　　　　　)　⑥(　　　　　　)

⑦(　　　　　　)　⑧(　　　　　　)　⑨(　　　　　　)

(2) 右の図は，文章中の下線部の実験に使われた装置を示しており，図中の a～e は，原始地球の状況を再現したものであるという。それぞれ次のどのような状況を再現したものか，記号で答えよ。

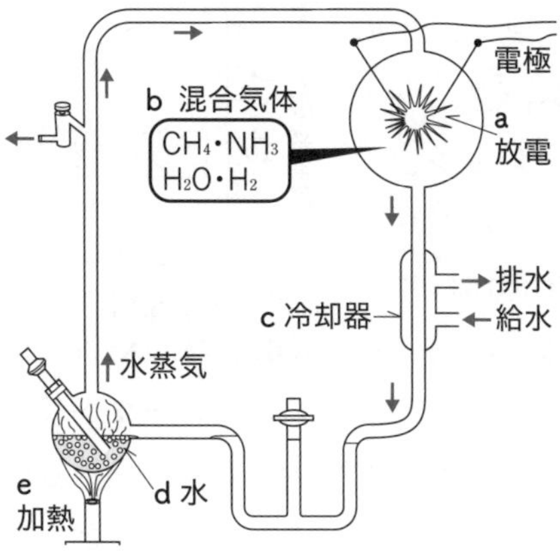

ア 海　　**イ** 雨

ウ 雷・紫外線　　**エ** 太陽　　**オ** 大気　　**カ** 地熱

a(　　)　b(　　)　c(　　)　d(　　)　e(　　)

(3) (2)の装置を数日間動かしたところ，検出されたものとして適当なものを次の**ア**～**エ**から選び，記号で答えよ。

ア アミノ酸　　**イ** 核酸　　**ウ** タンパク質　　**エ** 酸素

(　　　　　　)

重要 **3** [シアノバクテリア] 次の文章を読み，あとの問いに答えなさい。

約 27 億年前の地層から(①)という層状構造をもった大量の岩石が発見されている。これはシアノバクテリアがその時代に大繁殖していたことを示している。シアノバクテリアの増殖の結果，放出された(②)は水中のみにとどまらず，大気中に蓄積し，紫外線による反応で(③)が形成された。また，シアノバクテリアの一部は葉緑体として真核生物に共生したという説が有力であり，その説ではミトコンドリアは(④)が共生したといわれている。

(1) 文章中の空欄に適語を入れよ。

①(　　　　　　　　)　②(　　　　　　　　)

③(　　　　　　　　)　④(　　　　　　　　)

記述 (2) (③)が形成された結果，どのようなことができる環境になったか。(　　　　　　　　)

(3) 下線部の説を何というか。　(　　　　　　)

記述 (4) (3)の説の根拠を１つ説明せよ。

(　　　　　　　　　　　　)

参考 **RNA ワールド**

RNA が遺伝情報を担っていた時代を **RNA ワールド**という。これに対し，現生の生物のように DNA が遺伝情報を担い，タンパク質が触媒作用を担う時代を **DNA ワールド**という。

確認 **ミラーの実験**

ミラーは水素(H_2)，メタン(CH_4)，アンモニア(NH_3)，水蒸気(H_2O)を放電管に密封し，放電・冷却・加熱を繰り返す実験を行った。その結果，生成された液体の中からアミノ酸などの有機物が検出された。

用語 **シアノバクテリア**

シアノバクテリアは原核生物であり，約 27 億年前に大繁殖していたと言われている。**ストロマトライト**はその痕跡を示す。光合成の結果，放出された酸素は，海水中に溶けている鉄分と反応して酸化鉄として沈殿，堆積した。これが縞状鉄鉱床(しまじょう)の起源と考えられている。水中の酸素は大気中に蓄積し，紫外線と反応して**オゾン層**を形成した。オゾン層は生物にとって有害な紫外線を吸収する役割をもつ。現在でもシアノバクテリアは富栄養化した湖沼では大発生し，**アオコ**の原因となっている。

STEP 2 標準問題

解答 ➔ 別冊1ページ

重要 **1** **［細胞の進化］** 右の図は，生物の誕生から現在までの大気中の酸素と二酸化炭素の濃度変化の概略図である。次の文章を読み，あとの問いに答えなさい。

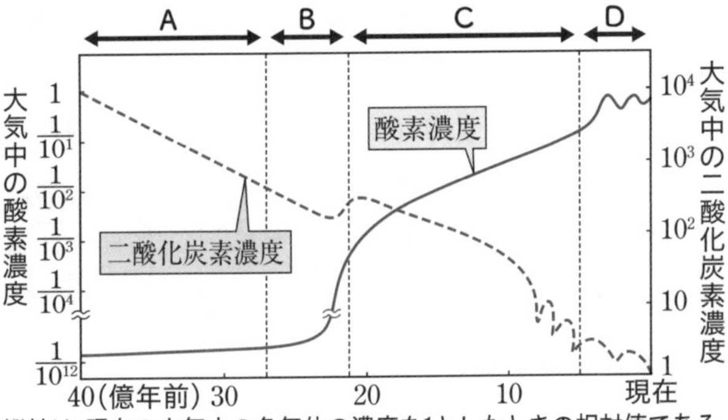

縦軸は，現在の大気中の各気体の濃度を1としたときの相対値である。

図のA以前の原始大気で最も多いのは二酸化炭素で，酸素はほとんど存在しなかった。この間，原始海洋には有機物が蓄積していった。Aの時期になると，生物が誕生し，海洋中には大きく2つのグループが現れた。1つは有機物をとり込み，それを分解してエネルギーを得る(①)であり，もう1つは火山活動などによるメタンや水素などを酸化したときに遊離するエネルギーで，有機物を合成する(②)である。Bの時期になると，(③)が出現した。(③)は二酸化炭素を吸収して酸素を放出した。すなわちB～Dの時期において，二酸化炭素が減少し，酸素濃度が増加するのは(③)が創始した(④)のためである。一方，Aの時期にも別のタイプの(④)を行う(⑤)が存在した。(⑤)は(⑥)を電子供与体としたため，この物質が多量に存在する場所でしか生息できず，地球上に豊富にある(⑦)を電子供与体とする(③)は地球上に広く分布することができた。当初放出された酸素は，海水中の(⑧)を酸化して大量の(⑨)となって沈殿したが，現在これを人類は(⑩)として用いている。

やがて酸素が海水中の(⑧)を酸化しつくすと，水中の酸素濃度が増加し始めた。この環境の変化に対応して，<u>酸素を利用して呼吸するものが現れた</u>。細胞内共生説によると，約21億年前に好気性細菌が嫌気性古細菌に共生して(⑪)が誕生した。この好気性細菌は(⑫)という細胞小器官になった。またCの時期には，(③)が(⑪)に共生して植物細胞ができた。この(③)は(⑬)になった。Dの時期には，大気中の酸素濃度が10％を超え，生物は陸上に進出していった。

(1) 文章中の空欄に適語を入れよ。

記述 (2) 下線部について，酸素を利用して呼吸する利点を簡潔に答えよ。

［岩手大－改］

1

(1)	①	
	②	
	③	
	④	
	⑤	
	⑥	
	⑦	
	⑧	
	⑨	
	⑩	
	⑪	
	⑫	
	⑬	
(2)		

2 **［真核細胞の出現］** 次の文章を読み，あとの問いに答えなさい。

細胞の中にはいろいろな細胞小器官がある。その細胞小器官，特にミトコンドリアと葉緑体の起源については，大きく2つの考え方がある。１つは，細胞の進化にともなって細胞質が分化して細胞小器官が生じたとする考え方，もう１つは（ A ）が提唱した細胞内共生説で，かつてはほかの生物だったものが，細胞内に共生することによって生じたとする考え方である。現在では後者の考え方が有力となっている。

ミトコンドリアや葉緑体は，核と同じように（ B ）をもち，細胞内で分裂・増殖できる。また，これらの細胞小器官では突然変異が起こることが知られており，同一種でもいろいろなタイプのミトコンドリアや葉緑体が存在する。真核細胞に見られるミトコンドリアと葉緑体は，細胞の進化の過程でほかの生物が嫌気性細菌の細胞内に共生することによってできたと考えられている。

(1) 文章中のA，Bに適語を入れよ。

記述 (2) 上の文章で述べられていること以外で，細胞内共生説の根拠となることを１つ，簡潔に答えよ。　〔帯広畜産大－改〕

重要 **3** **［生物の変遷］** 右下の表は，地球ができてから現在までの変遷をまとめたものである。次の問いに答えなさい。

(1) ①～⑨に入る最も適切な語句を次からそれぞれ選び，記号で答えよ。

ア 動物
イ 植物
ウ 第四紀
エ カンブリア紀
オ ペルム紀
カ ジュラ紀
キ シルル紀
ク 原核生物
ケ 恐竜
コ 真核生物

年前	地質時代の区分		生物の変遷
46億	先カンブリア時代		地球の誕生
40億			生命の誕生
30億			シアノバクテリアの出現
21億			① の出現
	古生代	②	生命の爆発的進化
5億		オルドビス紀	③ の陸上進出
		④	シダ植物の出現
4億		デボン紀	⑤ の陸上進出
		石炭紀	ハ虫類の出現
3億		⑥	三葉虫類の絶滅
	中生代	三畳紀	哺乳類の出現
2億		⑦	鳥類，被子植物の出現
1億		白亜紀	⑧ の繁栄・絶滅
	新生代	古第三紀	哺乳類の発展
		新第三紀	人類の出現
		⑨	ヒトの出現・繁栄

(2) 表内の下線部について，シアノバクテリアがその後繁栄したことを示す岩石の層状構造を何というか。

(3) ① について，ミトコンドリアは好気性細菌が，葉緑体はシアノバクテリアが細胞内に共生してできたという説を何というか。

(4) ③ について，陸上進出を可能にする要因となった，紫外線を吸収する大気の層を何というか。

2

(1)	A	
	B	
(2)		

Hints

ミトコンドリアも葉緑体も，DNAのほか独自のリボソームやtRNAをもっており，タンパク質合成も行っている。さらにどちらも分裂によって増殖する。

3

(1)	①	②
	③	④
	⑤	⑥
	⑦	⑧
	⑨	
(2)		
(3)		
(4)		

2 生殖と減数分裂

STEP 1 基本問題

解答→別冊2ページ

重要 **1** ［生殖］次の図は，いろいろな生物の生殖法を示したものである。あとの問いに答えなさい。

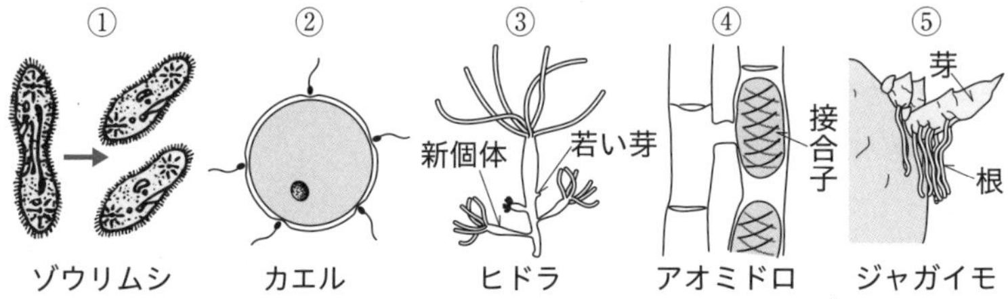

(1) 図の①～⑤の生殖法をそれぞれ何というか。

①(　　　　) ②(　　　　) ③(　　　　)
④(　　　　) ⑤(　　　　)

(2) 図であげた生物以外で①～⑤の生殖法を行う生物をそれぞれ1つずつあげよ。

①(　　　　) ②(　　　　) ③(　　　　)
④(　　　　) ⑤(　　　　)

(3) 図の①～⑤の生殖法のうち，有性生殖にあてはまる生物をすべて選べ。(　　　　)

記述 (4) 有性生殖と無性生殖を比較したとき，無性生殖の有利な点と不利な点をそれぞれあげよ。

有利な点(　　　　)
不利な点(　　　　)

重要 **2** ［ヒトの染色体］ 次の図は，ヒト(男性)の染色体構成を示したものである。あとの問いに答えなさい。

ヒト(男性)の染色体構成

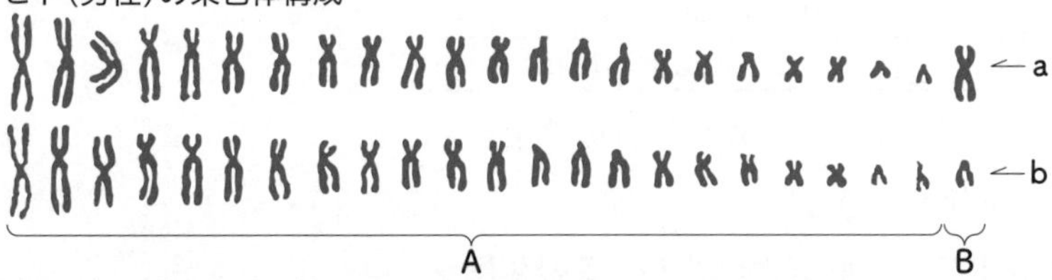

(1) ヒトの体細胞の染色体数は何本か。(　　　　本)

(2) 図のA，Bの染色体はそれぞれ何とよばれるか。

A(　　　　) B(　　　　)

Guide

用語 無性生殖

配偶子によらない生殖法をいう。配偶子という特別な細胞をつくらないこと，配偶子の合体という複雑な過程を必要としないことから，増殖が起こりやすい利点がある。一方，生じる子は親と遺伝的に同一で，遺伝的多様性をもたない。その結果，生育に不都合な環境などでは全個体が死滅するリスクがある。

用語 有性生殖

配偶子による生殖法をいう。ふつう2個の配偶子が合体する**接合**(**受精**)で新しい個体ができる。配偶子をつくる必要があること，配偶子が合体するという過程を経ることから，増殖速度は遅い。しかし，減数分裂と接合(受精)によって，多様な遺伝子構成の子が生じるため，環境が変化しても適応できる個体が生じ得る。

用語 染色体

DNAと**ヒストン**などのタンパク質からなり，間期には糸状に分散し，分裂期にはひも状に凝縮して，前期には縦裂する。

(3) 図のBの染色体には，a，bの2種類があり，aの染色体は男性の細胞にも女性の細胞にも見られる。それぞれ何とよばれるか。　　a(　　　　　)　b(　　　　　)

(4) ヒトの染色体には，図のAのように，形や大きさが同じ染色体が2本ずつ含まれている。この対になる同じ染色体を何というか。　(　　　　　)

(5) ヒトの男女では，染色体構成の違いが見られる。ヒトのような性決定の様式を何というか。　(　　　　　)の(　　　)型

(6) 図のaの染色体上の遺伝子による遺伝は，性の違いによって現れ方が異なることがある。このような遺伝子による遺伝を何というか。　(　　　　　)

3 ［減数分裂］次の動物細胞の減数分裂を示した図を見て，あとの問いに答えなさい。

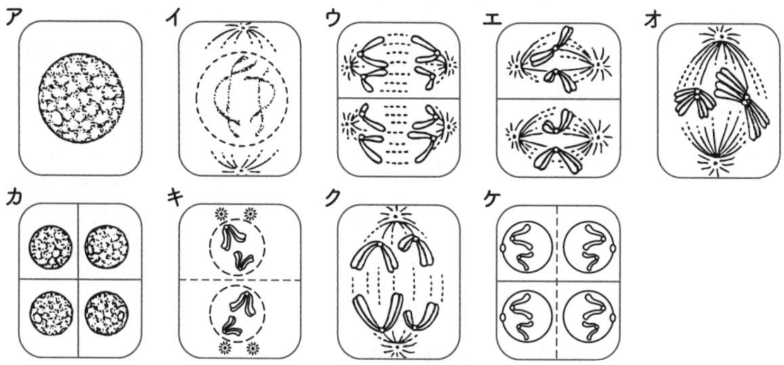

(1) 図の**ア**～**ケ**を減数分裂の過程の順番に並べよ。ただし，**ア**を分裂過程の最初とする。

(**ア** →　→　→　→　→　→　→　→　)

(2) 図の**ア**～**ケ**のうち，a 第一分裂前期，b 第一分裂後期，c 第二分裂中期に相当するものはそれぞれどれか。

a(　　　)　b(　　　)　c(　　　)

(3) 第一分裂前期末に相同染色体どうしが平行に並んで接着する。

① このことを何というか。　(　　　　　)

② これによって生じる染色体を何というか。　(　　　　　)

③ これによって見かけの染色体数がどのように変化するか。

(　　　　　)

記述 (4) (3)のとき，染色体数の変化だけでなく，別の現象が起こることがある。それはどのような現象か，簡潔に答えよ。

(　　　　　　　　　　　　　　)

用語 **相同染色体**

体細胞には同じ形・同じ大きさの染色体が2本ずつあり，この対になる染色体を**相同染色体**という。ふつうn対あるので，染色体数は**$2n$**と表される。

注意 **染色体数**

細胞1つがもつ染色体の本数をいう。相同染色体は，見かけは同じだが，含まれる遺伝子は異なるので，別の染色体と考える。間期のうちのS期にDNAの複製が行われ，DNA量は2倍になるが染色体数は変わらない。減数分裂時には，第一分裂で染色体数が半減し，$2n \to n$になる。ヒトの体細胞の染色体数は$2n = 46$

確認 **常染色体と性染色体**

雌雄で染色体構成が異なる性決定をする生物で，雌雄に共通の染色体を**常染色体**，雌雄で数や種類が異なる染色体を**性染色体**という。性染色体によって性決定の型が決まる。ヒトやショウジョウバエの性決定の様式は**雄ヘテロのXY型**，ニワトリやカイコガの性決定の様式は**雌ヘテロのZW型**。

用語 **二価染色体**

減数第一分裂前期末に相同染色体が**対合**してできる染色体で，実質4本分の染色体からなる。二価染色体は第一分裂中期に赤道面に並んだのち，第一分裂後期に対合面で分離する。

STEP 2 標準問題

解答→別冊3ページ

1 [生殖] 次のa～fはさまざまな生殖法を示したものである。あとの問いに答えなさい。

a 受精　b 出芽　c 分裂　d 接合　e 栄養生殖　f 胞子生殖

(1) a～fのうち，有性生殖をすべて選べ。

(2) a～fの生殖法を行う生物例を，次から1つずつ選べ。

ア 酵母　**イ** アオサ　**ウ** オニユリ　**エ** ミドリムシ

オ サケ　**カ** シイタケ

(3) 無性生殖について，誤っている記述を，次から1つ選べ。

ア 塊茎(かいけい)で増えたジャガイモは，親と同じ遺伝形質を示す。

イ 出芽で増えたヒドラの個体は，親と遺伝的に異なっている。

ウ バラをさし木で増やす方法は，栄養生殖を利用している。

エ 配偶子によらない生殖法である。

(4) 生物の生殖について，適切な記述を，次から3つ選べ。

ア 生殖細胞とは卵，精子，接合子のことで，胞子は含まれない。

イ 無性生殖は，短時間に多くの子を形成することができるので，安定した環境下では，一般的に有性生殖よりも有利である。

ウ 胞子の遺伝子型は，親個体の遺伝子型と常に同じである。

エ 無性生殖では，子の遺伝的多様性が高く，変化の多い環境下で子を残しやすいので，一般的に有性生殖よりも有利である。

オ タマネギのりん茎は，複数の葉由来の栄養生殖器官である。

カ 動物だけでなく，植物中にも精子をつくるものがある。

1

(1)		
(2)	a	b
	c	d
	e	f
(3)		
(4)		

Hints

有性生殖は配偶子をつくり，その2つが合体して新個体となる。そのため増殖は複雑で遅いが，子の遺伝的多様性が高い。胞子生殖はふつう無性生殖に分類されるが，コケやシダのように減数分裂で胞子が形成される場合は，親と胞子の遺伝子型は異なるので，無性生殖ではない。

2 [染色体構成] 右下の図は，ある動物の体細胞の染色体構成を示したものである。次の問いに答えなさい。

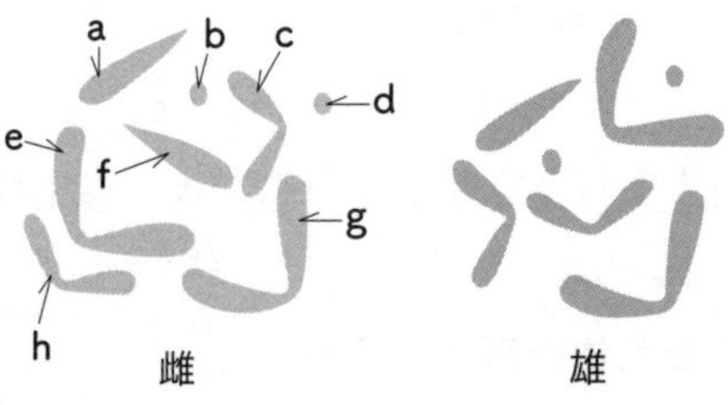

(1) この動物の性決定の様式は，次のうちどれか。

ア XY型　**イ** XO型

ウ ZW型　**エ** ZO型

(2) 性決定の様式がこの動物と同じものを，次から2つ選べ。

ア キイロショウジョウバエ　**イ** ニワトリ　**ウ** キリギリス

エ ミノガ　**オ** ヒト　**カ** シオカラトンボ　**キ** カイコガ

(3) 図のeとgの染色体は，見かけの大きさや形がほぼ同じ染色体である。このような染色体を何というか。

2

(1)	
(2)	
(3)	
(4)	
(5)	

Hints

雌雄で染色体数が異なるのはXO型とZO型である。染色体数が，雄で1本少ないのが雄ヘテロのXO型，雌で1本少ないのが雌ヘテロのZO型。

(4) 図のa～hの染色体のうち，性染色体をすべて選べ。

(5) 常染色体の1組をAで表すものとすると，この動物の雄がつくる精子の染色体構成はどのように示すことができるか。例にならって，できるものすべてを示せ。　(例)2A＋XX

［東京慈恵会医科大－改］

3 **［染色体の構造］** 下の図は，遺伝子を含むDNA分子と染色体の構造の関係を示したものである。あとの問いに答えなさい。

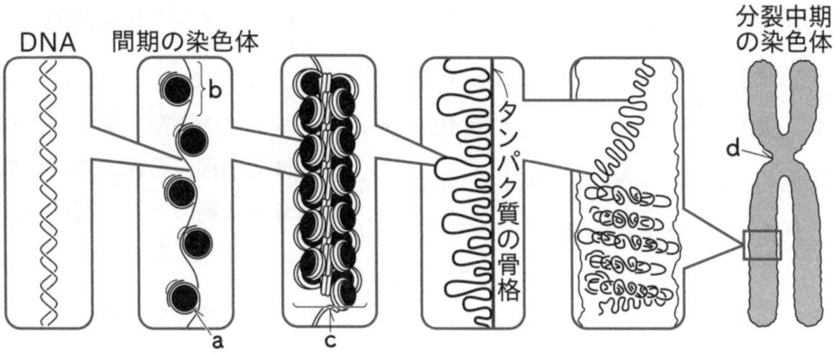

(1) 図中のa～dで示すものはそれぞれ何か。

記述 (2) 図中のdはどのようなはたらきのある部位か，簡潔に答えよ。

記述 (3) 図の分裂中期の染色体は体細胞分裂のものである。減数分裂の第一分裂で見られる染色体との違いを簡潔に答えよ。

3

(1)	a	
	b	
	c	
	d	
(2)		
(3)		

Hints

DNAはヒストンに巻きついてヌクレオソームを形成する。核内に分散している染色体(クロマチン)は，分裂時には規則的に積み重なってクロマチン繊維を形成する。

重要 **4** **［減数分裂］** 右下の図は，配偶子形成などの時期の細胞1個あたりのDNA量の変化を示したものである。次の問いに答えなさい。

(1) 図において，DNA量はある時期に決まって増減する。次に示す時期に起こっていることはそれぞれ何か。

① d　② f　③ h

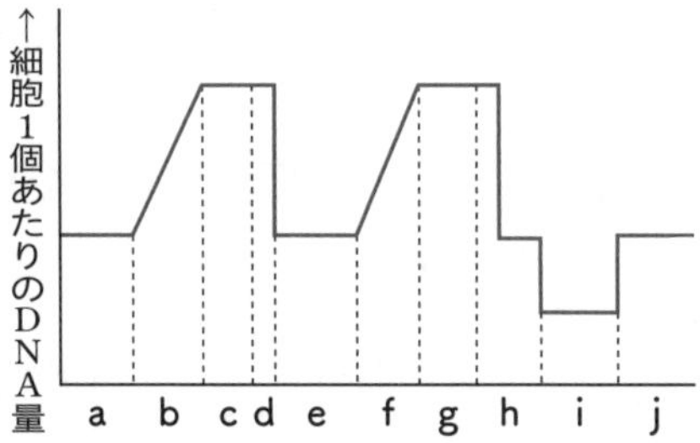

(2) a～hの時期で間期にあたるのはどれか，すべて答えよ。

(3) i，jの時期の細胞について答えよ。

① iの時期の細胞は何と総称されるか。

② iとjの時期の間でDNAが増加しているが，これは何が起こったためか。

(4) a～jの時期の中で，染色体数が半減するのはどの時期か。

(5) hの時期の細胞の観察に適する材料は次のうちどれか。

ア オオカナダモの葉　**イ** ムラサキツユクサの若いつぼみの葯(やく)

ウ タマネギの根端　**エ** カエルの受精卵

［岩手大－改］

4

(1)	①	
	②	
	③	
(2)		
(3)	①	
	②	
(4)		
(5)		

Hints

染色体数とは染色体の本数のこと。DNAの複製や体細胞分裂が起こっても染色体数は変わらない。減数第一分裂時のみ染色体数が半減する。

遺伝子の独立と連鎖

STEP 1 基本問題

解答→別冊4ページ

1 ［独立の法則］エンドウには，種子が丸いもの(A)としわのもの(a)，子葉の色が黄色いもの(B)と緑色のもの(b)がある。A，aとB，bは各形質を示す遺伝子記号で，いずれも大文字が顕性形質である。また，この2組の対立遺伝子は別々の染色体上に存在することがわかっている。いま，丸い種子で子葉の色が黄色の純系としわの種子で子葉の色が緑色の純系を交配し，生じた雑種第一代(F_1)を自家受精させた。これを表した下の図について，次の問いに答えなさい。

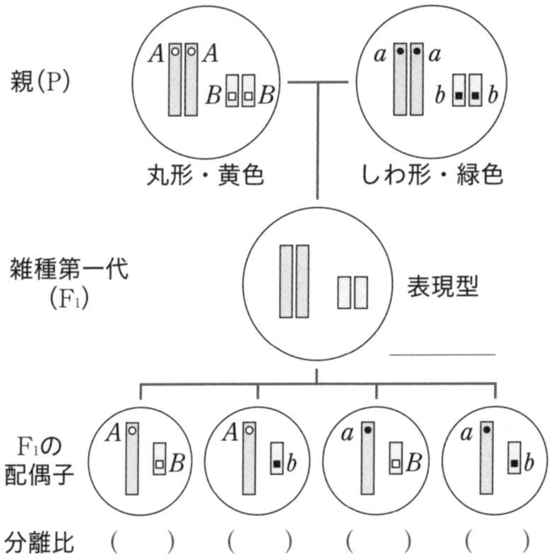

(1) F_1の遺伝子型を親(P)にならって図に描き入れよ。

(2) F_1の表現型を図の下線部に書き入れよ。

(3) F_1の配偶子の遺伝子型ごとの分離比を図の(　)に書き入れよ。

(4) F_1の自家受精でできる雑種第二代(F_2)の表現型の分離比を答えよ。

［丸・黄］:［丸・緑］:［しわ・黄］:［しわ・緑］＝(　　:　　:　　:　　)

2 ［完全連鎖］ある2組の対立遺伝子A，aとB，bは同じ染色体上にあり完全連鎖している。遺伝子型$AABB$の個体と$aabb$の個体を交配し，生じた雑種第一代を自家受精させた。これを表した右の図について，次の問いに答えなさい。なお，表現型は[Ab]のように遺伝子記号に[　]をつけて示すこと。また，染色体の乗換えは起

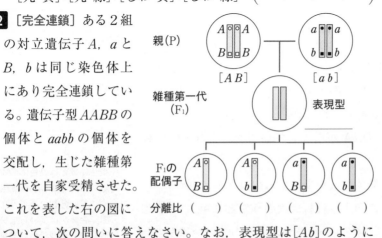

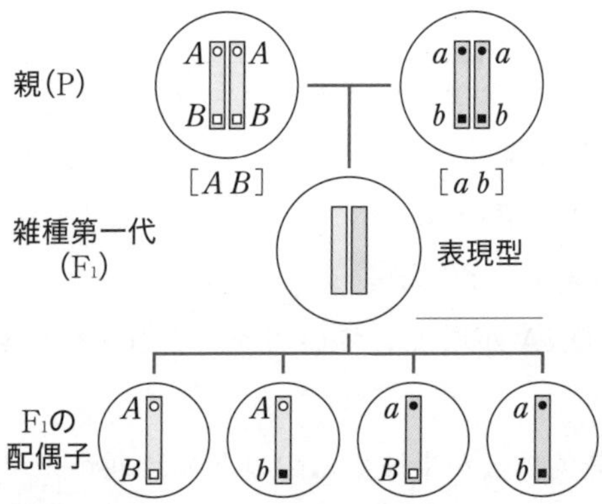

Guide

確認 メンデルの法則

1865年**メンデル**は，エンドウの交配実験から，**顕性の法則**，**分離の法則**，**独立の法則**の3つの遺伝の法則を発見した。

用語 顕性の法則

対立形質をもつ純系どうしを交配すると生じる子(雑種第一代 F_1)はすべて一方の形質になる。現れる形質を**顕性**，かくれてしまう形質を**潜性**という。

用語 分離の法則

個体は1組の対立形質について2つの遺伝子をもち，配偶子形成の際には，単純にそのうちの一方が配分される。遺伝子型Aaの個体のつくる配偶子は$A:a=1:1$になる。つまり配偶子形成の際に，対立遺伝子は分離して配偶子に入る。

用語 独立の法則

2組の対立形質について，異なる形質の遺伝子は，互いに影響を与えることなく**独立**に配偶子に分配される。独立の法則は，それぞれの対立遺伝子が異なる染色体上に存在するときのみ成立する。

こらないものとする。

(1) F_1の遺伝子型を親にならって図に描き入れよ。

(2) F_1の表現型を図の下線部に書き入れよ。

(3) F_1の配偶子の遺伝子型ごとの分離比を図の(　)に書き入れよ。

(4) F_1の自家受精でできる雑種第二代(F_2)の表現型の分離比を答えよ。

$[AB]:[Ab]:[aB]:[ab]$=(　　:　　:　　:　　)

(5) 遺伝子型$AAbb$の個体と$aaBB$の個体を交配してできたF_1を自家受精させてF_2を得た。F_2の表現型の分離比を答えよ。

$[AB]:[Ab]:[aB]:[ab]$=(　　:　　:　　:　　)

重要 **3** **[連鎖と組換え]** スイートピーには，紫色の花をつけて長楕(だ)円(えん)形の花粉をつくる品種(紫花・長花粉)と，赤色の花をつけて円形の花粉をつくる品種(赤花・丸花粉)がある。いま，この2つの品種を交配して雑種第一代(F_1)をつくったところ，すべての個体が紫花・長花粉であった。その後，このF_1を自家受精させて雑種第二代(F_2)をつくった。花の色の遺伝子をB, b, 花粉の形の遺伝子をL, l(大文字が顕性)として，次の問いに答えなさい。

(1) この2組の対立遺伝子が，①独立の関係，②完全連鎖の関係にあるとき，生じるF_2の表現型の分離比をそれぞれ答えよ。

① [紫・長]:[紫・丸]:[赤・長]:[赤・丸]=(　:　:　:　)

② [紫・長]:[紫・丸]:[赤・長]:[赤・丸]=(　:　:　:　)

(2) 実験の結果は，[紫・長]:[紫・丸]:[赤・長]:[赤・丸]=1528:106:117:381となり，(1)のいずれにもあてはまらなかった。実験の結果を説明する次の文章の(　)に適語を入れよ。

F_1の細胞内では，遺伝子BとL, bとlが同じ染色体上にあり(①　　　)しているが，減数分裂時に(②　　　)した相同染色体間でその一部が交換される(③　　　)が起こり，少数ながら遺伝子型が(④　　　)や(⑤　　　)の配偶子ができる。

(3) このF_1と赤花・丸花粉の個体を交配したところ，子の表現型の分離比が，[紫・長]:[紫・丸]:[赤・長]:[赤・丸]=7:1:1:7になった。B, bとL, lの遺伝子間の組換え価は何%になるか。

(　　　%)

(4) (3)の下線部のような交配を何というか。(　　　)

(5) このF_1を自家受精してできるF_2の表現型の分離比は，理論上どのような割合になるか。

[紫・長]:[紫・丸]:[赤・長]:[赤・丸]=(　:　:　:　)

用語 連鎖

同じ染色体上にある遺伝子どうしの関係。

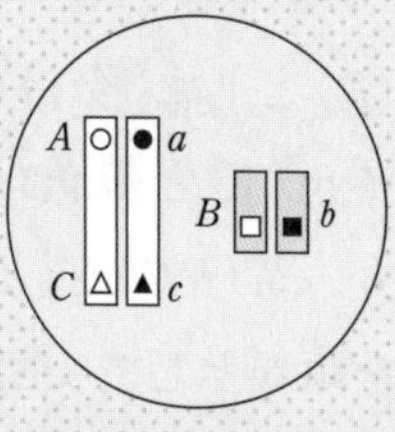

遺伝子A・aとB・bあるいはB・bとC・cは独立。A・Cとa・cは連鎖

独立の場合，遺伝子型$AaBb$の個体に生じる配偶子の割合は$AB:Ab:aB:ab$=1:1:1:1になるが，連鎖している遺伝子間では，生じる配偶子の遺伝子型の分離比が1:1:1:1になるとは限らない。Aとb, aとBが完全連鎖しているときは，$Ab:aB$=1:1となる。

確認 乗換えと組換え

染色体の**乗換え**とは，減数第一分裂前期末から中期に，対合している相同染色体間でその一部を交換することである。染色体の乗換えの結果，配偶子に伝わる染色体の組み合わせが変わることを遺伝子の**組換え**という。

用語 組換え価

2組の対立遺伝子間で組換えの起こる確率を**組換え価**という。ふつう%で表す。一般に組換え価は，F_1の検定交雑の結果から，

$$\frac{組換えで生じた子の数}{すべての子の数}\times 100$$

の式で求める。

STEP 2 標準問題

解答→別冊6ページ

重要 **1** **[独立の法則]** エンドウの遺伝に関する次の問いに答えなさい。

(1) エンドウには，種子の形に丸形(R)としわ形(r)が，子葉の色に黄色(Y)と緑色(y)がある。いま，丸・黄($RRYY$)としわ・緑($rryy$)を両親として交配したところ，右の図のような結果を得た。

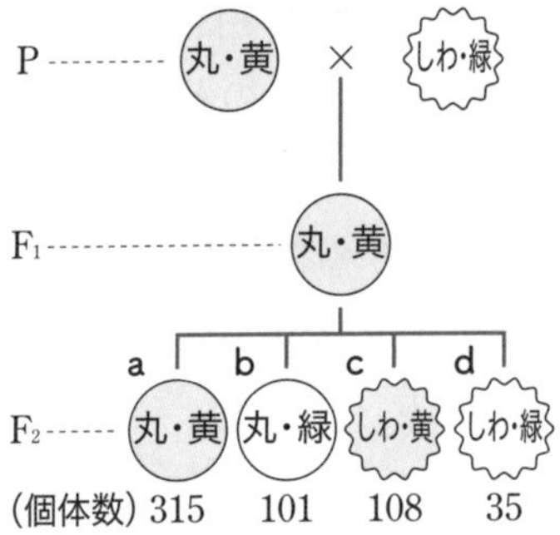

① F_1 の遺伝子型を答えよ。

② F_1 の配偶子について，遺伝子の組み合わせとその比を答えよ。

③ F_2 の表現型の分離比を簡単な整数比で答えよ。

④ F_2 のうち，**a** および **b** の表現型を示す個体の遺伝子型を，それぞれすべて答えよ。

⑤ F_2 のうち，種子の形と子葉の色について，両方の遺伝子型がホモ接合のものは全体の何%あるか。

(2) エンドウのさやには，くびれのないものとあるもの，緑色のものと黄色のものがある。くびれのないものはあるものに対して顕性，緑色のものは黄色のものに対して顕性である。さやをくびれなしにする遺伝子を A，くびれありにする遺伝子を a とし，さやを緑色にする遺伝子を B，黄色にする遺伝子を b とする。いま，遺伝子型が $AaBb$ の個体に，遺伝子型が不明の①～③の個体を別々に交配した。その結果，次代は下の表に示した表現型の分離比になった。交配に用いた①～③の個体の遺伝子型を答えよ。

	くびれなし・緑色	くびれなし・黄色	くびれあり・緑色	くびれあり・黄色
$AaBb$×①	1	1	1	1
$AaBb$×②	3	1	3	1
$AaBb$×③	3	0	1	0

2 **[遺伝子と染色体]** いろいろな生物の2対の対立遺伝子 A・a，B・b に関して交配実験Ⅰ～Ⅵを行い，交配に用いた親個体の表現型と，実験の結果生じた次代の表現型およびその分離比をあとの表に示した。なお[Ab]は表現型が A・a については顕性形質，B・b については潜性形質であることを表す。次の問いに答えなさい。

(1) 表の結果をもとに，交配実験Ⅰ，Ⅱ，Ⅳ，Ⅴに用いた<u>両親の</u>体細胞の染色体と遺伝子の位置の関係について，あとの図**ア**～**ケ**からそれぞれ最も適当なものを選べ。同じものを何度選んでもよい。

1

(1)	①		
	②		
	③	a：b：c：d＝	
	④	a	
		b	
	⑤		
(2)	①		
	②		
	③		

Hints

独立の法則に従うとき，2組の対立遺伝子を分けて(**1**の(2)ではくびれの有無と色を別々に)考えると，答えにたどり着きやすい。

Hints

2の表のⅣのように，検定交雑の結果，表現型の分離比が1：1：1：1となるのは独立，1：0：0：1や0：1：1：0になるのが完全連鎖，Ⅴのように n：1：1：n になるのは連鎖しているが組換えが起こった場合である。

実験	親の表現型	次代の表現型とその分離比
Ⅰ	$[AB]\times[AB]$	$[AB]:[Ab]:[aB]:[ab]=9:3:3:1$
Ⅱ	$[AB]\times[AB]$	$[AB]:[Ab]:[aB]:[ab]=3:0:0:1$
Ⅲ	$[Ab]\times[aB]$	$[AB]:[Ab]:[aB]:[ab]=1:1:1:1$
Ⅳ	$[AB]\times[ab]$	$[AB]:[Ab]:[aB]:[ab]=1:1:1:1$
Ⅴ	$[AB]\times[ab]$	$[AB]:[Ab]:[aB]:[ab]=3:1:1:3$
Ⅵ	$[AB]\times[AB]$	$[AB]:[Ab]:[aB]:[ab]=177:15:15:49$

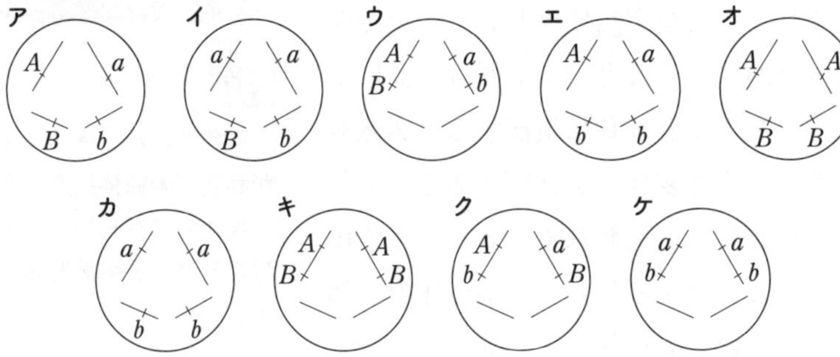

(2) Ⅱ，Ⅳ，Ⅴでの遺伝子 A・a と B・b の関係をそれぞれ何というか。

(3) Ⅳ，Ⅴ，Ⅵについて，遺伝子 A・a と B・b の組換え価〔%〕をそれぞれ答えよ。

(4) Ⅴの親の$[AB]$の個体を自家受精して生じる子の表現型とその分離比を答えよ。

2

(1)	Ⅰ	，
	Ⅱ	，
	Ⅳ	，
	Ⅴ	，
(2)	Ⅱ	
	Ⅳ	
	Ⅴ	
(3)	Ⅳ	
	Ⅴ	
	Ⅵ	
(4)		

3 ［染色体地図］ 次の文章を読み，あとの問いに答えなさい。

ショウジョウバエの野生型(灰色体色，正常翅(せいじょうし))と変異体(黒色体色，短翅(たんし))の純系を交配したところ，F_1 はすべて野生型で，この F_1 を上記の変異体と交配したところ，生じる子は次の表のようになった。

表現型	灰色・正常翅	黒色・短翅	灰色・短翅	黒色・正常翅
個体数	965	944	206	185

(1) 結果から，体色と翅形の遺伝子は同一染色体上にあると推定される。この場合メンデルの法則のうち成立しない法則は何か。

(2) 体色と翅形を決める遺伝子の間の組換え価〔%〕を算出せよ。

(3) 体色の遺伝子を $A(a)$，翅形の遺伝子を $B(b)$ として，これらと連鎖関係にある遺伝子 $C(c)$ と $D(d)$ の組換え価を調べたところ，右の表のようになった。染色体上の A ～ D の遺伝子の染色体上の位置関係を下の図中にできるだけ正確に描け。

遺伝子	A と C	A と D	B と C	B と D
組換え価〔%〕	5	4	12	21

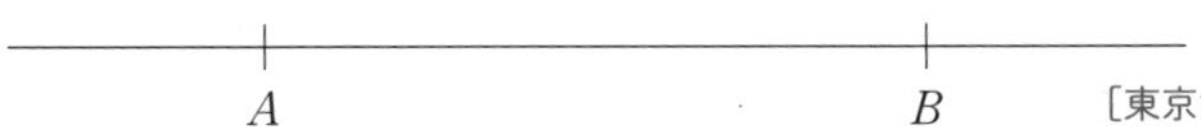

［東京女子大－改］

3

(1)	
(2)	
(3)	設問の図に記入。

Hints

染色体地図は，組換え価を染色体上の遺伝子の距離に置き換え，遺伝子の位置を示したもの。モーガンらは，３つの遺伝子間の組換え価をそれぞれ求め，遺伝子の位置関係を調べる**三点交雑法**を用いて，ショウジョウバエの染色体地図を作成した。

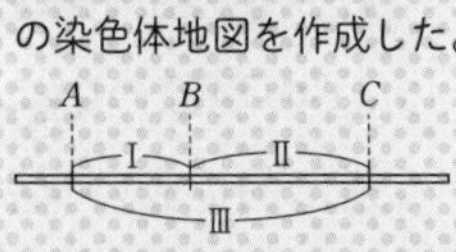

Ⅰ・Ⅱ・Ⅲの組換え価を求めると，遺伝子の位置関係がわかる。

4 進化のしくみ

STEP 1 基本問題

解答→別冊7ページ

重要 **1** ［突然変異］次の文章を読み，あとの問いに答えなさい。

祖先にない形質が①突然現れる変異を突然変異という。突然変異が個体を形づくっている体細胞に起こるとその形質は子孫に受け継がれないが，（ a ）細胞に起こると子孫に遺伝する。突然変異には，染色体突然変異と遺伝子突然変異の２種類がある。染色体突然変異には，染色体の一部が切れて失われる（ b ），染色体の一部がほかの染色体に移動して結合する（ c ），染色体の一部が逆転する（ d ）などがある。また，染色体の１～数本が増減する（ e ）もある。さらに，コムギなどで染色体の基本数が整数倍になる（ f ）も知られている。一方，遺伝子突然変異は遺伝子の構造の変化から起こる。例えば，フェニルケトン尿症や②鎌状赤血球貧血症（かまじょう）は遺伝子の突然変異によって生じる。

(1) 文章中の空欄に適語を入れよ。

a（　　　） b（　　　） c（　　　）
d（　　　） e（　　　） f（　　　）

(2) 下線部①に関連して，突然変異ではない変異の名称を１つ答え，その特徴を簡潔に答えよ。

名称（　　　） 特徴（　　　）

(3) 下線部②について，この病気の原因となる遺伝子によって合成されるタンパク質の名称と，そのはたらきについて簡潔に答えよ。 名称（　　　） はたらき（　　　）

2 ［進化説］進化説について述べた次の各文について，学説の名称と提唱者名をあとの語群から選び，g－クのように答えなさい。

① オオマツヨイグサの研究から，先祖に見られなかった形質が子に現れる現象があり，これが進化の要因になると考えた。

② 生物には多様な変異があり，その中で環境に適応した形質をもつものが生き残ることで進化が起こると考えた。

③ ①の現象の中に②の影響を受けないものがあることを重視し，遺伝的浮動の重要性を示唆した。

④ 種の分化は，ある集団が地理的・生殖的にほかの集団と交流がなくなることによって起こると考えた。

Guide

用語 突然変異

染色体の数や構造に変化が起きる**染色体突然変異**と，ＤＮＡの塩基配列に変化が起きる**遺伝子突然変異**がある。

遺伝子突然変異には，置換・挿入・欠失の３種類がある。

▶**置換**…1つの塩基が別の塩基に置き換わる変化。

▶**挿入**…新たに塩基が入り込む変化。

▶**欠失**…塩基が失われる変化。

用語 自然選択説

ダーウィンが**『種の起源』**で提唱した。生物は個体変異が多く，生存競争も激しい。環境に適したもののみが生き残り（適者生存），進化が起こるという説である。

用語 突然変異説

ド=フリースが，オオマツヨイグサの研究から発見した，突然変異によって進化が起こると考えた説である。

〔学説名〕 a 隔離説　b 自然選択説　c 中立説
d 定向進化説　e 突然変異説　f 用不用説

〔提唱者名〕 ア 木村資生（きむらもとお）　イ ダーウィン　ウ ド＝フリース
エ モーガン　オ ラマルク　カ ベーツソン　キ ワーグナー

①(　－　)　②(　－　)　③(　－　)　④(　－　)

重要 **3** ［進化のしくみ］ 現在考えられている進化のしくみについて，次の各文の(　)に適語を入れなさい。

(1) 進化は，生物集団内に(①　　　)が生じることから始まる。

(2) 進化の方向は，環境の影響を受けて起こる(②　　　)と，これとは関係なく偶然により起こる(③　　　)で決まる。

(3) (④　　　)によって(⑤　　　)が分断されると，小集団間の形質の違いが大きくなり，1つの種が複数の種に分かれる(⑥　　　)が起こりやすくなる。

4 ［集団遺伝］ 次の文章を読み，あとの問いに答えなさい。

ある生物集団について，対立遺伝子の頻度が世代を経ても変化しないとき，ハーディ・ワインベルグの法則が成立し，この状態である集団は遺伝的平衡にあるという。ハーディ・ワインベルグの法則が成り立つ条件が崩れることにより，生物は(　　　)すると考えられる。

(1) 文章中の空欄に適語を入れよ。　(　　　)

(2) ハーディ・ワインベルグの法則が成り立つにはいくつかの前提条件がある。その条件を4つ答えよ。

(　　　)(　　　)
(　　　)(　　　)

(3) あるハーディ・ワインベルグの法則が成り立つ集団で，ある植物1000個体からなる花畑をつくった。花の色の遺伝子型と個体数を調べたところ，赤花個体の遺伝子型は RR で650個体，ピンク花個体の遺伝子型は Rr で300個体，白花個体の遺伝子型は rr で50個体だった。

① この花畑全体で，対立遺伝子 R の頻度 p，r の頻度 q はそれぞれいくらになるか。ただし，$p+q=1$ とする。

p(　　　)　q(　　　)

② この花畑から種子をとり，無作為に500個体植えると，赤花，ピンク花，白花の個体はそれぞれ何個体できることになるか。

赤花(　　　個体)　ピンク花(　　　個体)
白花(　　　個体)

［横浜市立大－改］

用語 **隔離説**

ワーグナーが**地理的隔離**，ロマーニズが**生殖的隔離**について，生物の変異性を高め，進化を促すと提唱した。現在では，生殖的隔離＝**種分化**との考えが強い。

用語 **中立説**

木村資生が提唱した。環境に有利でも不利でもない突然変異は自然選択を受けず，種の遺伝的多様性を高める。中立的な遺伝子変化の蓄積と，**遺伝的浮動**による変化が進化をおし進める。大きな生物集団から小さな生物集団ができる際の，**びん首効果**は遺伝的浮動の例である。

用語 **ハーディ・ワインベルグの法則**

個体数が多く，突然変異が起こらない，自由交配集団で移出・移入がない場合，自然選択を受けない(形質間に有利不利がない)遺伝子の**遺伝子頻度**は，世代を超えても変化しないという法則である。逆説的に考えると，このような条件を満たす集団でなければ進化は起こることになる。

STEP 2 標準問題

解答→別冊8ページ

重要 **1** [自然選択説] 生物の進化に関する次の文章を読み，あとの問いに答えなさい。

(　①　)は，ガラパゴス諸島の生物を調査し，近縁な生物間で島ごとに少しずつ形質の違いがあることに関心をもち，これが著書『(　②　)』で提唱したa自然選択説を思いつくきっかけとなった。ガラパゴス諸島は南米大陸から約1000 km西の太平洋上に浮かぶ群島で，島の誕生以来一度も大陸と陸続きになったことのない海洋島である。b世界でもこの地域にしか生息・生育しない生物種(固有種)が数多く見られることから「進化の島」といわれ，1978年に世界自然遺産に登録された。

(1) 文章中の空欄に適語を入れよ。

(2) 下線部aについて，自然選択による進化が起こる要因を，3つそれぞれ4文字以内の漢字で答えよ。

記述 (3) ガラパゴス諸島では，自然選択によってダーウィンフィンチとよばれる小鳥にどのような変化が起こったか，簡潔に答えよ。

記述 (4) 下線部bについて，ガラパゴス諸島のような海洋島では固有種の割合が高い。その理由を進化のメカニズムから，簡潔に答えよ。

[静岡大－改]

1

(1)	①	
	②	
(2)		
(3)		
(4)		

重要 **2** [小進化] 次の文章を読み，あとの問いに答えなさい。

現代の進化学では，新しい種の形成以上の大きな時間スケールで生じる現象を(　①　)とよび，小さな時間スケールで生じる集団内の対立遺伝子頻度の変化を(　②　)とよぶ。(　②　)の例として，イギリスでのオオシモフリエダシャクというガの(　③　)が有名である。このガは，本来白っぽい色の明色型であるが，(　④　)によって色の黒い暗色型が生まれた。近代化につれて，工業地帯では暗色型の頻度が高く，田園地帯では明色型の頻度が高くなってきた。これは，暗色型と明色型の生存率が工業地帯と田園地帯で異なるためであると考えられた。右の表に示したケトルウェルが行った実験の結果は，まさにこの予測に合致するものであった。

場所	表現型	標識した後に放した個体数	再捕獲した個体数
A	明色型	496	62
	暗色型	473	30
B	明色型	64	16
	暗色型	154	82

工業地帯と田園地帯におけるオオシモフリエダシャクの暗色型と明色型の再捕獲実験(1955年)

Hints
ダーウィンフィンチやゾウガメは，ガラパゴス諸島の各島の環境に適応してきわめて多様化しており，島ごとに違った形態をもつものが観察できる。

Hints
オオシモフリエダシャクの工業暗化は，小進化の例としてよく出題される。

(1) 文章中の空欄①～④に適語を入れよ。

(2) 文章中の下線部およびケトルウェルの実験に関する次の文章のa～dに明色型・暗色型の語句を，eにはAまたはBを入れよ。

樹皮が煤煙(ばいえん)で汚れた工業地帯では(a)が(b)よりも生存率が高くなり，樹皮に地衣類やコケ植物などが付着する田園地帯では(c)が(d)よりも生存率が高くなると予測される。したがって，表のA，Bの場所のうち工業地帯は(e)である。

記述 (3) ケトルウェルの実験結果などから，工業地帯と田園地帯でこのガの頻度が異なる理由を簡潔に答えよ。 ［岐阜大－改］

難問 **3** **［適応と中立］** 遺伝子頻度の変化について，次の問いに答えなさい。なお，右下の図は，適応的な突然変異と中立的な突然変異について，集団における遺伝子頻度の変化を模式的に示したものである。

記述 (1) 図のグラフの**ア**～**エ**に適応的な変異を示すものが1つ含まれている。それはどれか。また，それを選んだ理由を簡潔に答えよ。

記述 (2) (1)以外の3つは中立的な変異を示す。しかし，この3つの運命は大きく違う。そのような違いが起こる理由を簡潔に答えよ。

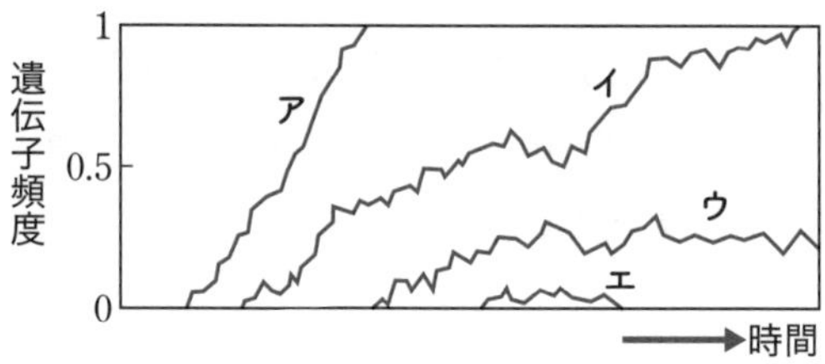

［北海道大－改］

4 **［血液型の集団遺伝］** ヒトのABO式血液型は，3つの複対立遺伝子A，B，Oによって決定される。遺伝子AとB 2つの遺伝子を合わせもつ個体は，A型とB型の中間的な形質，つまりAB型を示す。また，遺伝子Oは遺伝子A，Bいずれに対しても潜性で，遺伝子Oのヘテロ接合体(遺伝子型AO，BO)は顕性遺伝子の形質(つまりA型またはB型)となる。これを参考にして，次の文章の空欄にあてはまる数式または数値をそれぞれ入れなさい。

ある国でのABO式血液型の人口構成を調べたところ，A型，B型，AB型，O型の割合が，それぞれ42.00, 18.75, 9.00, 30.25％であった。集団中のA，B，Oの各遺伝子の頻度をそれぞれp，q，rとすると($p+q+r=1$)，A型のヒトの頻度はp^2+2pr，B型のヒトの頻度は(a)，AB型のヒトの頻度は(b)，O型のヒトの頻度はr^2で表される。また，上記のA，B，AB，O各血液型の割合から，この国におけるp，q，rの値を求めると，それぞれ(c)，(d)，0.55となる。 ［埼玉大－改］

2

(1)	①	
	②	
	③	
	④	
(2)	a	
	b	
	c	
	d	
	e	
(3)		

3

(1)	記号	
	理由	
(2)		

4

a	
b	
c	d

Hints

4では，遺伝子A，B，Oの頻度をp，q，rとすると($p+q+r=1$)，次代の遺伝子型頻度は，$(pA+qB+rO)^2$を展開すれば求めることができる。

5 生物の系統と進化

STEP 1 基本問題

解答→ 別冊10ページ

1 ［種と学名］学名 ①*Sus* ②*scrofa* ③Linnaeus はブタを表している。次の問いに答えなさい。

(1) 上のような表し方を最初に提唱した研究者は誰か。(　　　　)

(2) 学名は，ふつう何語で示されるか。(　　　　)

(3) 学名は，上の①および②を併記して表す。このような記載方法を何というか。(　　　　)

(4) 学名の各部分①～③の名称を，それぞれ一般には何というか。
①(　　　　) ②(　　　　) ③(　　　　)

(5) 学名に対してブタやヒトなど日本語のカタカナで示した生物名を何というか。(　　　　)

記述 (6) イノシシもブタと同じ学名であり，このことはイノシシとブタが同種であることを示している。両者が同種であることを調べるにはどのような実験を行えばよいか，簡潔に答えよ。
(　　　　)

2 ［進化の証拠］異なる生物の間で，同じ起源の器官を相同器官といい，見かけの形は似ているが異なった起源の器官を相似器官という。これらについて，次の問いに答えなさい。

(1) 次の2つずつあげた生物の構造や器官は，相同にあたるか相似にあたるか，記号で答えよ。

ア ジャガイモの芋とサツマイモの芋　**イ** タコの眼とヒトの眼
ウ イヌの前肢とクジラの胸びれ　**エ** ハトの翼とコウモリの翼
オ コイのえらとアカガイのえら
カ 昆虫のはねとニワトリの翼　相同(　　　　)
キ タイのうきぶくろとネコの肺　相似(　　　　)

記述 (2) カジキマグロは硬骨魚類，中生代の魚竜はハ虫類，イルカは哺乳類で，系統的には遠く離れた分類群で，からだの内部の基本構造も大きく異なっているが，外形は互いに類似している。なぜこのような見かけの類似性が生じたのかを簡潔に答えよ。
(　　　　)

［神奈川大－改］

Guide

用語 種

生物分類の基本単位である。共通した形態的・生理的特徴をもつ生物の集まりで，自然状態で有性生殖による繁殖が可能である。生じた子にも繁殖能力がある。

用語 学名

世界共通の生物の種の名まえをいう。分類学の父といわれる**リンネ**が提唱した**二名法**が用いられる。**ラテン語**で表し，例えばヒトの学名は，

Homo sapiens

で，Homo は人を表す**属名**，sapiens は考えるという意味の**種小名**を表す。ちなみに，「ヒト」は人の**和名**である。

確認 現生生物から見た進化

形態や機能は違うが，基本構造が同じ**相同器官**や過去の構造が退化して残った**痕跡器官**は，共通の祖先から進化した証拠である。形や機能は似ているが，基本構造や発生が異なる**相似器官**は，共通の祖先から進化した証拠ではないが，生物が似た環境に適応して進化した証拠といえる。

重要 **3** [3ドメイン説] 生物の大きな仲間分けにドメインがある。ドメインについて，次の問いに答えなさい。

(1) 現在では，右の図のように，生物を大きく3つのドメインに分類する考え方が有力である。A～Cに入るドメイン名を，それぞれ答えよ。

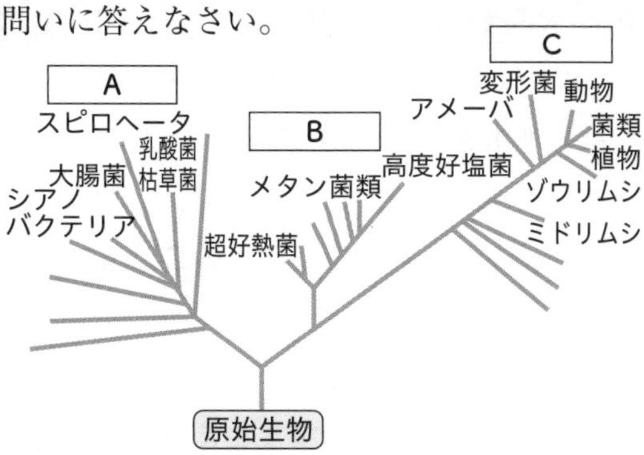

A(　　　　　) B(　　　　　) C(　　　　　)

(2) (1)のような3ドメイン説を提唱した研究者は誰か。

(　　　　　)

(3) 生物の分類には，最も大きな仲間分けであるドメインから，分類の基本単位である種にいたるまで，いくつもの分類階級がある。分類階級の各段階の名称として適当な語句を書き入れよ。

ドメイン－(a　　　)－(b　　　)－(c　　　)

－(d　　　)－(e　　　)－(f　　　)－種

(4) (1)のA～Cの3ドメインを比較した，右の表の空欄を埋めよ。

	A	B	C
核膜の有無	①	②	あ　り
膜の脂質	③	④	エステル脂質
ヒストン	⑤	⑥	あ　り

4 [生物の分類] 古代からさまざまな生物の分類が行われてきたが，右の図のように原核生物と真核生物を分け，真核生物を原生生物界，菌界，植物界および動物界の4つの界に分ける分類体系もある。これについて，次の問いに答えなさい。

確認 **分類階級**

生物を共通性の程度によって分類すると，段階的に捉えることができる。そこで，分類の基本単位である種の上に，**属**，**科**，**目**，**綱**，**門**，**界**という分類階級を置く。例えばタヌキは，動物界，脊索動物門(脊椎動物門)，哺乳綱，食肉目，イヌ科，タヌキ属の1種ということになる。近年では界の上にドメイン(超界)を置く考え方が強くなっている。

用語 **3ドメイン説**

1990年に**ウーズ**が提唱した。原核生物の多様性から，生物を**細菌**(バクテリア)と**アーキア**(古細菌)と**真核生物**に大別する考え方。これによると真核生物は，アーキアの細胞内に好気性の細菌やシアノバクテリアが共生して誕生したと考えられている。

参考 **五界説**

ホイタッカーや**マーグリス**が提唱した。生物を**原核生物**，**原生生物**，**植物**，**菌類**，**動物**の5界に分ける。基本的に単細胞生活をする真核生物である原生生物は，1つの系統とはいいがたい。また，原核生物に細菌とアーキアの2群があるなど問題点も多い。多細胞生物である植物，菌類，動物の分類では意味がある。

(1) 図中のA～Zのうちで，クロロフィルaとbの両方をもち，維管束をもたない生物群をすべて選べ。　(　　　)

記述 (2) 菌界はかつて植物の一群とされていたが，現在では植物界と区別されるようになった。その理由を簡潔に答えよ。
(　　　　　　　　　　　　　　　　　　　　　)

(3) 菌界は3つの大きな群に分けることができる。図中のD，Eに適当な菌類群の名称を入れよ。
D(　　　　)　E(　　　　)

(4) 動物界の各動物群G～Pは，さまざまな特徴でまとまった群である。次の問いに，G～Pの記号で答えよ。
① 外骨格があり体節からなる動物はどれか。　(　　　)
② aプラナリア，bイソギンチャク，cナマコはそれぞれどの動物群に属するか。　a(　　)　b(　　)　c(　　)

記述 (5) 種子植物には裸子植物と被子植物の2群がある。両群を区別する重要な特徴をそれぞれ簡潔に答えよ。ただし，「胚珠」という語を必ず用いること。
裸子植物　(　　　　　　　　　　　　　　　)
被子植物　(　　　　　　　　　　　　　　　)

重要 **5** [ヒトの特徴] ヒトの進化に関して，次の問いに答えなさい。

(1) ヒトは，哺乳類の霊長類に属する。哺乳類の霊長類の特徴として重要なものを次のア～クから2つ選べ。　(　　　)(　　　)
ア おとがいが発達する。　**イ** 尾がない。
ウ 直立二足歩行を行う。　**エ** 乳で子を育てる。
オ 拇指(ぼし)対向性がある。　**カ** 胎盤が発達する。
キ 大後頭孔が頭部の真下にある。　**ク** 立体視の範囲が広い。

(2) 人類(ヒト科)は，類人猿の仲間から進化した。類人猿と比べた人類の特徴を(1)のア～クから2つ選べ。　(　　　)(　　　)

(3) 人類は，初期のヒト科動物→(①)→ホモ・エレクトス→(②)→ヒト と進化してきたと考えられている。①，②にあてはまる語句を次のア～カから選べ。　①(　　　)　②(　　　)
ア ネアンデルタール人　**イ** ゴリラ
ウ アウストラロピテクス　**エ** 北京原人
オ ホモ・サピエンス　**カ** サヘラントロプス

(4) ほかのヒト科動物と比べたとき，ヒトという種の特徴として重要なものは何か。(1)のア～クから1つ選べ。　(　　　)

確認 旧口動物と新口動物

発生初期にできる**原口**が口になるのが**旧口動物**，原口の付近に肛門ができるのが**新口動物**である。旧口動物は環形動物，軟体動物，節足動物などに，新口動物は棘皮(きょくひ)動物や脊椎動物(脊索動物)などに分けられる。

参考 冠輪動物と脱皮動物

旧口動物のうち，トロコフォア幼生という，ワムシ(輪形動物)の成体に似た幼生期をもつ軟体動物や環形動物を**冠輪動物**という。これに対して脱皮によって成長する節足動物と線形動物を合わせて**脱皮動物**という。

確認 ヒトへの進化

中生代初期に出現した哺乳類は，新生代になって急速に**適応放散**した。その中で**拇指対向性**や**両眼視**など，樹上生活に適応した**霊長類**が現れた。やがて尾のない**類人猿**が現れ，その中から約700万年前に**直立二足歩行**を行う人類の仲間が出現した。初期の**猿人**は，脳容積も450mL程度と小さかったが，頭部がからだの真上にあるため，脳容積を大きくすることが可能となり，脳容積1000mLの**ホモ・エレクトス**や1500mLの**ネアンデルタール人**などを経て，約20万年前には現生のヒトと同じ**ホモ・サピエンス**が出現し，やがて世界中に広がっていった。

STEP 2 標準問題

解答→別冊11ページ

1 **［生物の分類］** 生物の分類と類縁関係について述べた次の文章の空欄に適語を入れなさい。

生物の分類で，人間に役立つ・役立たないなどの人為的な基準にもとづいた分類を（ a ）といい，自然の類縁関係にもとづいた分類を（ b ）という。生物の分類の基本となる単位は（ c ）である。（ c ）は共通した形態的・生理的な特徴をもつ個体の集まりで，自然状態での交配が可能で繁殖力のある子孫をつくることができる。また，よく似た（ c ）をまとめて（ d ），近縁の（ d ）をまとめて（ e ）というように，段階的に生物を分類することができる。

（ c ）の名称は，（ f ）によって表記される。（ f ）は，世界共通の名まえとして用いられるため，ラテン語を用いて（ g ）法で表す。（ g ）法は分類学の父といわれる（ h ）によって考案され，（ f ）を（ i ）＋（ j ）で表す。

生物の進化にもとづく類縁関係を（ k ）といい，（ k ）を樹形に表した図を（ l ）という。

1

a	
b	
c	
d	
e	
f	
g	
h	
i	
j	
k	
l	

重要 **2** **［分子進化］** 生物の類縁関係とDNAの変化に関する次の文章を読み，あとの問いに答えなさい。

	ヒト	ゴリラ	オランウータン
ゴリラ	1.51	−	−
オランウータン	2.98	3.04	−
アカゲザル	7.51	7.39	7.10

生物種が分岐してからの時間が長いと，DNAの塩基配列の違いが大きくなる傾向があることを利用して，生物進化を推定し，系統樹に表すことができる。右上の表は4種の動物の塩基配列の違いの度合いを％で表したものである。また，右の図は進化の過程における塩基配列の違いが大きくなる速度(塩基の置換速度)は常に一定であるという前提のもとに，表のデータを用いて模式的に作成した系統樹である。図中のa～cは各枝の長さを表している。

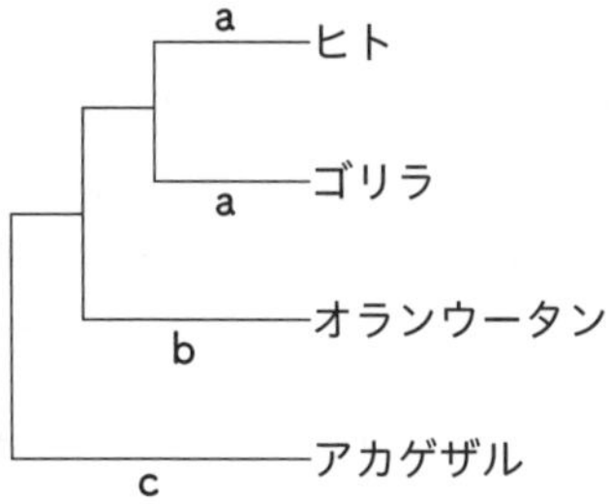

(1) a～cの値を求めよ。答えは四捨五入して小数第2位まで求めよ。

(2) ヒトとゴリラの共通祖先がオランウータンと分岐したのが1300万年前とすると，ヒトとゴリラが分岐したのは何万年前か。答えは千年の位を四捨五入して何万年前と答えよ。

2

(1)	a	b
	c	
(2)		
(3)		

Hints

2のような分子系統樹の設問は増加傾向にある。ヒトとゴリラ間の変異は1.51％だが，これは両種が共通の祖先から枝分かれ後，1.51÷2＝0.755〔％〕ずつ変化した結果である。また，オランウータンとヒト・ゴリラとの変異は(2.98＋3.04)÷2＝3.01〔％〕と考える。

記述 (3) ヒトとゴリラを比較すると，ヒトでは，大後頭孔の位置がゴリラに比べて前方によっており，頭骨の中央付近にある。このことは人類の進化におけるどのような事実を反映しているか，簡潔に答えよ。

［東京慈恵会医科大－改］

重要 **3** **［光合成生物の分類］** 下の図は，光合成を行う主な生物について，その特徴ごとに仲間分けしたものである。あとの問いに答えなさい。

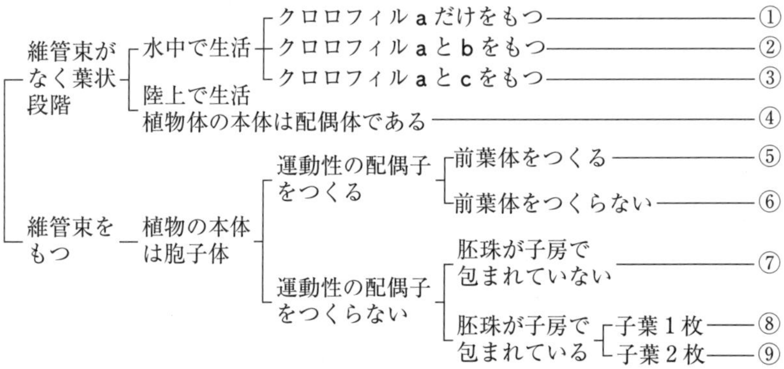

(1) 図の①～⑨に属する生物のグループとして最も適当なものを次の**ア**～**ケ**から１つずつ選び，記号で答えよ。

ア 緑藻類　**イ** 褐藻類　**ウ** 紅藻類　**エ** シダ植物
オ コケ植物　**カ** 一部の裸子植物　**キ** 大部分の裸子植物
ク 双子葉類　**ケ** 単子葉類

(2) 図の①～⑨の生物のうち，植物に分類されるものをすべて選べ。
(3) 図の中で，胚珠が子房で包まれている生物をまとめて何というか。
(4) 種子をつくる生物はどれか，図の①～⑨からすべて選べ。
(5) 図中の⑥に属する生物名を１つあげよ。

記述 (6) 図中の⑧と⑨は，子葉の枚数以外にどのような違いがあるか，簡潔に答えよ。

3

(1)	①	②
	③	④
	⑤	⑥
	⑦	⑧
	⑨	
(2)		
(3)		
(4)		
(5)		
(6)		

重要 **4** **［動物の分類］** 動物の分類について，次の問いに答えなさい。

(1) 動物界の進化のありさまを右の図のように表現することがある。図中の A～H にあてはまる最も適当なものを次の**ア**～**ス**から選べ。

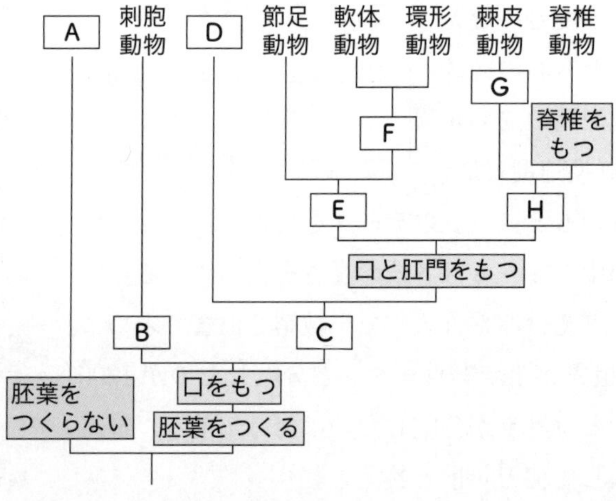

4

(1)	A	B
	C	D
	E	F
	G	H
(2)	①	②
	③	④
	⑤	⑥

ア 海にすむ　**イ** 陸にすむ　**ウ** からだは左右相称
エ からだは放射相称　**オ** からだは五放射相称
カ トロコフォア幼生をもつ　**キ** ノープリウス幼生をもつ
ク 原口が成体の口になる　**ケ** 原口付近に成体の肛門ができる
コ 海綿動物　**サ** 原索動物　**シ** 輪形動物　**ス** 扁形(へんけい)動物

(2) 図中の①刺胞動物，②節足動物，③軟体動物，④環形動物，⑤棘皮(きょくひ)動物，⑥脊椎動物の各動物群のそれぞれに属する生物を，次の**ア**～**ケ**から選べ。
ア トキ　**イ** ミズクラゲ　**ウ** ナメクジウオ
エ アオゴカイ　**オ** モンシロチョウ　**カ** シオミズツボワムシ
キ ムラサキウニ　**ク** サザエ　**ケ** ツノヒラムシ　［東邦大－改］

Hints
クラゲやイソギンチャクなどの刺胞動物は，外胚葉と内胚葉の区別しかない二胚葉性の動物で，これらと無胚葉性の海綿動物を除くすべての動物は三胚葉性である。しかし，**4**の(1)の選択肢にはこれらの言葉はない。なお，棘皮動物は五放射相称であるが，とらえ方によれば左右相称ともいえる。

5 ［ヒトの進化］ヒトの進化について，次の問いに答えなさい。

(1) ヒトの属する哺乳類は中生代初期に現れた。この初期の哺乳類は，現在のどれに似た動物か，次の**ア**～**オ**から選べ。
ア 単孔類　**イ** 有袋類　**ウ** 食虫類　**エ** 齧歯(げっし)類　**オ** 食肉類

(2) ヒトをはじめとする霊長類は，新生代初期に哺乳類の一群から進化した。霊長類など多くの哺乳類の祖先と考えられているこの哺乳類は，現在のどれに似た動物か，(1)の**ア**～**オ**から選べ。

(3) 霊長類には，拇指(ぼし)対向性，平爪，立体視ができる範囲が広いなどの共通の特徴がある。このような特徴は，霊長類がどのような生活に適応した結果と考えられるか，５字以内の漢字で答えよ。

(4) 人類は約700万年前に類人猿から進化し，およそ20万年前にヒトが誕生した。右下の図は類人猿と比較したヒトの特徴を示したものである。図の**a**～**j**に入る適語を，次の**ア**～**チ**から選べ。ただし，同じ記号を何度選んでもよい。

ア あり　**イ** なし
ウ 斜め下に開口
エ 真後ろに開口
オ 真下に開口
カ 強大　**キ** 小さい
ク 長い　**ケ** 短い
コ 縦長　**サ** 横広
シ 前へ突出　**ス** 平ら
セ 2000 mL　**ソ** 1500 mL
タ 1000 mL　**チ** 450 mL

頭蓋容積	a
眼の上の骨の隆起	b
大後頭孔	c
上下のあご骨	d
犬歯	e
おとがい	f
腕（前肢）	g
骨盤の形	h
あし（後肢）	i
つちふまず	j

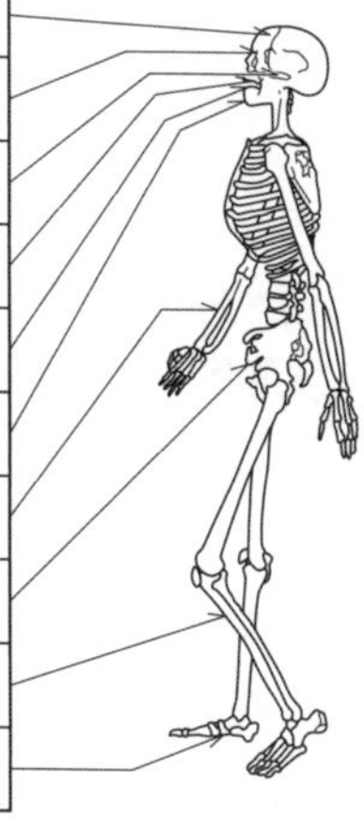

5

(1)		
(2)		
(3)		
(4)	a	b
	c	d
	e	f
	g	h
	i	j

Hints
霊長類の特徴とされる拇指対向性・平爪・立体視はいずれも樹上生活への適応である。ヒト科の特徴は直立二足歩行で，大後頭孔が頭蓋の真下につくことや脊柱がＳ字状に湾曲することである。

STEP 3 チャレンジ例題 1

解答 → 別冊13ページ

1 例題チェック ［動物の陸上進出］

次の文章の空欄に適語を入れなさい。

古生代のカンブリア紀末に大気上層に形成された（ a ）により，陸上への生物進出が可能になり，オルドビス紀には植物が，シルル紀には（ b ）が，デボン紀には脊椎動物が陸上に進出した。陸上への生物の進出には，乾燥や（ c ）に耐えるなどのからだのつくりが必要となる。

解法 ［① ］は太陽からの有害な［② ］を吸収する。その形成により生物の陸上進出が可能になった。最初に原始的なシダ植物が陸上に進出し，シルル紀には［③ ］などの節足動物が，デボン紀には脊椎動物の［④ ］が陸上に進出した。陸上への動物の進出には，乾燥と［⑤ ］に耐えるからだのしくみが必要である。しかし，［ ④ ］は幼生期を水中で過ごすなど，完全に陸上生活に適したものとはなっていない。

a［⑥ ］ b［⑦ ］ c［⑧ ］

記述 **2** 類題 ［種子植物］種子植物が，精子ではなく花粉で受精（精細胞と卵細胞が合体すること）を行うことには，どんな利点があると考えられるか答えよ。
［東京女子大］

2 [ ]

3 例題チェック ［ヒトの染色体構成］

次の文章の空欄に適当な数字を入れなさい。

生物のうち，それぞれの染色体が1コピーであることを一倍体，2コピーであることを二倍体という。ヒトにおいては個々の体細胞は二倍体であり，母親由来と父親由来の1組の染色体を受け継ぎ，2組からなる合計［ア］本の染色体で構成されている。配偶子は体細胞と異なり一倍体であり，1組の染色体が含まれている。1組の染色体は［イ］本の常染色体と［ウ］本の性染色体からなっている。
［慶應義塾大－改］

解法 ヒトの染色体構成について押さえておくことは必須であり，体細胞の染色体数［① ］本は覚えておきたい。そのうち，［② ］本が性による違いが見られない［③ ］で，［④ ］本が雌雄で種類や数の異なる［⑤ ］となる。しかし，問題では，配偶子のもつ染色体を「1組」の染色体としているため，答える際には注意が必要である。

ア［⑥ ］ イ［⑦ ］ ウ［⑧ ］

4 類題 ［遺伝的多様性］体細胞の染色体数が $2n=26$ の生物において，染色体の乗換えが起こらないと考えた場合，生殖細胞で生じる染色体の組み合わせは最大何通りになるか。
［岡山大］

4 [ ]

5 例題チェック **[致死遺伝子]**

ネズミの毛を黄色にする遺伝子 A は，黒色にする遺伝子 a に対して顕性である。いま，黄色の個体どうしを交配すると，次世代は黄色：黒色が 2：1 の比で現れた。次の問いに答えなさい。

(1) 次世代の表現型が 2：1 に分離するのはなぜか，その理由を次の**ア**～**エ**から選べ。

ア 遺伝子間の顕潜が不明確だから。　**イ** A 遺伝子がホモ接合になると死亡するから。

ウ a 遺伝子がホモ接合になると死亡するから。　**エ** 遺伝子型 Aa の個体は死亡するから。

(2) 次世代のうち，黄色個体と黒色個体を交配すると，生じる子の表現型とその分離比はどうなると考えられるか。

解法 (1) 遺伝子 A は a に対して顕性と書かれているので，選択肢の[①　　]ではない。遺伝子 A，a がふつうの遺伝子であれば，両親の遺伝子型がともに AA のときは次世代の表現型はすべて[②　　]になり，両親が AA と Aa の場合でも同じ結果になる。また，両親がともに Aa の場合，次世代は黄色：黒色＝[③　　：　　]になるはずである。しかし交配結果は，2：1 となっている。考えられることは遺伝子 A が[④　　]の致死遺伝子であり，遺伝子型 AA の個体は死んでしまって生まれてこないということしかない。　[⑤　　]

(2) (1)より黄色個体の遺伝子型は[⑥　　]しかあり得ない。黒色個体は aa であり，両者を交配すると，生じる子の遺伝子型の分離比は，Aa：aa＝[⑦　　：　　]となる。

[⑧　　　　　　　　]

6 類題 **[組換え価]** ある植物には花の色が赤いものと白いものがあり，おしべの長さが長いものと短いものがある。純系の[赤・長]と[白・短]を交配したところ，F_1 はすべて[赤・長]で，F_1 の自家受精でできる F_2 は，[赤・長]：[赤・短]：[白・長]：[白・短]＝123：24：24：25 になった。また，F_1 を[白・短]の個体と交配したところ，生じる子は，[赤・長]：[赤・短]：[白・長]：[白・短]＝56：21：23：54 になった。この 2 組の遺伝子間の組換え価を，小数第 2 位を四捨五入して求めよ。

6 [　　　　　　%]

7 例題チェック **[ハーディ・ワインベルグの法則]**

昆虫のある種には，はねの形成に不可欠な遺伝子が存在し，この遺伝子に潜性の突然変異が起こると，完全にはねを欠いた「はね無し」の個体になる。いま，顕性の遺伝子の頻度が 75 %，潜性の遺伝子の頻度が 25 %の自然集団がある。次の問いに答えなさい。

(1) この集団でハーディ・ワインベルグの法則が成り立つ場合，「はね無し」の個体は，全体の何%であるか。小数点以下を四捨五入して，整数で答えよ。

(2) 「はね無し」個体は捕食者から上手に逃れることができないため，この集団の「はね無し」個体は完全に捕食されたとする。集団の顕性・潜性の遺伝子の頻度はそれぞれ何%に変化したか。小数点以下を四捨五入して，整数で答えよ。　[日本女子大－改]

解法 (1) 顕性の遺伝子を A，潜性の遺伝子を a，それぞれの遺伝子の頻度を p，q $(p+q=1)$ とする。この場合，p＝[①　　]，q＝[②　　]となる。遺伝子型の分離比は，$(pA + qa)^2$ の展開式で示すことができ，遺伝子型 AA は p^2＝[③　　　　]，Aa は $2pq$＝[④　　　　]，aa は q^2＝[⑤　　　　]
となる。遺伝子型 aa のみが「はね無し」個体となる。　[⑥　　%]

(2) ハーディ・ワインベルグの法則から(1)の集団の遺伝子 A の頻度は[①]で，遺伝子 a の頻度は[②]である。しかし,「はね無し」つまり遺伝子型[⑦　　]の個体が捕食されると，AA が[③]，Aa が[④]の割合で残り，遺伝子 A は[③]×2＋[④]＝[⑧　　　]，a は[④]の比になる。これを遺伝子の頻度の和が1となるように直すと，顕性の遺伝子 A の頻度は[⑧]÷{[⑧]＋[④]}＝[⑨　　　]，潜性の遺伝子 a の頻度は[④]÷{[⑧]＋[④]}＝[⑩　　　]となる。

顕性の遺伝子[⑪　　　%]　潜性の遺伝子[⑫　　　%]

8 例題チェック [植物の系統樹]

右の図は，原始生物から現在の植物にいたる系統樹の例である。矢印A～Dは，進化の過程で植物が新たな形質を獲得した系統上の位置を示している。矢印Aで「陸上で生育できるようになった。」と仮定したとき，B～Dで獲得した形質を，次のa～fから選び，記号で答えなさい。　[広島大－改]

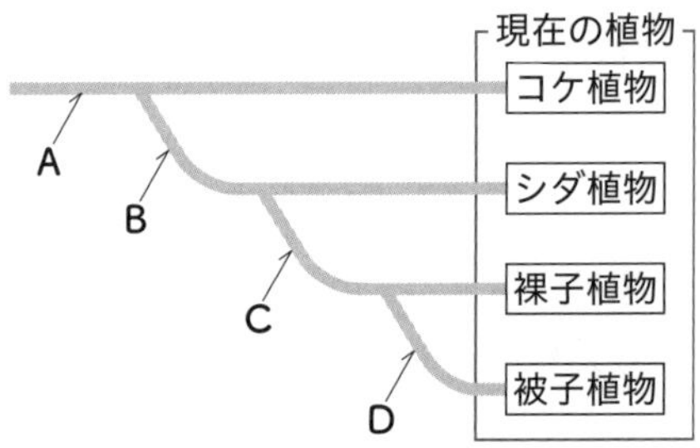

a 胞子を放出して繁殖する。　b 胞子体に維管束が形成された。
c 胚珠が子房に包まれるようになった。　d 配偶体をもつようになった。
e 種子をつけるようになった。　f 一生のどの時期かに精子をもつようになった。

解法 初期の植物は，原生生物の中で[①　　　　]に近い[②　　　　　　]から進化したと考えられている。一生の中で染色体数 n の時期が成長した[③　　　　]と $2n$ の時期が成長した[④　　　　]をもつのは，植物にいたるグループ共通の性質である。Aの時点で，陸上で生育できるようになるとともに，[⑤　　　]と卵細胞による受精が行われるようになった。裸子植物と被子植物からなる[⑥　　　　]とシダ植物を合わせて[⑦　　　　　]という。これは[④]に道管や師管などからなる[⑧　　　　]をもつという共通点があるためで，Bの時点で[⑧]ができたといえる。コケ植物やシダ植物の[④]は[⑨　　　]を放出して繁殖するが，裸子植物・被子植物は，いずれも[⑩　　　]を形成して繁殖する。裸子植物の胚珠や[⑩]がむき出しであるのに対し，被子植物ではこれらが[⑪　　　]に包まれている。　B[⑫　　　]　C[⑬　　　]　D[⑭　　　]

9 類題 [菌類] 次の文章の空欄に適語を入れなさい。

菌類は胞子を形成して増える。胞子形成によって，酵母やアカパンカビは(①)胞子をつくる(①)菌類に，シイタケ・マツタケは(②)胞子をつくる(②)菌類に，ケカビやクモノスカビは(③)胞子をつくる(③)菌類に分類され，これらの菌類は糸状の(④)を形成する。一方，胞子が発芽して単細胞の(⑤)状の細胞となって，やがて変形体を形成するものに(⑥)菌や(⑦)菌があり，これらは現在では原生生物に分類されている。　[広島大－改]

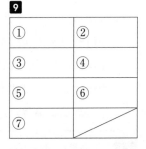

9

①	②
③	④
⑤	⑥
⑦	

STEP 3 チャレンジ問題 1

解答→別冊15ページ

重要 **1** 次の文章を読み，あとの問いに答えなさい。

すべての生物は，約40億年前に誕生した原始生命から，長時間をかけて進化してきた。最初の生物は（ a ）の①原核生物で，原始海洋中の（ b ）から生じた（ c ）が反応しあって誕生したと考えられ，この過程を（ d ）とよぶ。27億年前頃，①シアノバクテリアが出現し，酸素を放出し始めた。その結果，環境中の酸素濃度が上昇し，酸素を使って（ e ）を行う生物も現れた。約20億年前になると核をもつ①真核生物が現れ，さらに，約10億年前には（ f ）生物が出現し，生物が飛躍的に多様化した。約5億年前から約4億年前頃には，水中で①藻類や（ g ）が繁栄した。（ g ）のように，特定の時代のみ出現する生物の化石は，（ h ）化石とよばれ，地層の年代を調べるのに役立つ。

シアノバクテリアと藻類によって，大気中の酸素が増え，（ i ）が形成されて，生物に有害な（ j ）が遮（さえぎ）られ，生物が上陸できる条件が整った。約4億年前になり，ついに生物が陸上に進出した。はじめに陸上に進出した生物の例として，動物では①クモ類などの①節足動物や（ k ），植物では①シダ植物や①裸子植物があげられる。分類群ごとに見ると，①昆虫類と①種子植物の種数が際立って多い。それは，昆虫と種子植物が密接な関係をもちながら進化し，一方の種数が増えると他方の種数も増えてきたことによる。多くの昆虫は種子植物を食物として利用し，多くの種子植物は花粉の媒介を昆虫に依存する②虫媒花をつける。虫媒花を訪れる昆虫は，花の蜜や花粉の一部を食物とするが，複数の花を訪れて，花粉を運搬して種子植物の繁殖を助ける。このような関係を（ l ）とよぶ。（ l ）に限らず，異なる生物種どうしが生存や繁殖に影響をおよぼしあいながら進化することを（ m ）という。

(1) 文章中の空欄に適する語句を下の語群から1つずつ選べ。ただし，語群の語句はすべて使用すること。

a（　　） b（　　） c（　　） d（　　） e（　　） f（　　） g（　　）
h（　　） i（　　） j（　　） k（　　） l（　　） m（　　）

〔語群〕 **ア** オゾン層　**イ** 化学進化　**ウ** 共進化　**エ** 呼吸　**オ** 両生類　**カ** 三葉虫
キ 紫外線　**ク** 示準　**ケ** 相利共生　**コ** 多細胞　**サ** 単細胞　**シ** 有機物　**ス** 無機物

(2) 下線部①の生物群について，生物の進化にもとづく分類での包含関係として適切なものを次から3つ選べ。ただし，A⊃BはAがBを含むことを表す。（　　）（　　）（　　）

ア 原核生物⊃シアノバクテリア　**イ** 昆虫類⊃クモ類　**ウ** 昆虫類⊃節足動物
エ 節足動物⊃昆虫類　**オ** 藻類⊃シアノバクテリア　**カ** 種子植物⊃裸子植物
キ 裸子植物⊃シダ植物　**ク** 真核生物⊃シアノバクテリア　**ケ** 裸子植物⊃種子植物

記述 (3) 下線部②について，虫媒花をつけない種子植物の一部では，花粉が風によって媒介される風媒花をつける。スギなどのヒトの花粉症の原因となる植物のほとんどが，虫媒花ではなく風媒花をつける種である理由を簡潔に答えよ。

（　　　　　　　　　　　　　　　　　　　　　　　　　　　　）

重要 **2** 次の文章を読み，あとの問いに答えなさい。

細胞分裂は，その目的や様式により，体細胞分裂と減数分裂の２つに大別される。体細胞分裂は，からだを構成している細胞が増えるときに起こるが，動物における発生初期での分裂は卵割とよばれてほかのものと区別される。減数分裂では，２回の分裂により生殖のための特別な細胞が形成される。ヒトでは，この減数分裂によって（ a ）や（ b ）が形成される。減数分裂では，体細胞分裂とは異なる様式で染色体が分配され，<u>同じ個体内でも減数分裂によって生じた娘(むすめ)細胞は遺伝的にそれぞれ異なる</u>。

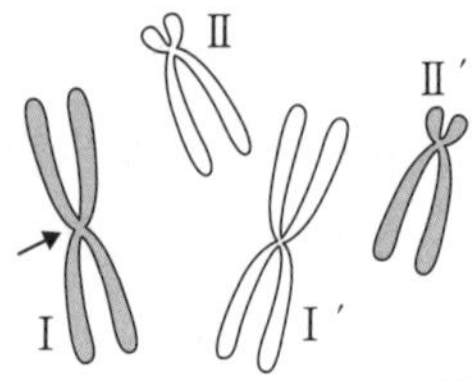

(1) 文章中の空欄に適語を入れよ。 a（　　　　） b（　　　　）

(2) 右の図は，体細胞分裂中期あるいは減数第一分裂中期に出現する染色体の模式図である。

① ⅠとⅠ′，ⅡとⅡ′は大きさや形が同じ染色体である。このような染色体を何というか。（　　　　）

② 図の矢印で示した部分を何というか。（　　　　）

③ ①の染色体どうしが対合することで生じる染色対を何というか。（　　　　）

④ 図の染色体を赤道面に並べ，体細胞分裂中期と減数第一分裂中期の正しい配置を図示せよ。なお，紡錘糸(ぼうすいし)やその染色体との結合部も正しく示すこと。

体細胞分裂

減数分裂

記述 (3) 下線部に関して，同じ個体から減数分裂で生じる娘細胞がそれぞれ遺伝的に異なる理由を簡潔に答えよ。

（　　　　　　　　　　　　　　　　）

［弘前大－改］

3 ある植物には，花の黄色素をつくる酵素の遺伝子 M とこの色素をさらに赤色に変える酵素の遺伝子 N がある。遺伝子 m と n は，M と N の対立遺伝子で，いずれも正常な酵素ができない。花の色はこの２組の対立遺伝子で決まり，m をホモにもつ個体は白花になる。またこの植物には，長花粉をつけるものと丸花粉をつけるものがあり，長花粉は遺伝子 Q，丸花粉は遺伝子 q のはたらきでできる。この植物を用いて行った次の実験Ⅰ～Ⅳについて，あとの問いに答えなさい。

〔実験Ⅰ〕 純系の［黄花・丸花粉］と純系の［白花・長花粉］を交配して得られたⒶ<u>F_1</u> はすべて［赤花・長花粉］であった。

〔実験Ⅱ〕 純系の［黄花・長花粉］と純系の［白花・丸花粉］を交配して得られたⒷ<u>F_1</u> はすべて［黄花・長花粉］であった。

〔実験Ⅲ〕 純系の［黄花・長花粉］とⓒ<u>純系の［白花・丸花粉］</u>を交配して得られた F_1 はすべて［赤花・長花粉］であった。

〔実験Ⅳ〕 実験ⅠのF₁と実験Ⅱの[白花・丸花粉]を交配したところ，得られた個体の表現型と個数は右の表のようになった。

表現型	個数
赤花・長花粉	115
赤花・丸花粉	460
黄花・長花粉	115
黄花・丸花粉	460
白花・長花粉	920
白花・丸花粉	230

(1) ①下線部Ⓐの遺伝子型，および②実験Ⅳで得られた[黄花・長花粉]の遺伝子型として最も適切なものをそれぞれ答えよ。 ①(　　　) ②(　　　)

a *MMNNQQ*　b *MMNNQq*　c *MMNnQQ*　d *MMNnQq*　e *MMnnQQ*
f *MMnnQq*　g *MmNNQQ*　h *MmNNQq*　i *MmNnQQ*　j *MmNnQq*
k *MmnnQQ*　l *MmnnQq*

(2) 下線部Ⓐでの遺伝子と染色体の関係について最も適切な文を次から選べ。 (　　　)

ア *M*，*N*，*q* はそれぞれ異なる染色体上にある。
イ *M*，*N*，*Q* は同一の染色体上にある。　**ウ** *M*，*n*，*Q* は同一の染色体上にある。
エ *m*，*n*，*Q* は同一の染色体上にある。　**オ** *m*，*N*，*q* は同一の染色体上にある。
カ *N* と *Q* は異なる染色体上，*m* と *q* は同一の染色体上にある。
キ *m* と *N* は異なる染色体上，*M* と *q* は同一の染色体上にある。
ク *m* と *q* は異なる染色体上，*M* と *N* は同一の染色体上にある。
ケ *m* と *q* は異なる染色体上，*M* と *n* は同一の染色体上にある。

(3) 実験Ⅳで得られた[黄花・長花粉]と下線部Ⓒを交配して多数の個体を得た。その中で，[赤花・丸花粉]：[白花・丸花粉]の分離比を答えよ。 (　　：　　)

(4) 実験Ⅳで得られた[黄花・長花粉]と下線部Ⓑを交配して多数の個体を得た。さらにその中の[白花]をすべて選び，自家受精させた。その結果，得られたすべての個体の中で，[丸花粉]が占める割合〔%〕を答えよ。 (　　　%)

[北里大－改]

重要 **4** 生物の系統に関する次の文章を読み，あとの問いに答えなさい。

同じ名称のタンパク質でも，生物の種類によってアミノ酸配列が異なり，変異の度合いと進化の速度が関係している。このことを利用して，生物の進化的隔たり(進化的距離)を表す分子系統樹がつくられた。右の表は，4種類の脊椎動物A～Dの間でヘモグロビンα鎖のアミノ酸配列を比較し，各動物間で異なるアミノ酸の数を示したものである。

	A	B	C	D
A	0	43	65	26
B	43	0	75	49
C	65	75	0	71
D	26	49	71	0

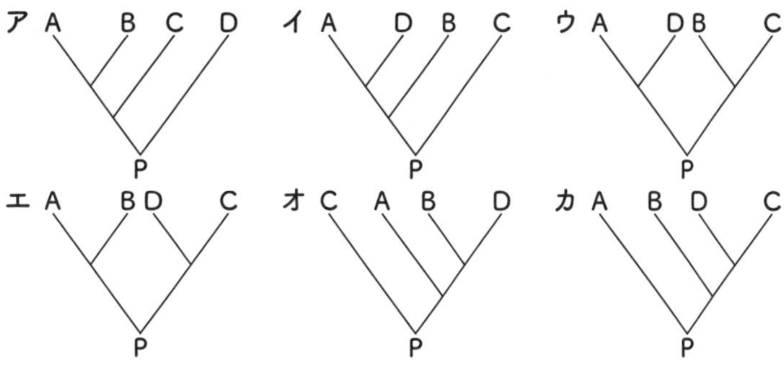

(1) 表から考えられる4種の動物の最も適切な分子系統樹を，右の**ア**～**カ**から選べ。ただし，図中のPはこれらの共通の祖先を示し，A～

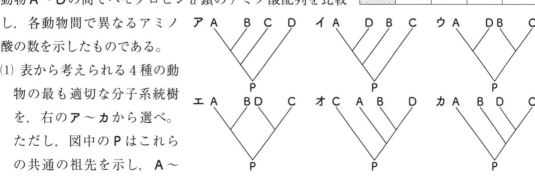

Dは，それぞれ表のA～Dの各動物に対応している。なお，2種の動物を結んでいる線の長さは表の数値にほぼ対応しており，各動物から共通の祖先動物までの進化的距離は等しいものとする。 (　　)

(2) 動物AとDの祖先はおよそ1.3億年前に分かれたといわれる。表と(1)の図から考えて，ヘモグロビンα鎖のアミノ酸配列が1つ変化するのにかかる年数はいくらか。

(　　　　　年)

(3) (2)より，共通の祖先Pから動物A～Dの祖先動物が分かれたのは約何年前か。

(　　　　　　　年前)

［近畿大－改］

重要 **5** 次の文章を読み，あとの問いに答えなさい。

生物の進化は，a生物の遺伝的性質が世代を通じて変化していくことである。ダーウィンは生物進化を説明する理論として，1859年に著書(①)の中で(②)説を唱えた。その理論の骨子は,「個体間で形質に差異があり，形質の違いによって個体の残す子の数や生存率が異なり，その形質が多少とも遺伝する場合に，(②)による進化が起こる」というものである。

アメリカのロソスは，バハマ諸島の12の島を使って，(②)の存在を野外で立証する実験を行った。6つの島にトカゲAを移入し，ほかの6つの島には移入しなかった。移入した島を実験区，しなかった島を対照区とよぶ。実験区では，対照区に比べてもともと生息していたトカゲBの死亡率が高くなった。その理由は，目立つテリトリー行動を示すトカゲBの雄が，トカゲAに見つかり(③)されやすいためである。しばらくのち，それぞれの島でトカゲBを採集し，からだの大きさを計測したところ，b雄の後脚の長さが，実験区と対照区とで異なっていた。

(1) 文章中の空欄に適語を入れよ。 ①(　　　　) ②(　　　　) ③(　　　　)

(2) 下線部aに関連して，生物の進化を説明する文として適当なものを，次のア～エからすべて選び，記号で答えよ。 (　　　)

ア 東洋のガラパゴスとよばれる小笠原(おがさわら)諸島で外来種のウシガエルが増えた。

イ 親が過度の喫煙で肺がんになった場合，その子どもも肺がんになりやすい。

ウ ガラパゴス諸島のフィンチは，1つの祖先種から複数の種に分かれ，食物の違いに応じてくちばしの形が多様化した。

エ 去年の7月には田んぼでおたまじゃくしが見られたが，今年の7月にはカエルしか見つからなかった。

記述 (3) 下線部bに関連して，実験区では対照区と比べてトカゲBの雄の後脚の長さがどのようになっていたと考えられるか。結果を予測し，そのように予測できる理由を答えよ。

予測(　　　　　　　　)

理由(　　　　　　　　　　　　　　　　)

［岡山大－改］

6 次の文章を読み，あとの問いに答えなさい。

a<u>ヒト</u>の近縁種の系統関係を調べるため，チンパンジー，ゴリラ，オランウータン，およびニホンザルのそれぞれについて，遺伝子**A**からつくられるタンパク質**A**のアミノ酸配列を調べたところ，互いに異なっているアミノ酸の割合は，上の表のとおりであった。

	チンパンジー	ゴリラ	オランウータン
ゴリラ	0.90%	−	−
オランウータン	1.93%	1.77%	−
ニホンザル	4.90%	4.83%	4.85%

(1) 下線部**a**について，ヒトがもつ次の特徴**ア**～**エ**のうち，直立二足歩行に伴って獲得した特徴はどれか，すべて選べ。（　　　）

ア 手には，親指がほかの指と独立に動く，拇指(ぼし)(母指)対向性がある。

イ 大後頭孔が頭骨の底面に位置し，真下を向いている。

ウ 眼が前方についている。　　**エ** 骨盤は幅が広く，上下に短くなっている。

(2) 表の結果から得られる系統樹として最も適当なものを，次の**ア**～**オ**から１つ選べ。（　　　）

ア
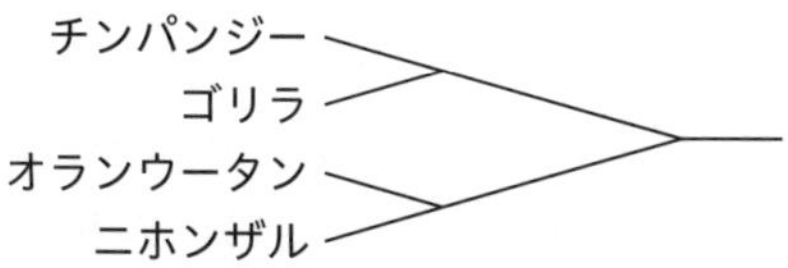

イ
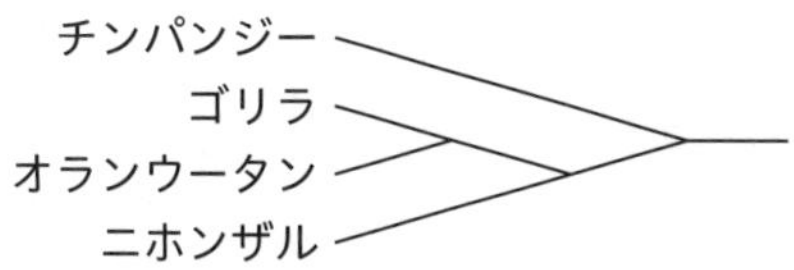

ウ
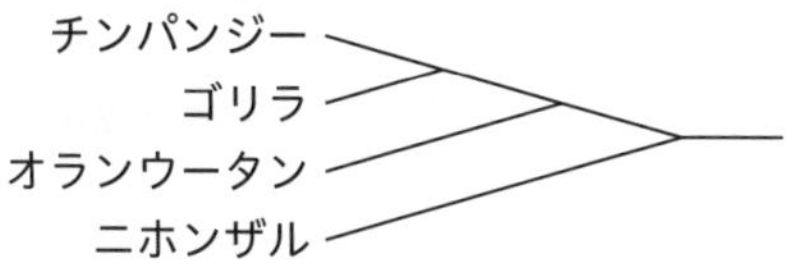

エ
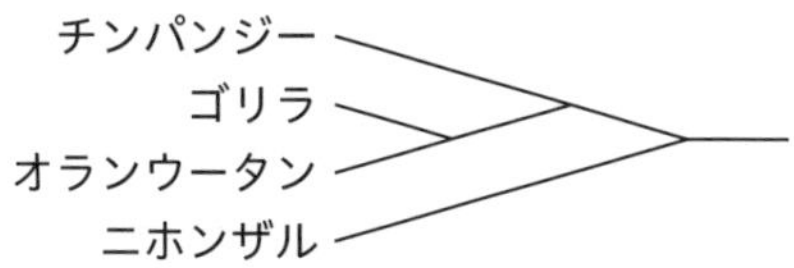

オ
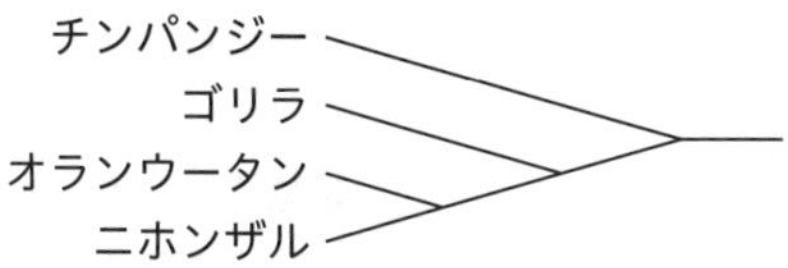

難問 (3) チンパンジーの祖先とオランウータンの祖先が分岐した年代が1300万年前，ヒトの祖先とチンパンジーの祖先が分岐した年代が600万年前とすると，分子時計の考え方により，表を用いてヒト－チンパンジー間のタンパク質**A**におけるアミノ酸配列の違いを予測できる。ところが，タンパク質**A**におけるヒト－チンパンジー間のアミノ酸配列を実際に調べた値は，分子時計の考え方による予測値よりも小さかった。次の数値**ア**～**ウ**のうち，分子時計の考え方による予測値はどれか。また，あとの考察Ⅰ～Ⅲのうち，実際に調べた値が予測値よりも小さくなった原因に関するものとして適当なものはどれか。　数値（　　　）　考察（　　　）

〔数値〕 **ア** 0.42%　　**イ** 0.89%　　**ウ** 4.18%

〔考察〕 Ⅰ．遺伝的浮動により，ヒトの集団内で，突然変異によって遺伝子**A**に生じた新たな対立遺伝子の頻度が上がったため。

Ⅱ．ヒトにおいて生存のためのタンパク質**A**の重要度が上がり，タンパク質**A**の機能に重要なアミノ酸の数が増えたことで，突然変異によりタンパク質**A**の機能を損ないやすくなったため。

Ⅲ．医療の発達により，ヒトでは突然変異によってタンパク質**A**の機能を損なっても，生存に影響しにくくなったため。

［共通テスト－改］

6 第2章 生命現象と物質

細胞と物質

STEP 1 基本問題

解答 → 別冊18ページ

1 ［生体膜の構造］ 次の文章の空欄に適語を入れなさい。

細胞膜のように細胞を構成している膜を（ ① ）といい，その主成分は（ ② ）であり，水になじみやすい（ ③ ）性の部分と水になじみにくい（ ④ ）性の部分がある。（ ① ）は（ ④ ）性の部分を内側にした（ ② ）の二重層で構成され，そのところどころに（ ⑤ ）がモザイク状に存在し，膜を貫通するものや膜の表面に結合するものなどがある。このような構造のモデルを（ ⑥ ）という。（ ① ）では分子が小さい物質や（ ⑦ ）性の物質は通過できるが，それ以外の物質は（ ⑤ ）を通過することが多い。（ ⑤ ）は特定の物質のみを通過させる性質があり，それを（ ⑧ ）という。大きな分子が細胞内外を移動するとき，細胞膜の一部が陥入して外液ごと物質を取り込むはたらきを（ ⑨ ）といい，逆に細胞内の小胞が細胞膜と融合して細胞外に物質を放出することを（ ⑩ ）という。

①（　　　　） ②（　　　　） ③（　　　　）
④（　　　　） ⑤（　　　　） ⑥（　　　　）
⑦（　　　　） ⑧（　　　　） ⑨（　　　　）
⑩（　　　　）

重要 **2** ［細胞の構造］ 次の図の①～⑪の名称を答えなさい。

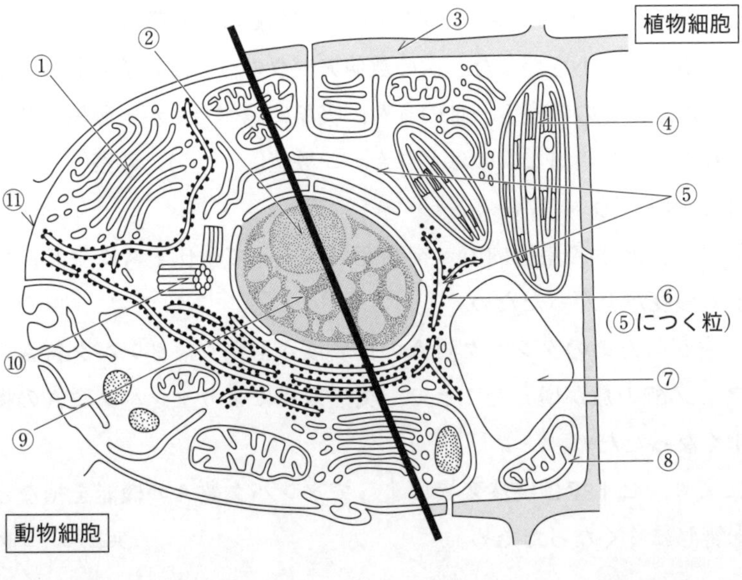

Guide

確認 **生体膜の基本構造**

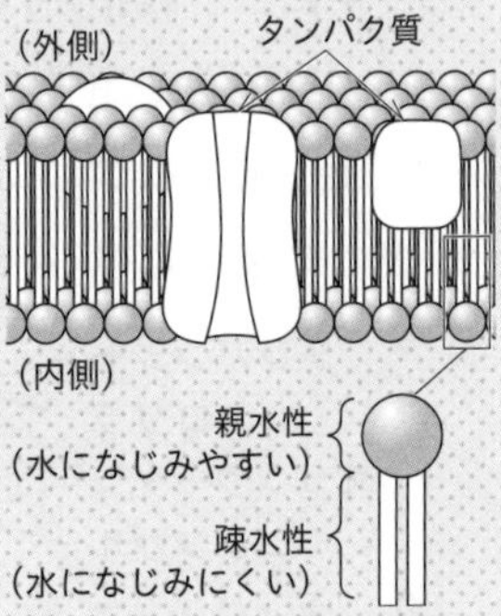

確認 **細胞の構造と物質**

- ▶**核**…**染色体**を含み1～数個の**核小体**（RNA を含む）をもつ。
- ▶**葉緑体**…**チラコイド**の膜に光合成色素が存在し，**ストロマ**に光合成に関わる酵素を含む。
- ▶**ミトコンドリア**…内膜や**クリステ**および**マトリックス**に呼吸に関わる酵素を含む。
- ▶**リボソーム**…mRNA の情報をもとにタンパク質へと翻訳する。
- ▶**小胞体**…表面にリボソームが付着した**粗面小胞体**と，リボソームが付着していない**滑面小胞体**とがある。滑面小胞体は脂質の合成に関わっている。
- ▶**ゴルジ体**…小胞体から受け取ったタンパク質を加工し，細胞外へ分泌する。

①(　　　　　　)　②(　　　　　　)　③(　　　　　　)
④(　　　　　　)　⑤(　　　　　　)　⑥(　　　　　　)
⑦(　　　　　　)　⑧(　　　　　　)　⑨(　　　　　　)
⑩(　　　　　　)　⑪(　　　　　　)

重要 **3** **[タンパク質の構造]** 次の文章の空欄に適語を入れなさい。

タンパク質は，(①)種類ある(②)が多数結合したポリペプチド鎖からなる。(②)は炭素原子(C)に(③)基($-NH_2$)と(④)基(-COOH)，水素原子(H)，側鎖が結合した構造である。(②)どうしは，一方のアミノ酸の(③)基と他方のアミノ酸の(④)基から(⑤)が1分子外れて結合する(⑥)結合でつながる。ポリペプチド鎖のアミノ酸配列を(⑦)構造という。また，ポリペプチド鎖の折りたたみのパターンを(⑧)構造といい，らせん状の構造をした(⑨)構造や平行に並んだ(⑩)構造がある。この(⑨)構造や(⑩)構造を立体的に配列してできた立体構造を(⑪)構造という。また，一部のタンパク質は複数の(⑪)構造が集まった(⑫)構造をとる。このようにポリペプチド鎖が折りたたまれて立体構造を形成する過程を(⑬)という。

①(　　　　　　)　②(　　　　　　)　③(　　　　　　)
④(　　　　　　)　⑤(　　　　　　)　⑥(　　　　　　)
⑦(　　　　　　)　⑧(　　　　　　)　⑨(　　　　　　)
⑩(　　　　　　)　⑪(　　　　　　)　⑫(　　　　　　)
⑬(　　　　　　)

重要 **4** **[酵素の性質]** 右下の図は，酵素による反応の概略を示している。酵素の性質に関する次の問いに答えなさい。

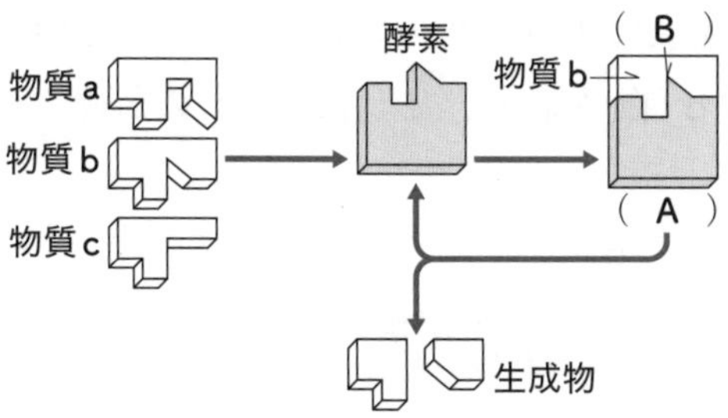

(1) 図中の物質bを何というか。
(　　　　)

(2) 図中のA(物質bと酵素が結合したもの)，B(酵素と物質bとの結合部位)をそれぞれ何というか。
A(　　　　　　)　B(　　　　　　)

(3) 酵素の主成分は何か。(　　　　　　)

(4) 酵素には(3)であげた主成分以外の低分子の有機物が含まれることがある。この物質を何というか。(　　　　　　)

▶**リソソーム**…各種の加水分解酵素を含み，不要になった細胞小器官などを分解処理する(**オートファジー**という)。
▶**液胞**…老廃物・貯蔵物質のほか，アントシアン(色素)を含むものもある。
▶**細胞膜**…リン脂質とタンパク質からなる。
▶**細胞壁**…セルロースやペクチンからなる。

確認 **アミノ酸の基本構造**

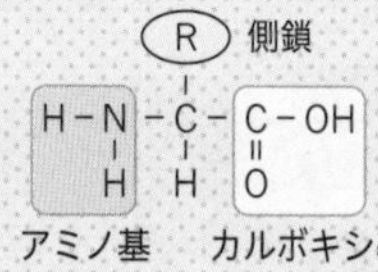

確認 **タンパク質の構造**

▶**一次構造**…ペプチド結合によりつながったアミノ酸の配列。

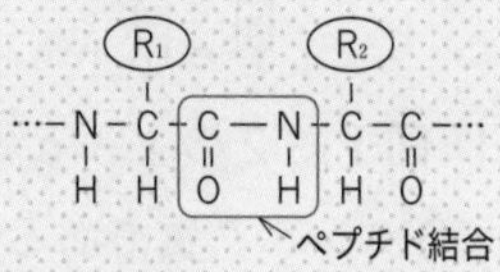

▶**二次構造**…ポリペプチドが水素結合により立体的な構造をとったもの。**αヘリックス**や**βシート**などがある。
▶**三次構造**…タンパク質がつくる立体構造。
▶**四次構造**…複数のポリペプチドからなるタンパク質の立体構造。

用語 **基質特異性**

酵素がもつ，特定の物質(**基質**)としか結合しない性質のこと。基質が酵素の**活性部位**の構造にぴたりとはまることで作用する。活性

記述 (5) 物質 b によく似た物質の中に，この酵素と結合するが反応しないものがある。このような物質の名称と，それによる酵素反応にあたえる影響を答えよ。

物質(　　　　　) 影響(　　　　　　　　　　　)

5 ［タンパク質の機能］次の図は，生体内ではたらくさまざまなタンパク質について示したものである。あとの問いに答えなさい。

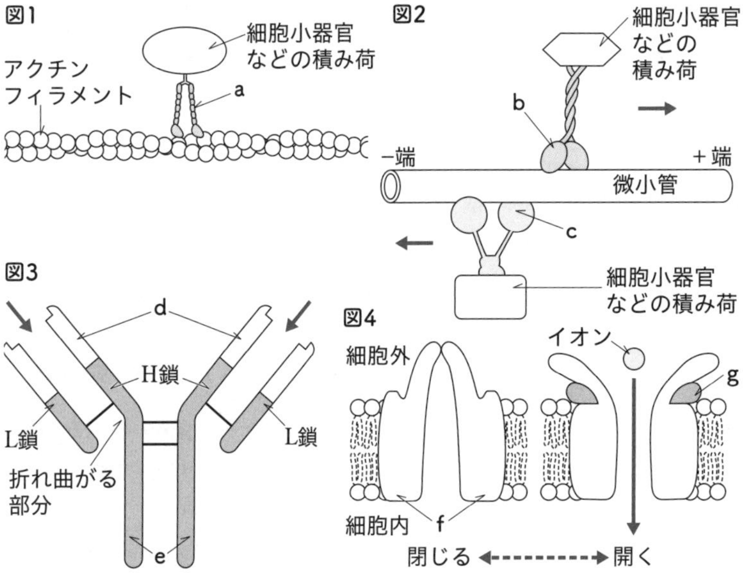

(1) **図1，2**の a ～ c は，細胞内で物質や細胞小器官を移動させるタンパク質である。それぞれの名称を答えよ。

a(　　　　　) b(　　　　　) c(　　　　　)

(2) (1)のタンパク質は何と総称されるか。(　　　　　)

(3) **図3**は，血しょう中で免疫に関わるタンパク質である。そのタンパク質の名称と図の d (白い部分)，e (青い部分)の名称を答えよ。

タンパク質(　　　　　) d(　　　　　) e(　　　　　)

記述 (4) **図3**の青色の矢印で示した部位は，何が起こる部位か。

(　　　　　　　　　　　　　　　　　　　)

(5) **図4**に示したタンパク質 f は，細胞膜にある，ゲートのついた筒状の構造体で，エネルギーを使わずにイオンを通す。タンパク質 f を何というか。(　　　　　)

(6) **図4**は(5)のタンパク質 f の中でも，物質 g がタンパク質 f に結合することでゲートの開くものを示している。物質 g の名称を答えよ。(　　　　　)

部位のはたらきにより，反応の**活性化エネルギー**が低下することで化学反応が促進される。また，基質に似た物質(**阻害物質**)が酵素の活性部位に結合して反応速度を低下させることがある。これを**競争的阻害**という。

用語 **輸送タンパク質**

▶**チャネル**…受動輸送の通路。イオンチャネル，アクアポリンなど。

▶**担体**…受動輸送をする輸送体。グルコーストランスポーターなど。

▶**ポンプ**…能動輸送をする輸送体。ナトリウムポンプなど。

用語 **細胞骨格**

細胞の形や細胞小器官を支える，タンパク質からなる微細な繊維状構造。

▶**微小管**…細胞小器官の移動や物質輸送などに関わっており，細胞分裂時の紡錘糸(ぼうすいし)や精子の鞭毛(べんもう)の中にも存在する。

▶**中間径フィラメント**…細胞の形の保持にはたらく。

▶**アクチンフィラメント**…筋収縮や動物細胞の細胞質分裂などにはたらく。

用語 **モータータンパク質**

ATP を分解して得たエネルギーを用いて細胞骨格上を移動するタンパク質。アクチンフィラメント上を移動する**ミオシン**，微小管上を移動する**ダイニン**と**キネシン**がある。

STEP 2 標準問題

解答→別冊20ページ

重要 **1** ［細胞と水の出入り］次の文章は，細胞への物質の出入りについて述べたものである。あとの問いに答えなさい。

濃度の異なる2つの溶液が接している場合，同じ濃度になるように溶液中の溶質が分子運動によって混じり合う。これを（ a ）という。溶媒は通すが溶質は通さない半透膜で2液が隔てられている場合には，溶媒のみが膜を通って移動する。これを（ b ）という。このとき，溶質の濃度の（ c ）溶液から（ d ）溶液へ溶媒が移動していき，この現象をひき起こす圧力を（ e ）という。（ e ）は2液の濃度差が（ f ）ほど大きくなる。

⑴ 文章中の空欄にあてはまる語句を次の**ア**～**ク**から選び，記号で答えよ。

ア 浸透　**イ** 浸透圧　**ウ** 拡散　**エ** 大きい
オ 小さい　**カ** 高い　**キ** 低い　**ク** 混合

⑵ 右のグラフは植物細胞の体積と細胞の浸透圧・膨圧の関係を示したものである。

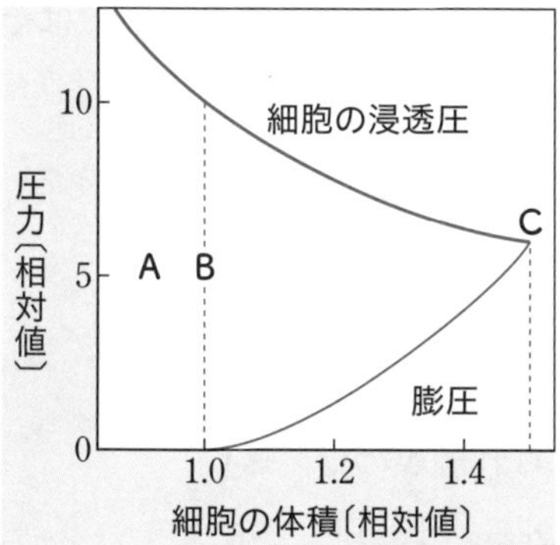

① 図の**A**～**C**の細胞の状態を図示せよ。

② **B**の状態を何というか。

記述 ③ タマネギのりん葉の表皮を蒸留水に入れると，細胞はある程度膨張するが，赤血球を蒸留水に入れたときのような現象は見られない。その理由を簡潔に答えよ。

1

⑴	a	b	
	c	d	
	e	f	
⑵	①	A	
		B	
		C	
	②		
	③		

Hints
植物細胞には，半透性の細胞膜の外側に全透性の細胞壁がある。

2 ［細胞小器官と成分］細胞に関する次の文章を読み，あとの問いに答えなさい。

真核細胞は，細胞膜で外界から仕切られた内側に，核などの構造物をもつ。細胞膜は（ ① ）の二重層にさまざまなタンパク質が組み込まれた構造をしている。細胞内の構造物のうち，ミトコンドリアや小胞体は細胞膜と同じような構造の生体膜で構成されており，微小管などの（ ② ）とよばれる構造物は生体膜をもたない。

⑴ 文章中の空欄に適語を入れよ。

⑵ 小胞体に関する記述として適切なものを次の**ア**～**オ**からすべて

2

⑴	①	
	②	
⑵		
⑶		
⑷		

選び，記号で答えよ。

ア 小胞体の膜は核膜とつながっている。

イ 小胞体は核と同様に２枚の生体膜で包まれている。

ウ 粗面小胞体の中には，細胞外に放出されるタンパク質がある。

エ 滑面小胞体では，脂質の合成が行われる。

オ 滑面小胞体は細胞内カリウムイオン濃度の調節を行う。

(3) 微小管に関する記述として適切なものを次の**ア**～**オ**からすべて選び，記号で答えよ。

ア 動物細胞内では固定結合に連結する。

イ 細胞内で小胞などの輸送に関与する。

ウ 中心体を構成する。

エ 細胞の運動期間である鞭毛(べんもう)を構成する。

オ 紡錘体(ぼうすいたい)の紡錘糸を構成する。

(4) ヒトの細胞と大腸菌の細胞を構成している物質の割合を調べたところ，どちらも最も多いのは水，次にタンパク質であった。ある物質はヒトでは３番目だったが大腸菌の細胞ではそれよりも順位が低かった。この物質名を答えよ。 〔上智大－改〕

重要 **3** **〔酵素のはたらき〕** 酵素のはたらきに関する次のⅠ，Ⅱの問いに答えなさい。

Ⅰ．酵素は生体内でつくられ触媒のはたらきを行う物質である。しかし，酸化マンガン(Ⅳ)などの無機触媒とは異なる性質をもつ。**図１**は，酵素と無機触媒による反応の速さと温度の関係を示したものである。

図1

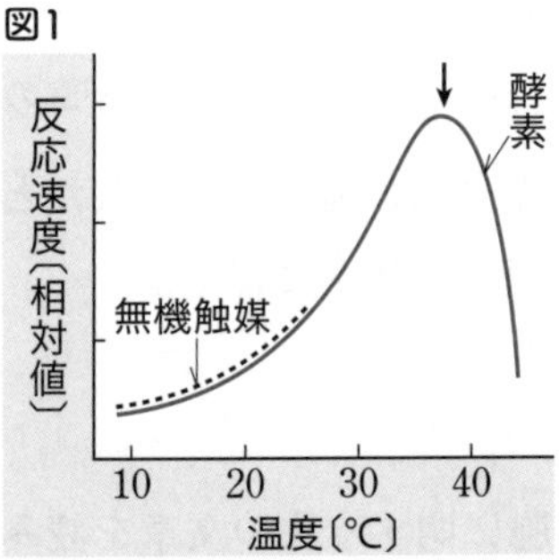

(1) **図１**では点線で示した無機触媒のグラフが一部しか描かれていない。温度と無機触媒のはたらきの関係のグラフを完成させよ。

(2) 酵素による反応のグラフでは，最も反応速度がはやくなる温度(図の矢印)が決まっている。この温度を何というか。

記述 (3) (2)の温度以上では酵素による反応の速さはむしろ低下する。その理由を簡潔に答えよ。

Ⅱ．酵素反応は，反応溶液の pH の影響を受ける。**図２**はヒトの消化酵素の反応速度と pH の関係を示したものである。

3

(1) 図に描き加えること。		
(2)		
(3)		
(4)		
(5)	a	b
	c	

(4) 各酵素のグラフの矢印のpHを何というか。

(5) 酵素a～cとして正しいものを，次のア～エから選び，記号で答えよ。

ア だ液アミラーゼ

イ 植物アミラーゼ

ウ トリプシン

エ ペプシン

図2

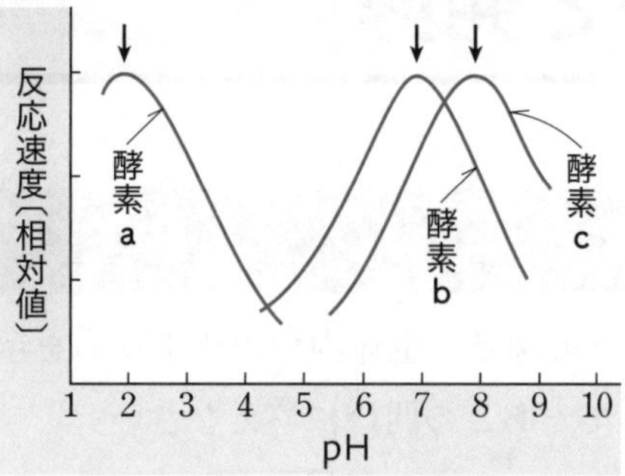

Hints
酵素の主成分であるタンパク質は，大きな分子であるため，温度による構造変化(変性)が起こりやすい。また，多数・他種類のアミノ酸で構成されるため，酸性・塩基性の度合いが強いと構造が変化しやすい。

4 ［いろいろなタンパク質］ 生体内では酵素以外にもいろいろなはたらきをするタンパク質がある。生体内ではたらくタンパク質について，次の問いに答えなさい。

(1) 生体内ではたらくタンパク質には，①細胞の形や構造を支えるもの，②細胞内で物質や細胞小器官の輸送に関わるもの，③細胞膜表面に分布するもの，④細胞外ではたらくものがある。次にあげたa～iのタンパク質は，①～④のいずれに属するか，番号で答えよ。

a アクアポリン　　b チューブリン　　c インスリン

d ナトリウムポンプ　　e フィブリン　　f アクチン

g インターロイキン　　h ミオシン　　i ダイニン

(2) (1)であげたa～iのタンパク質の中に，はたらきを行う際に直接ATPを分解するATPアーゼとしての機能をもつものが3つある。それらのタンパク質をすべて選び，記号で答えよ。

(3) (1)であげたa～iのタンパク質の中に，筋細胞中の筋原繊維に多く含まれるものが2つある。それらのタンパク質を選び，記号で答えよ。

(4) 次の①～④のはたらきをもつタンパク質を，下の語群から1つずつ選び，記号で答えよ。

① 細胞骨格と隣接する細胞を，強く連結するデスモソームを形成。

② 細胞膜表面にあり，自己と非自己の認識に関わる。

③ フィブリノーゲンに作用し，血液凝固を助ける。

④ 細胞小器官などと結合し，微小管上を＋端側に移動する。

〔語群〕 **ア** インテグリン　**イ** カドヘリン　**ウ** キネシン　**エ** グロブリン　**オ** トロンビン　**カ** HLA

4

(1)	a	b
	c	d
	e	f
	g	h
	i	
(2)		
(3)		
(4)	①	②
	③	④

Hints
インテグリンは，上皮組織の細胞と結合組織をつなぐヘミデスモソーム形成を促すタンパク質である。グロブリンは血しょう中のタンパク質の中で2番目に多いタンパク質で，その多くが免疫グロブリンとして抗体を形成する。

7 呼吸と発酵

STEP 1 基本問題

解答→別冊21ページ

1 ［生体内での化学反応］下の図は，生体内での化学反応を示したものである。これについて，あとの問いに答えなさい。

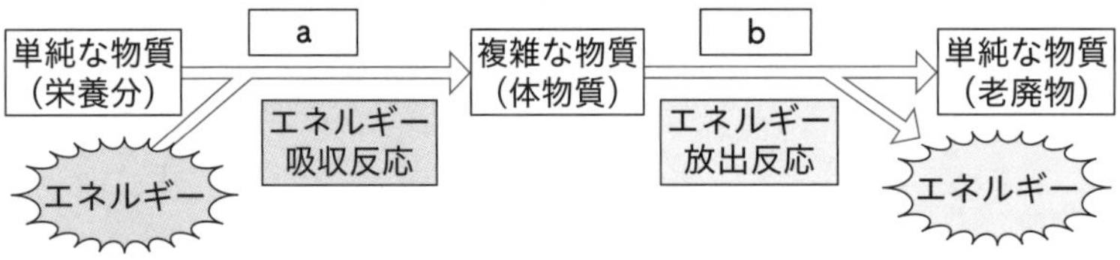

(1) 生体内で起こる化学反応全体を何というか。（　　　）

(2) 生体内では図のように，大きく a と b の化学反応が起こる。それぞれの名称を答えよ。 a（　　　） b（　　　）

(3) 図の a の1つに，二酸化炭素から糖をつくるはたらきがある。これを何というか。（　　　）

(4) 植物が光エネルギーを使って行う(3)を何というか。（　　　）

(5) 図の b の1つに，酸素を用いて糖などの有機物を二酸化炭素などの無機物に変えるはたらきがある。これを何というか。（　　　）

(6) (3)と(5)の両方のはたらきでつくられる，生体内のエネルギーのなかだちをする物質は何か。（　　　）

重要 **2** ［呼吸のしくみ］

右の図は，呼吸の過程の概略を示したものである。これについて，次の問いに答えなさい。

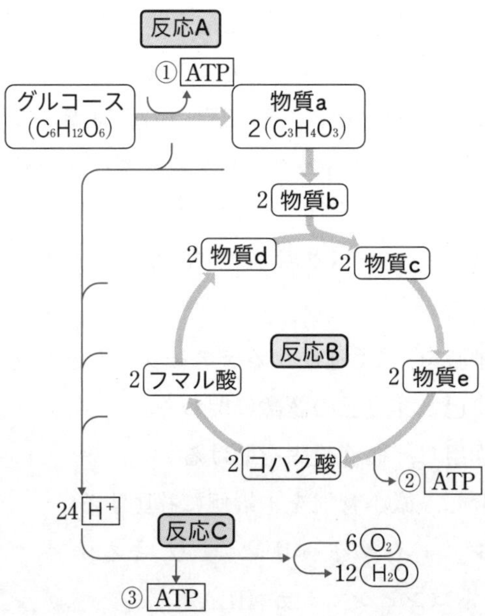

(1) 図中の反応 A～C をそれぞれ何というか。

A（　　　）

B（　　　）

C（　　　）

(2) 図中の物質 a ～ e にあてはまる物質名

Guide

確認 代謝とエネルギー

▶**代謝**…生体内で行われる化学反応で，この反応の多くに酵素がはたらき，エネルギーの変化や出入りをともなう。一般に，**同化**と**異化**に分けられる。

▶**同化**…単純な物質から複雑な物質を合成する代謝で，一般に，同化はエネルギーを吸収するエネルギー吸収反応である。**光合成**などの**炭酸同化**と**窒素同化**がある。

▶**異化**…複雑な物質を単純な物質に分解する代謝で，一般に，エネルギーを放出するエネルギー放出反応である。**呼吸**や**発酵**・**消化**などがあてはまる。

▶**ATP の生成**…光合成と呼吸は，全体として逆反応で，同化と異化の代表的な例である。

確認 呼吸と発酵

呼吸は，有機物が酸素の存在下で無機物に分解される過程で，好気呼吸ともいう。一方，**発酵**は有機物が酸素のない条件下で分解される過程で，嫌気呼吸ともいう。

を下の語群から選び，記号で答えよ。

a（　　） b（　　） c（　　） d（　　） e（　　）

〔語群〕 **ア** アミノ酸　**イ** アセチル CoA（活性酢酸）
ウ オキサロ酢酸　**エ** クエン酸　**オ** α-ケトグルタル酸
カ ピルビン酸

(3) 反応**A**～**C**で生成されるグルコース１分子あたりの ATP 生成数①～③を答えよ。ただし，反応**A**では正味の値を，反応**C**ではその最大値を答えること。①（　　） ②（　　） ③（　　）

(4) 反応**A**～**C**はそれぞれ細胞のどの部分で起こるか。

A（　　　　） B（　　　　） C（　　　　）

重要 **3** ［**発酵**］下の図は２種類の生物に見られる発酵**A**，**B**の過程を示したものである。これについて，あとの問いに答えなさい。

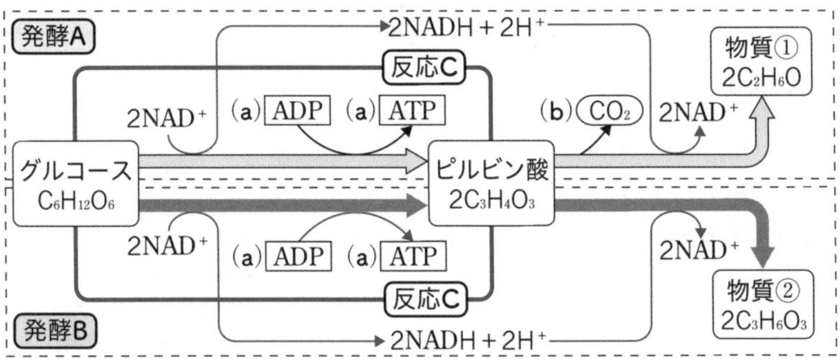

記述 (1) 発酵とはどういうはたらきか，簡潔に答えよ。

（　　　　　　　　　　　　　　　　　　　　）

(2) 発酵**A**，**B**をそれぞれ何というか，次の**ア**～**エ**から選べ。

ア アルコール発酵　**イ** 酢酸発酵　**ウ** 乳酸発酵
エ メタン発酵　A（　　） B（　　）

(3) 発酵**A**，**B**を行う生物を，次の**ア**～**オ**から１つずつ選べ。

ア コウジカビ　**イ** 乳酸菌　**ウ** 大腸菌
エ 酵母　**オ** 納豆菌　A（　　） B（　　）

(4) 図中の反応**C**および物質①，②の名称を，次の**ア**～**キ**から選べ。

ア 酸化的リン酸化　**イ** 解糖系　**ウ** 電子伝達系
エ エタノール　**オ** 酢酸　**カ** メタン　**キ** 乳酸

C（　　） ①（　　） ②（　　）

(5) 図中の**a**，**b**に適当な数を入れよ。ただし，**a**は正味の値で答えること。　a（　　） b（　　）

(6) 筋肉などの動物の体内でも発酵と同じ反応が起こることがある。動物の体内で起こる反応は発酵**A**，**B**のいずれか。（　　）

(7) (6)の反応は何とよばれるか。（　　　　）

確認 **呼吸の過程**

▶**解糖系**…１分子のグルコースが２分子の**ピルビン酸**になる過程をいう。グルコース１分子あたり，ATP を２分子消費して４分子合成されるので，正味２分子の ATP と２分子の NADH ができる。細胞質基質で起こる。

▶**クエン酸回路**…ピルビン酸が**アセチル CoA** を経て，**オキサロ酢酸**と結合し**クエン酸**となり，段階的な反応によりオキサロ酢酸に戻る過程をいう。グルコース１分子（＝ピルビン酸２分子）あたり，６分子の CO_2，２分子の ATP，８分子の NADH，２分子の $FADH_2$ ができる。ミトコンドリアのマトリックスで起こる。

▶**電子伝達系**…解糖系とクエン酸回路でできた NADH や $FADH_2$ から遊離した電子（e^-）が，ミトコンドリアの内膜にある酵素やシトクロムというタンパク質の間を次々と受け渡され，最終的に水がつくられる過程をいう。この過程でグルコース１分子あたり最大で 34 分子の ATP ができる。

用語 **酸化的リン酸化**

呼吸の電子伝達系では，NADH などの酸化で ATP ができる。この ATP 合成反応を**酸化的リン酸化**という。リン酸化とは ADP にリン酸が結合することをいう。

STEP 2 標準問題

解答→別冊22ページ

重要 **1** [呼吸の経路] 次の文章を読み，あとの問いに答えなさい。

解糖系でグルコース1分子は2分子のATPを消費する反応の後，(a)分子のATPを合成し，2分子の物質Aを生成する。物質Aは脱水素反応を含む複数の反応を経て物質Bになる。しかし，動物の(b)に貯蔵されたグリコーゲンから生成された物質Aはある条件下で乳酸に変換される。図中の①，③，④の反応では，(c)が脱離し，(c)を受容した補酵素はこの後，電子伝達系に送られてATP合成に使われる。

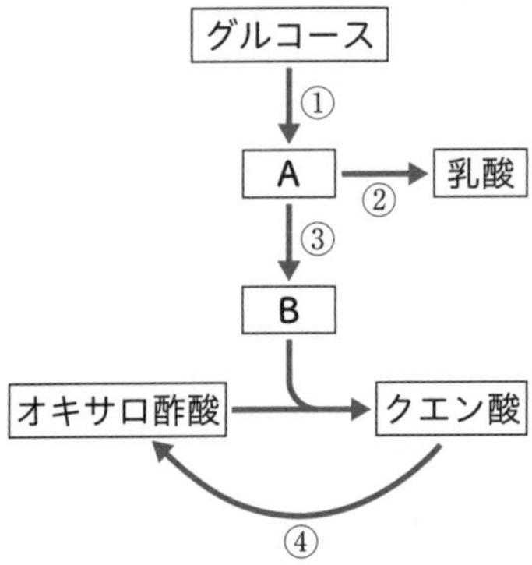

(1) 文章中の空欄a～cにあてはまる数値または語句を入れよ。

(2) 文章中の物質AとBはそれぞれ何か，物質名を答えよ。

(3) 二酸化炭素が放出される反応は上の図の①～④のどれか，すべて選び，番号で答えよ。

(4) 図中の反応④は細胞のミトコンドリアのどこで起こるか，その場所を答えよ。

(5) 文章中の下線部はどのような条件か，5字以内で答えよ。

(6) グルコースを呼吸基質とした，呼吸の全過程をまとめた反応を表す式を答えよ。 [立教大]

1

(1)	a	
	b	
	c	
(2)	A	
	B	
(3)		
(4)		
(5)		
(6)		

Hints

動物細胞でも，筋肉など激しい運動で酸素が欠乏する細胞では，乳酸発酵と同様の反応でATP生成を行うことがある。これを**解糖**という。

2 [アルコール発酵] 10％グルコース水溶液に酵母を加えてよくかき混ぜ，これを発酵液とした。右の装置の閉管部に，空気が入らないように注意しながら，発酵液を注ぎ込んだ。この装置を35℃に保つと，やがて閉管部に気体がたまってきた。この実験について，次の問いに答えなさい。

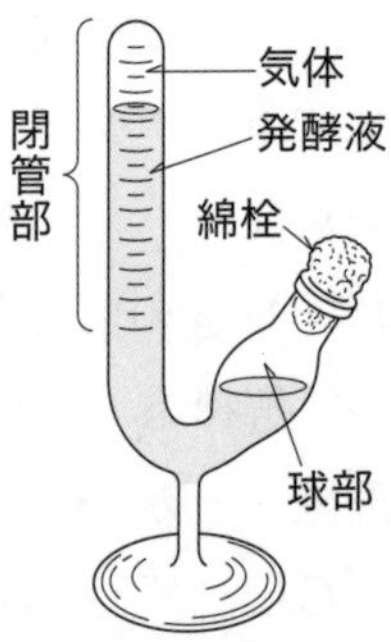

(1) 図に示す装置の名称を答えよ。

記述 (2) 図の装置に閉管部があるのは何のためか，簡潔に答えよ。

(3) 装置の閉管部にたまった主な気体の物質名を答えよ。

(4) (3)以外に生成された物質の物質名を答えよ。

(5) この装置内で起こった主な反応の化学反応式を答えよ。

(6) この装置内にある物質を加えたところ，閉管部の気体が発酵液

2

(1)		
(2)		
(3)		
(4)		
(5)		
(6)		
(7)	①	
	②	

に溶けていった。加えた物質は何か。

(7) この実験で用いた酵母を酸素が豊富な環境で育てたところ，この実験で起こった反応とは異なる反応が見られた。

① 酸素が豊富な環境で起こる反応を何というか。

② 実験の環境でくらす酵母と比べ，酸素が豊富な環境でくらす酵母で著しく発達する細胞小器官の名称を答えよ。

Hints

酵母は，真核生物のカビの仲間である。細菌類に属する原核生物の仲間である大腸菌や乳酸菌とは異なり，ミトコンドリアをもっており，酸素が豊富な環境下では呼吸も行う。

重要 **3** ［呼吸商］ 右の図のような装置を用い，呼吸商を測定した。2つの三角フラスコに同量のコムギの発芽種子を入れ，ビーカーには水酸化カリウム溶液または水を入れた。一定温度に保ち，活栓を閉じて一定時間後に，着色液の動きから三角フラスコ内の気体の減少量を測定した。さらに，ヒマの発芽種子を使って同様の実験を行い，その結果を表に示した。これについて，次の問いに答えなさい。

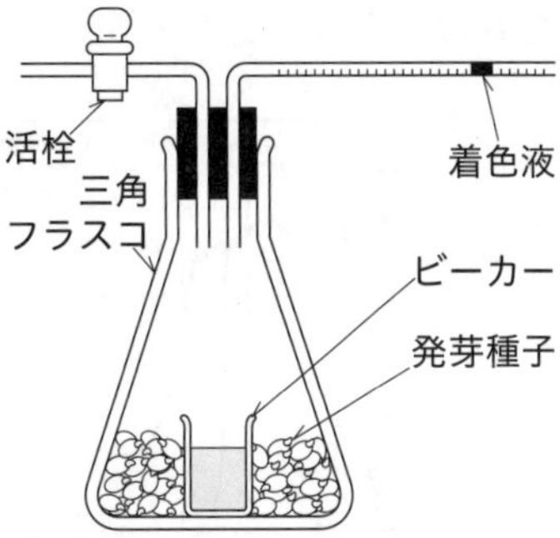

発芽種子の呼吸の実験

フラスコの気体減少量〔相対値〕

ビーカー内の液体	コムギ	ヒマ
水酸化カリウム溶液	99.8	105.5
水	1.4	31.3

記述 (1) ビーカー内の水酸化カリウム溶液のはたらきを15字以内で説明せよ。

(2) コムギおよびヒマの呼吸商をそれぞれ求めよ。答えは，四捨五入して小数第2位まで示すこと。

(3) (2)の結果から，コムギおよびヒマの発芽種子では，どの呼吸基質が主に使われたと推定されるか，それぞれの名称を答えよ。

(4) (2)のように，異なる呼吸商が得られた理由として正しいものを次の**ア**～**エ**からすべて選び，記号で答えよ。ただし，コムギで主に使われたと推定される呼吸基質を**X**，ヒマで主に使われたと推定される呼吸基質を**Y**とする。

ア **Y**より**X**のほうが分子中の酸素原子の割合が大きいため。

イ **X**より**Y**のほうが分子中の酸素原子の割合が大きいため。

ウ **Y**より**X**のほうが炭素数が多いため。

エ **X**より**Y**のほうが炭素数が多いため。

(5) 動物には，主に植物を食べる草食動物と，主に動物を食べる肉食動物，さらに植物も動物も食べる雑食動物がある。これらの3群の動物が標準的な食物を食べているとき，一般的に呼吸商の値が高いものから順に並べて示せ。 ［東邦大－改］

3

(1)		
(2)	コムギ	
	ヒマ	
(3)	コムギ	
	ヒマ	
(4)		
(5)	→	
	→	

Hints

生物の行う外呼吸(ガス交換)で，吸収した酸素の体積に対する放出した二酸化炭素の体積の比を**呼吸商**という。呼吸の材料となる**呼吸基質**によって，呼吸商の値は異なり，炭水化物＝1.0，脂肪≒0.7，タンパク質≒0.8となる。

8 光合成

STEP 1 基本問題

解答→別冊23ページ

重要 **1** ［葉緑体と光合成色素］真核生物の光合成は葉緑体で行われる。**図1**はその構造の模式図で，**図2**は葉緑体中の色素Ⅰ・Ⅱや光合成と光の波長の関係を示したものである。あとの問いに答えなさい。

図1

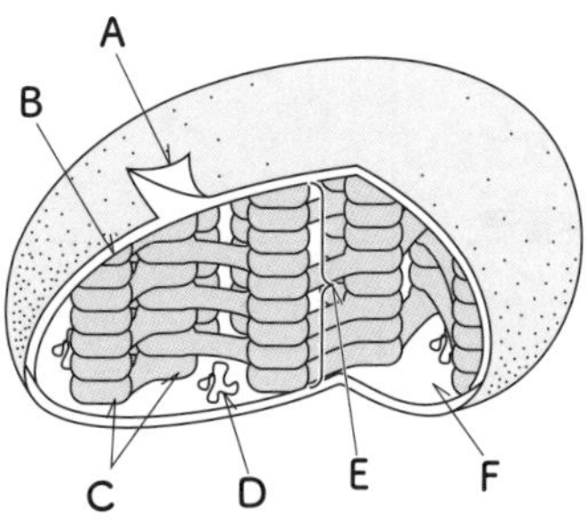

図2

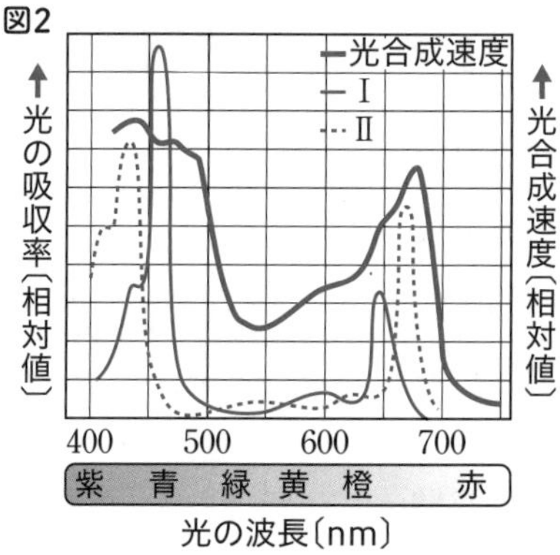

(1) **図1**の**A**～**F**の名称を答えよ。ただし，**D**は環状の物質で，**E**は**C**が積み重なった構造を示している。

A（　　　）　**B**（　　　）　**C**（　　　）

D（　　　）　**E**（　　　）　**F**（　　　）

(2) **図2**の色素Ⅰ・Ⅱは光合成に関わる重要な物質である。それぞれ何か。また，Ⅰ・Ⅱは**図1**の**A**，**B**，**C**，**F**のどこに含まれるか。

Ⅰ（　　　）　Ⅱ（　　　）　場所（　　　）

(3) **図2**のⅠ・Ⅱのグラフおよび光合成速度のグラフはそれぞれ何とよばれるか。

Ⅰ・Ⅱ（　　　）　光合成速度（　　　）

2 ［光合成］次の文章を読み，あとの問いに答えなさい。

植物が行う光合成は，（ ① ）で起こる反応と，（ ② ）で起こる反応に大きく分けられる。（ ① ）で起こる反応では，吸収した光エネルギーによって水の分解およびATPの合成が行わ

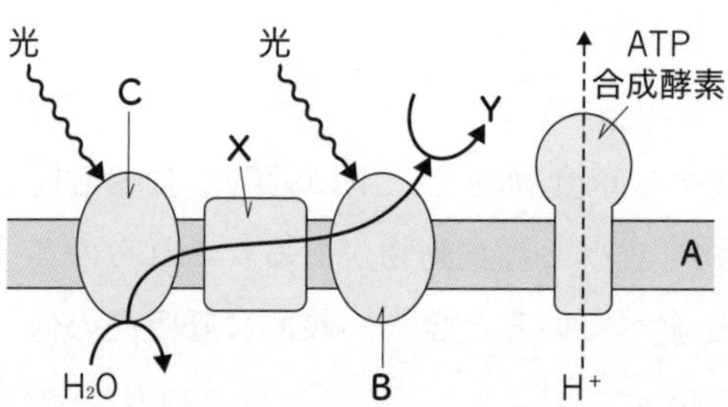

Guide

確認 **葉緑体**

葉緑体は二重膜構造で，その内部に袋状の**チラコイド**をもつ。チラコイドは**クロロフィル**などの**光合成色素**を含み，チラコイド膜には**電子伝達系**に関わる**シトクロム**などの物質が並ぶ。植物の葉緑体では，チラコイドは多数積み重なった**グラナ**を形成する。チラコイド以外の部分は**ストロマ**とよばれ，**カルビン回路**に関する酵素が存在する。なお，葉緑体には核内とは別の環状DNAがある。

用語 **光合成色素**

光合成は，チラコイド膜上の光合成色素が光エネルギーを吸収して活性化することから始まる。光合成色素としては，**クロロフィル**（a，bなど），**カロテノイド**（**カロテン**や各種の**キサントフィル**類）が重要で，その吸収する光の波長の特性（**吸収スペクトル**）に違いがある。クロロフィルは主に赤色光と青色光をよく吸収する。

れる。(②)で起こる反応では，合成された ATP などを用いて CO_2 から有機物が合成される。図は(①)で起こる反応を模式的に表したもので，**A** は(①)の膜を示している。また，図中の **B** は光化学系Ⅰを，**C** は光化学系Ⅱを示しており，これらの反応は光によって直接引き起こされることから(③)とよばれる。

(1) 文章中の空欄に適語を入れよ。

①(　　　　　) ②(　　　　　) ③(　　　　　)

(2) 図の **X** の矢印が示す流れと **Y** で合成される物質は何か，それぞれ答えなさい。　**X**(　　　　　) **Y**(　　　　　)

(3) (①)で起こる反応では，H^+ が ATP 合成酵素を通過するときのエネルギーを利用することで ATP が合成される。このような，光エネルギーの吸収から始まる一連の ATP 合成反応を何というか。　(　　　　　)

重要 **3** ［光合成の反応］右下の図は，光合成の過程の概略を示している。次の問いに答えなさい。

(1) 図中の反応 **a** ～ **d** をそれぞれ何というか。

a (　　　　　)
b (　　　　　)
c (　　　　　)
d (　　　　　)

(2) 図中の物質 **X** は何か。
(　　　　　)

(3) 図中の **A** にあてはまる葉緑体内の構造の名称を答えよ。
(　　　　　)

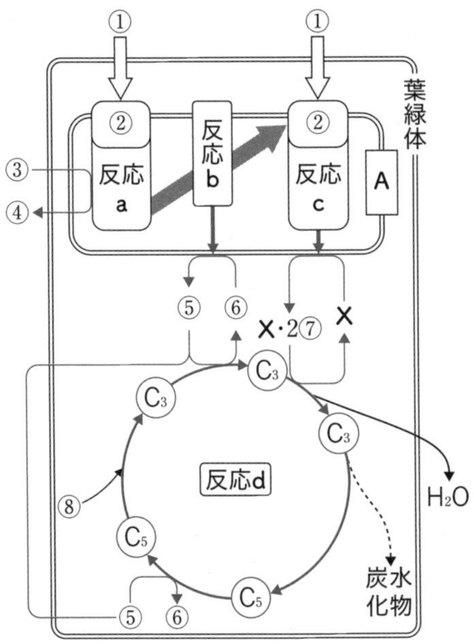

(4) 図中の①～⑧にあてはまる語句を下の語群から選び，記号で答えよ。　①(　　) ②(　　) ③(　　) ④(　　)
⑤(　　) ⑥(　　) ⑦(　　) ⑧(　　)

〔語群〕 **ア** O_2　**イ** H_2O　**ウ** CO_2　**エ** グルコース
オ デンプン　**カ** ADP　**キ** ATP　**ク** シトクロム
ケ 光エネルギー　**コ** クロロフィル　**サ** H　**シ** PGA

(5) 光合成全体の反応を表す式を示せ。
(　　　　　　　　　　　　　　　　　　　　)

確認 **光合成の過程**

光合成は，チラコイドでの反応とストロマでの反応に分けられる。

▶**チラコイドでの反応**…光合成は，光合成色素による光エネルギー吸収から始まる。チラコイド膜上には，**光化学系Ⅰ**と**光化学系Ⅱ**の2つの光エネルギー吸収システムがあり，光化学系Ⅱでは吸収したエネルギーで水が分解され，酸素 O_2 と水素イオン H^+，電子ができる。水が分解される過程は**ヒル反応**ともいう。光化学系Ⅰでは，水素イオンと電子が $NADP^+$ と結合して NADPH ができる。2つの光化学系の間には，生じた電子を受け渡す**電子伝達系**の過程があり，この過程で H^+ がチラコイド内に輸送される。結果的にチラコイド内外に H^+ の濃度勾配ができ，H^+ がストロマ側に戻る際に ATP が合成される。この光エネルギーに由来する ATP 合成は**光リン酸化**という。

▶**ストロマでの反応**…チラコイド膜でつくられた ATP や NADPH によって CO_2 を還元し，有機物が合成される。この過程は，発見者の名をとって**カルビン回路**とよばれる。

解答→別冊24ページ

1 ［光合成色素の分離］ 光合成色素の分離実験について，あとの問いに答えなさい。

〔実験〕 シロツメクサの葉を乳鉢ですりつぶし，抽出溶媒(メタノール：アセトン＝3：1)を加えて色素を抽出した。この抽出液をろ過し，ろ液をガラス毛細管で吸い上げ，ろ紙の原点に何度もしみ込ませ，抽出溶媒を蒸発させた。大形試験管に展開溶媒を入れ，下端が少し浸るようにろ紙を差し入れた。やがて展開溶媒が上昇するにつれて各色素が分離し，ろ紙上にA～Dのスポットができた。図のLが20 cmのときに実験を停止し，ろ紙を取り出して，スポットの位置や色調などを上の表にまとめた。

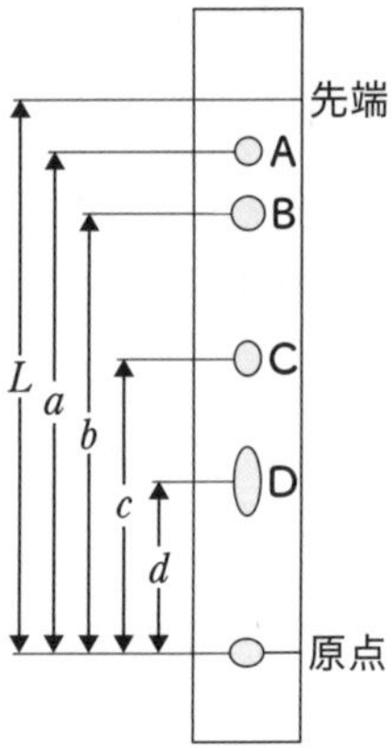

色素のスポット	A	B	C	D
色	橙色	①	青緑色	②
距離〔cm〕	$a=19$	$b=14$	$c=11.6$	$d=8.0$

(1) スポットA～Dの色素名を次からそれぞれ選べ。

ア アントシアン　**イ** カロテン　**ウ** キサントフィル
エ フィコシアニン　**オ** クロロフィルa　**カ** クロロフィルb

(2) 下線部の展開溶媒の例として適当なものはどれか，次から選べ。

ア 水　**イ** エタノール　**ウ** 水：エタノール＝1：1
エ メタノール：水酸化ナトリウム水溶液＝3：2
オ 石油ベンジン：石油エーテル：アセトン＝4：1：1

(3) スポットCのRf値を求める正しい式はどれか，次から選べ。

ア $\frac{c}{a}$　**イ** $\frac{c}{L}$　**ウ** $\frac{a}{L}$　**エ** $\frac{a-c}{L}$

(4) 上の表の①，②に入る色素の色をそれぞれ答えよ。

(5) スポットAおよびDのRf値をそれぞれ計算せよ。

1

(1)	A	B
	C	D
(2)		
(3)		
(4)	①	
	②	
(5)	A	
	D	

Hints
ペーパークロマトグラフィーによる光合成色素の分離では，「柿食えば」(**カ**ロテン，**キ**サントフィル，**ク**ロロフィル**a**，クロロフィル**b**)の順に上昇する。フィコエリトリンなどのフィコビリン系色素を除き，光合成色素は水に難溶性なので，展開溶媒には，水や水溶液は使わない。

重要 **2** ［光合成］ 植物の光合成には，Ⓐ光エネルギーでATPや還元型補酵素(NADPH)を合成する過程と，ⒷATPや還元型補酵素を利用してCO_2から有機物を合成する過程がある。次の問いに答えなさい。

(1) 下線部Ⓐに関する，次の文章の空欄に適語を入れよ。

葉緑体の(a)膜には(b)と(c)という2種類の反応系がある。このうち(b)では(d)が光エネルギーを吸収して活性化し，(e)が酸素，電子，(f)イオンに分解される。(b)と(c)の間には(g)があり，(e)の分解で生じた電子が

Hints
チラコイドでの反応では，光合成色素による光エネルギーの吸収過程(光捕集反応)だけが光エネルギーを必要とする。しかし，光がなければATPや還元型補酵素(NADPH)はできず，**2**の図1のウの反応が止まる。一方，CO_2がないと，アの反応が起きない。

ここを伝わる間に,(f)イオンが(h)から(a)内に運ばれ,濃度勾配ができる。このイオンが濃度勾配に従って(a)から(h)に戻るとき,(i)によってATPが合成される。(g)を伝わった電子は,(c)で吸収された光エネルギーのはたらきで最終的に(f)イオンや$NADP^+$と結合し,NADPHを生じる。

(2) **図1**は下線部Ⓑに関わる反応を示したものである。この反応の名称を答えよ。

図1

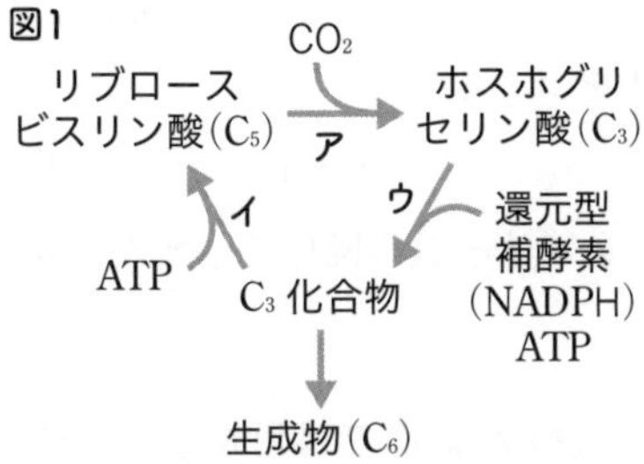

(3) 植物にさまざまな条件で光合成を行わせ,**図1**の反応の中間生成物であるホスホグリセリン酸(PGA)とリブロースビスリン酸(RuBP)の増減を調べた。**図2**はPGA(実線)とRuBP(点線)の変動を示している。

図2

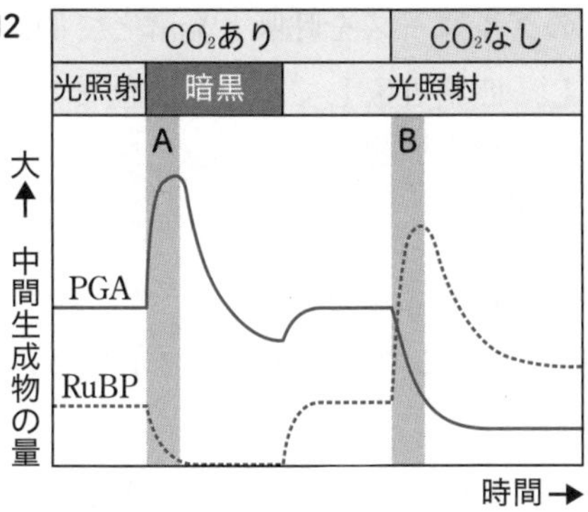

① **図2**の**A**で,PGAが増えて,RuBPが減ったのは,**図1**の**ア**～**ウ**のどの反応が阻害されたためか,考えられる記号をすべて答えよ。

記述 ② **図2**の**B**で,PGAが減って,RuBPが増えたのはなぜか。その理由を簡潔に答えよ。

［新潟大－改］

2

(1)	a	
	b	
	c	
	d	
	e	
	f	
	g	
	h	
	i	
(2)		
(3)	①	
	②	

3 ［C_4植物とCAM植物］ 次の文章の空欄に適語を入れなさい。

多くの植物において,CO_2がカルビン回路に取り込まれて最初に生じる化合物は,炭素数が(①)のホスホグリセリン酸(PGA)である。このような植物を(②)植物という。一方,サトウキビやトウモロコシのように,CO_2の固定を(③)細胞内の(④)回路で行い,これを分解してCO_2を取り出し,カルビン回路で使う植物を(④)植物という。(④)植物は,十分な光があり,温度が(⑤)い条件下でもCO_2欠乏になりにくい。

砂漠などの極度に乾燥した地域では,昼間に気孔を開くと水分が失われてしまう。そこで,乾燥地域に生息するベンケイソウやサボテンなどは,(⑥)に気孔を開き,(④)植物と同じ過程でCO_2を固定する。このようなしくみをベンケイソウ型有機酸代謝といい,これを行う植物は(⑦)植物とよばれる。

3

①	
②	
③	
④	
⑤	
⑥	
⑦	

STEP 3 チャレンジ例題 2

解答 ⊖ 別冊25ページ

1 例題チェック [呼吸商の計算]

トリアシルグリセロール(化学式 $C_{55}H_{100}O_6$)が呼吸により，二酸化炭素と水に完全に分解されるとき，呼吸商はいくらになるか，四捨五入して小数第2位まで求めよ。[慶應義塾大－改]

解法 題意に従って化学反応式をつくると，

[①]$C_{55}H_{100}O_6$ + [②]O_2 ⟶ [③]CO_2 + [④]H_2O

となる。化学反応式の係数は分子数の関係を示すが，同時に気体の体積の関係を示すので，$\frac{③}{②}$が呼吸商ということになる。

[⑤]

2 類題 [呼吸商] 酵母は，低酸素条件では呼吸とアルコール発酵を同時に行う。酵母が同量のグルコースを呼吸と発酵とで同時に消費したときの呼吸商を計算し，四捨五入して小数第2位まで求めよ。

2 [ ]

3 例題チェック [光合成のしくみ]

光合成について，次の問いに答えなさい。

(1) 多くの植物の葉が緑色に見えるのは，クロロフィルなどの光合成色素のどのような性質によるものか，説明せよ。

(2) 光合成の反応で発生する酸素が，二酸化炭素ではなく水に由来するものであることは，どのような実験によって示すことができるか，説明せよ。

(3) H^+の濃度はチラコイド膜の内側とストロマのどちら側が高くなるか，下記の(A)，(B)にそれぞれ適するほうを入れよ。

(A) > (B)

[浜松医科大－改]

解法 (1) クロロフィルなどの光合成色素がもつ，短波長の[①]色付近の光や長波長の[②]色付近の光はよく吸収し，中波長の[③]色付近の光はあまり吸収せずに反射または透過するという性質による。

(2) 酸素原子の[④]である ^{16}O と ^{18}O を用いた実験によって示すことができる。植物に，
[⑤]と[⑥]を取り込ませて光合成させたときには $^{18}O_2$ が発生し，
[⑦]と[⑧]を取り込ませて光合成させたときには $^{16}O_2$ が発生する。
この違いによって，光合成の反応で発生する酸素が，二酸化炭素ではなく水に由来するものであるとわかる。

(3) チラコイド膜で起こる反応である[⑨]において水は分解され，酸素とH^+が生じる。また，チラコイド膜の[⑩]により，ストロマ側からチラコイド膜の内側にH^+が輸送され，H^+の濃度勾配ができる。H^+は濃度の濃い[⑪]のほうからATP合成酵素の中を通って濃度の低い[⑫]のほうへ流れ出ようとする。この流れのエネルギーを利用してATPが合成される。

A[⑪] > B[⑫]

4 類題 **[光合成のしくみ]** 光合成のしくみを調べるために次の実験A～Cを行った。これについて，あとの問いに答えなさい。

〔実験A〕 アルコールで抽出した光合成色素に可視光線をあてると，赤色および青色の光は吸収されたが，緑色の光はほとんど吸収されなかった。

〔実験B〕 植物にCO_2を与えても，光を照射しないと光合成は行われなかった。また，光を照射してもCO_2を与えないと光合成は行われなかった。さらに，CO_2のないところで光を照射した植物に，その直後暗黒にしてCO_2を与えたところ光合成が行われた。

〔実験C〕 クロレラに炭素の放射性同位元素^{14}Cを含むCO_2を取り込ませて光合成を行わせ，^{14}Cがどのような化合物の一部になっていくかを追跡した。

(1) 実験A～Cはどのような事項を明らかにした実験か，次の**ア**～**カ**から1つずつ選べ。

ア 葉緑素の吸収スペクトル　**イ** 光合成の作用スペクトル
ウ 光合成における水の分解　**エ** カルビン回路の過程
オ 光合成には光を必要とする反応と光を必要としない反応がある。
カ 放射性同位元素の光合成への影響

(2) 実験Cにおいて，CO_2の取り込みによって最初に生じる物質は何か，次の**ア**～**オ**から選べ。

ア ピルビン酸　**イ** ホスホグリセリン酸(C_3化合物)
ウ クエン酸　**エ** アセチルCoA
オ リブロースビスリン酸(C_5化合物)

4

(1)	A	
	B	
	C	
(2)		

5 例題チェック **[酵母の発酵]**

酵母をすりつぶしたしぼり汁に無酸素条件下でグルコースを加えると，アルコール発酵が起こる。このしぼり汁を加熱したもの(a)，しぼり汁を半透性のチューブで透析したチューブ内液(b)とチューブ外液(c)，bを加熱したもの(d)とcを加熱したもの(e)のいずれもがアルコール発酵できなかった。次のうち，アルコール発酵が起こる組み合わせをすべて選べ。

ア aとb　**イ** aとc　**ウ** aとd　**エ** aとe　**オ** bとc
カ bとe　**キ** cとd　**ク** dとe

解法 aはしぼり汁を加熱しているので，タンパク質部分は[①　　　]しており，熱に強い[②　　　]が残っている。透析内液であるbは，タンパク質部分を含み，[②]は含まない。一方，透析外液であるcは，[②]だけを含む。dは酵素のタンパク質部分を加熱しており，機能するものはなく，eは[②]を加熱しているが，[②]は熱に強い。したがって，タンパク質部分が正常に機能できるのは[③　　]のみで，[②]部分が正常に機能するのは[④　　　　]である。

アルコール発酵が起こる組み合わせ[⑤　　　　]

STEP 3 チャレンジ問題 2

解答→別冊26ページ

1 細胞骨格に関する次の文章を読み，あとの問いに答えなさい。

細胞骨格は，微小管，(①)フィラメント，中間径フィラメントに分けられる。微小管は，チューブリンとよばれるタンパク質が連なってできた構造で，直径約(A)nmの管状の構造である。中心体は，(B)個の中心小体(中心粒)とよばれる構造体とその周囲の特有のタンパク質からできており，中心小体は三連微小管(微小管が3本1組になったもの)が(C)組，環状に並んだ構造をしている。(①)フィラメントは(①)とよばれるタンパク質が一方向に連なって，直径約7nmの繊維状の構造を形成している。中間径フィラメントは，直径約10nmの繊維状の構造の総称であり，構成するタンパク質は細胞の種類によって異なる。

細胞に見られる動きの多くは，ATP存在下における細胞骨格とモータータンパク質の協同的な作用による。a<u>ミオシンは，モータータンパク質の1つであり，(①)フィラメントと作用することによって筋収縮をもたらす</u>。微小管上を移動するモータータンパク質である(②)は，鞭毛(べんもう)や繊毛を動かす際にはたらく。微小管には極性があり，一方の端をプラス端，もう一方をマイナス端というが，(②)は微小管のマイナス端に向かって動き，別のモータータンパク質である(③)はプラス端に向かって動く性質がある。微小管とモータータンパク質は，細胞内での細胞小器官の配置を決めるのにも役立っている。小胞体の先端は細胞膜付近まで伸びていることが多い。これは，小胞体の外側に結合した(③)が微小管沿いに小胞体を引っ張って小胞体を広げているからである。b<u>動物細胞では，ゴルジ体も微小管とモータータンパク質によって配置が決められているが，ゴルジ体は中心体近くに存在することが多い</u>。

(1) 文章中の空欄①～③にあてはまる適切な語句をそれぞれ書け。

①(　　　　　) ②(　　　　　) ③(　　　　　)

(2) 文章中の空欄A～Cにあてはまる適切な数字を次から選び，それぞれ1つずつ書け。

〔数字〕 1　2　3　5　9　25　75　150

A(　　) B(　　) C(　　)

記述 (3) 中間径フィラメントの細胞内での役割を1つ述べよ。

(　　　　　　　　　　　　　　　　)

(4) 下線部aのミオシンと(①)フィラメントの作用によってもたらされる細胞内の動きの例を1つあげよ。ただし，筋収縮以外とする。 (　　　　)

(5) 細胞骨格に関連した次の文ア～オのうち，正しいものを2つ選べ。 (　　)(　　)

ア ヒト上皮細胞に見られる接着結合では，細胞内のカドヘリンが微小管と結合している。

イ 中間径フィラメントは，主に植物細胞に多く見られる。

ウ 細胞分裂時には，微小管は各染色体の動原体に結合する。

エ 中心体は，鞭毛を形成する際の起点となる。

オ セルロース繊維は，中間径フィラメントの一種である。

(6) 動物細胞において，中心体側の微小管末端は，プラス端であるかマイナス端であるか答えよ。
( )

(7) 下線部bのゴルジ体の細胞内配置に寄与しているモータータンパク質は，(②)であるか(③)であるか，名称で答えよ。 ( )

(8) 小胞体上のリボソームで合成されたタンパク質は，小胞体とゴルジ体を経て適切な場所へと輸送される。そのタンパク質の輸送先として正しいものを，次の**ア**～**カ**からすべて選べ。

ア 葉緑体　　**イ** ミトコンドリア　　**ウ** 核小体
エ リソソーム　　**オ** 細胞質基質　　**カ** 細胞外　　( )

〔日本女子大－改〕

2 哺乳類のタンパク質に関する次の文章を読み，あとの問いに答えなさい。

タンパク質は，多数のアミノ酸が鎖状に結合した(①)という分子からなる。(①)のa折りたたみのパターンをタンパク質の(②)という。(②)にはらせん状の構造をした(③)や，(①)が平行に並んだ(④)がある。タンパク質は，分子全体として固有の立体構造を形成することが多く，そのタンパク質がつくる立体構造を(⑤)という。

ミオグロビンというタンパク質は，筋肉中で酸素を貯蔵するはたらきをもつ。ミオグロビンは(⑥)とよばれる鉄分子を含む化合物で酸素と結合する。同じく酸素を結合するタンパク質として，赤血球中にあり，酸素の運搬を担うヘモグロビンが知られている。ヘモグロビンはミオグロビンとよく似た2種類の(①)がそれぞれ2本ずつ集まってできており，このようなタンパク質の立体構造を(⑦)という。bこれら4つの(①)は互いに連携しており，1つ目の酸素分子の結合が，同じ(⑦)内の，ほかの(①)に結合した(⑥)への酸素分子の結合を促進する。この性質により，cヘモグロビンの酸素解離曲線は，図に示すような特徴的なS字型になる。これはミオグロビンの酸素解離曲線には見られない特徴である。

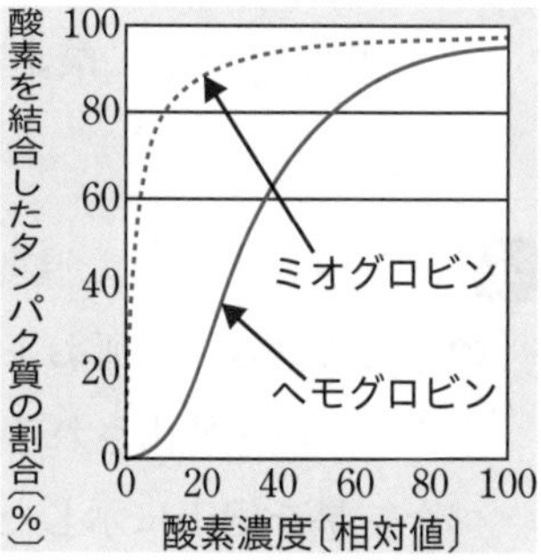

(1) 文章中の空欄に適語を入れよ。

①( ) ②( ) ③( ) ④( )
⑤( ) ⑥( ) ⑦( )

(2) 下線部aについて，タンパク質が独自の立体構造に折りたたまれる過程の名称および細胞内でこの過程を助けるタンパク質の名称をそれぞれ答えよ。

折りたたまれる過程( ) タンパク質( )

難問 記述 (3) 下線部bの現象は，タンパク質の構造変化の伝播(でんぱ)として説明できる点で，アロステリック酵素に見られる現象と似ている。アロステリック酵素とはどのような特徴をもつ酵素か，簡潔に説明せよ。

( )

記述 (4) 下線部cについて，筋肉中で酸素を貯蔵するミオグロビンではなく，血液中で酸素を運搬するヘモグロビンがこのような特徴をもつことに，どのような利点があると考えられるか説明せよ。

（　　　　　　　　　　　　　　　　　　　　　　　　　　　　　）

［甲南大－改］

重要 **3** 細胞に運ばれた酸素は，呼吸によってグルコースを分解し，化学エネルギーを生み出すために利用される。呼吸に関する次の問いに答えなさい。

(1) 右の表は，呼吸の各過程で起こる反応をまとめたものである。表中のA，Bに入る化学式を答えよ。

A（　　　　　）　B（　　　　　）

反応系	反応を表す式
解糖系	$C_6H_{12}O_6 \longrightarrow$ （ A ）＋ 4[H]（＋2ATP）
クエン酸回路	（ A ）＋ $6H_2O \longrightarrow$ （ B ）＋ 20[H]（2ATP）
電子伝達系	24[H] ＋ $6O_2 \longrightarrow 12H_2O$（＋最大34ATP）
反応系全体	$C_6H_{12}O_6$ ＋ $6H_2O$ ＋ $6O_2$ $\longrightarrow$ （ B ）＋ $12H_2O$（＋最大38ATP）

（原子量）　炭素：12，酸素：16，水素：1

(2) ある人は，安静時に1時間で17 Lの酸素を消費する。そのため心臓は，1時間に何Lの血液を送り出す必要があるか。なお，1Lの血液中の赤血球は25 mLの酸素を全身に運ぶことができるものとする。（　　　　）

(3) (2)の状態において，1時間に生み出されるエネルギー〔kJ〕を，表を利用して計算せよ。答えは，四捨五入して整数で答えること。なお，グルコース1 molから生み出されるエネルギーは2900 kJとし，酸素1 molの体積は24.6 Lとする。（　　　　）

［帝京大－改］

4 ある植物の葉を，温度15 ℃，CO_2濃度0.03 %のもとに置き，暗所および**図1**の各照度の光照射下で，吸収・放出される酸素量の時間的変化を調べた結果を**図1**に示した。なお，10000ルクスと20000ルクスでの結果は同じになった。次の問いに答えなさい。

図1

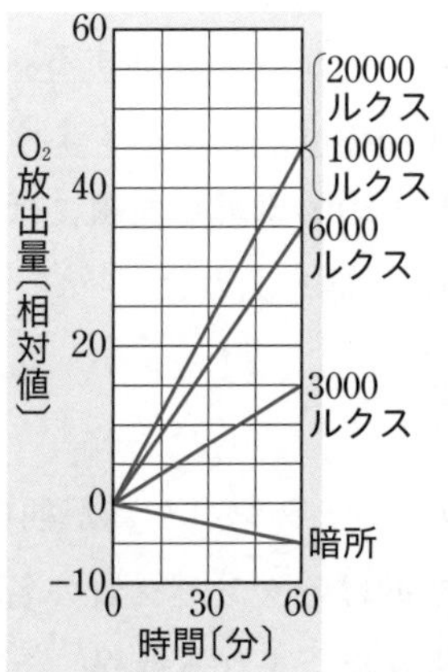

図2

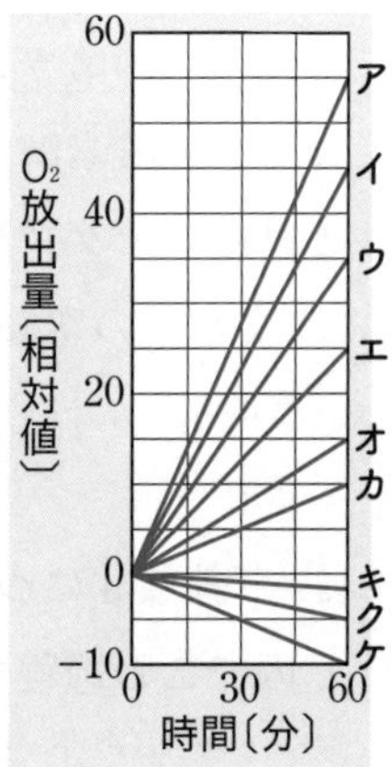

(1) **図1**の結果から，光補償点は何ルクスか。

（　　　　）

(2) 次の①～③の条件で**図1**と同様の実験を行った。それぞれの実験結果と思われるものを**図2**の**ア**～**ケ**のグラフの中から1つずつ選べ。その他の条件は**図1**と同じである。

① 20000ルクスの光照射下で，CO_2濃度を1.0 %とした。

② 暗所条件下で，温度を25 ℃とした。

③ 3000ルクスの光照射下で，温度を25 ℃とした。

①（　　）②（　　）③（　　）［自治医科大－改］

5 光合成の過程①～⑤について，あとの問いに答えなさい。

① 光エネルギーは光化学系Ⅰと光化学系Ⅱの色素複合体によって吸収され，クロロフィルaに伝えられる。活性型となったクロロフィルaからは電子e^-が放出され，光化学系Ⅱからのe^-は，（ **a** ）へ渡される。

② H_2Oが分解されH^+，O_2，e^-が生じる。

③ 光化学系Ⅰより放出されたe^-は，H^+とともに（ **b** ）**X**($NADP^+$)に受容され，還元型（ **b** ）**X**(NADPH)が生成される。

④ 光化学系Ⅱから（ **a** ）に渡ったe^-は，酸化還元反応により次々と物質間を受け渡される。このときe^-がもっているエネルギーを使ってATPが生産される。

⑤ ATPと還元型（ **b** ）**X**を用いてCO_2を固定し，有機化合物が合成される。

(1) 空欄**a**，**b**に適語を入れよ。 **a**（　　　　） **b**（　　　　）

(2) ①～⑤の反応経路のうち，チラコイドで起こる反応をすべて選べ。（　　　　）

(3) ①～⑤の反応経路のうち反応に酵素が関与し，光の影響を受けない反応をすべて選べ。

（　　　　）

記述 (4) 反応経路②で生じたH^+は，その後どのように用いられるか。

（　　　　）

(5) 反応経路④のしくみは，ミトコンドリアにおける酸化的リン酸化のしくみと類似している。このことから，反応経路④のしくみを何とよぶか。（　　　　）

記述 (6) ①～⑤の全経路は $6CO_2 + 12H_2O +$ 光エネルギー $\longrightarrow (C_6H_{12}O_6) + 6H_2O + 6O_2$ の式で表すことができる。右項の$6O_2$は，左項の$6CO_2$と$12H_2O$のどちらに由来するかを調べるため，ルーベンはどのような実験を行ったか。簡潔に答えよ。

（　　　　）

(7) 一般的な植物細胞において，ATPを生産する葉緑体以外の細胞小器官または部位の名称を2つ答えよ。（　　　　）（　　　　）

(8) トウモロコシやサトウキビは，CO_2をカルビン回路に直接取り込むことなく，まず別の回路に取り込み，C_4物質であるリンゴ酸などをつくるため，C_4植物とよばれる。次の**ア**～**オ**は，一般的なC_3植物と比較した場合のC_4植物の特徴を表している。誤っているものをすべて選び，記号で答えよ。（　　　　）

ア 光合成の適温が高い。

イ 強い光の下での光合成速度が大きい。

ウ 光飽和点が低い。

エ 大気中のCO_2濃度が限定要因になりやすい。

オ 維管束鞘(しょうさいぼう)細胞が発達し，葉緑体を豊富にもつ。

記述 (9) CAM植物は，気孔の開閉に関して一般の植物とは異なる特徴をもつ。その特徴を述べよ。

（　　　　）

［東京慈恵会医科大－改］

9 DNAの複製と遺伝子発現

STEP 1 基本問題

解答→別冊28ページ

重要 **1** ［DNAの構造］次の文章の空欄に適語を入れなさい。

糖と塩基が結合したものをヌクレオシドといい，さらに(①)が結合したものをヌクレオチドという。DNAは(②)本のヌクレオチド鎖からなり，互いに(③)向きに並んだ(④)構造をしている。DNAの糖は(⑤)であり，4種類の塩基はグアニンと(⑥)，アデニンと(⑦)がそれぞれ相補的に(⑧)結合でつながっている。また，ヌクレオチド鎖には方向性があり，リン酸側末端を(⑨)末端，糖のヒドロキシ基側末端を(⑩)末端という。

①(　　) ②(　　) ③(　　)
④(　　) ⑤(　　) ⑥(　　)
⑦(　　) ⑧(　　) ⑨(　) ⑩(　)

重要 **2** ［遺伝情報の複製］**図1**はDNA複製に関する3つの仮説を示したものである。次の問いに答えなさい。

図1

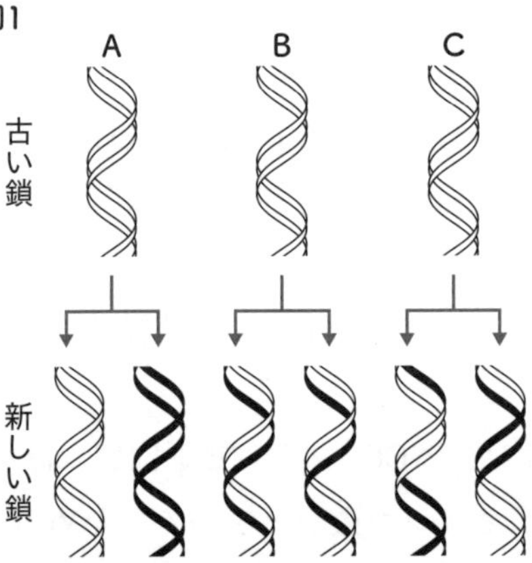

(黒塗り部分は新しく合成された鎖を表す)

(1) これらの仮説のどれが正しいかを調べるために，^{15}Nと^{14}Nを用いた実験を行った研究者は誰と誰か。
(　　)
(　　)

(2) ^{15}Nだけを含む培地で育てた大腸菌(Ⅰ)と，大腸菌(Ⅰ)を^{14}Nだけを含む培地に移して1回細胞分裂をさせた大腸菌(Ⅱ)からそれぞれDNAを抽出し，塩化セシウム溶液中で遠心分離したところ，**図2**のⅠ，Ⅱの位置にDNAのバンドが検出された。^{14}Nの培地に移して細胞分裂を2回した大腸菌(Ⅲ)，3回した大腸菌(Ⅳ)のバンドの位置を**図2**に描き入れよ。なお，複数の位置で検出される場合

図2

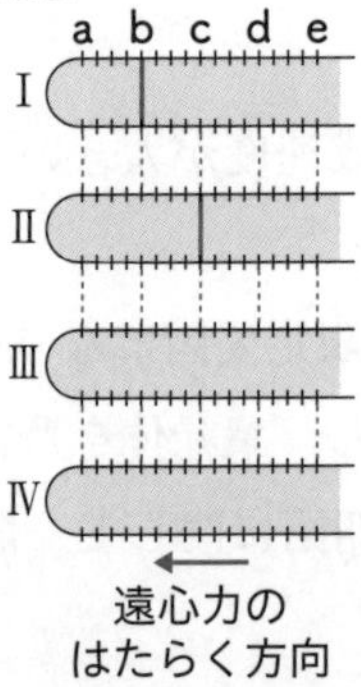

Guide

確認 デオキシリボース

DNAを構成している糖(デオキシリボース)は，下の図のように5つの炭素に番号がつけられている。ヌクレオチドを構成するリン酸とは5′の炭素で結合し，次のヌクレオチドのリン酸とは3′の炭素で結合する。

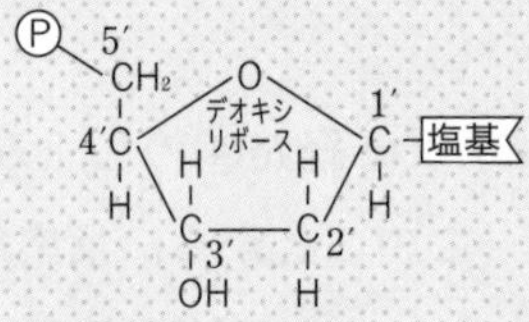

参考 DNAの複製

DNAの構造が**二重らせん構造**であることがわかった後，その複製のしくみには**2**の図1のAにあたる**全保存的複製**(もとのDNAはそのままで，2本鎖DNAが新たにつくられる)，Bにあたる**半保存的複製**(2本鎖DNAが1本ずつに分かれ，新たにつくられる鎖と合わさって2本のDNA鎖になる)，Cにあたる**分散的複製**(部位によって複製のしかたが異なる)の3つの仮説がつくられた。**メセルソン**と**スタール**は，^{15}Nで標識した大腸菌を^{14}Nを含む培地に移し，DNAの密度分析を行った。

はその位置すべてを描き，検出量が異なる場合はその比を線の太さで示せ。

(3) **図2**のⅡの結果から，否定される仮説は**図1**の**A**～**C**のどれか。（　　）

(4) **図2**全体の結果から，DNA 複製のしくみとして正しい仮説は**図1**の**A**～**C**のどれか。（　　）

(5) (4)の DNA 複製のしくみを何というか。（　　　　　）

[14]N の培地に移して，1回分裂した大腸菌の DNA がすべて両者の中間の密度であることから全保存的複製が否定され，2回分裂したときの DNA が，中間密度：低密度＝1：1であることから分散的複製が否定された。

3 ［タンパク質合成］次の文章は，真核生物のタンパク質合成について述べたものである。文章と図の記号，番号は一致している。あとの問いに答えなさい。

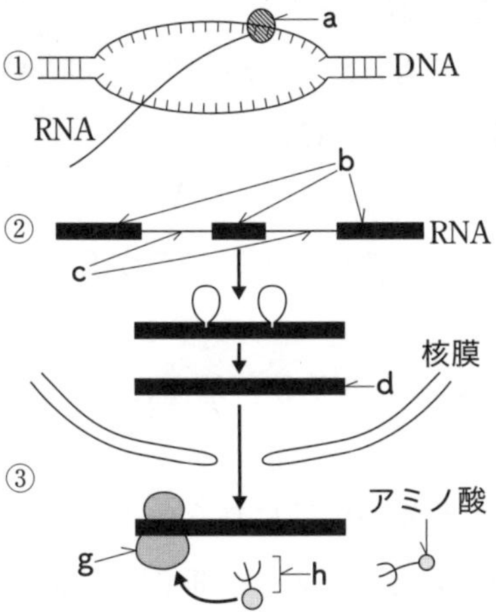

核内で DNA の二重らせんの一部がほどけ，DNA の一方の塩基配列から，（ a ）のはたらきで①新しい鎖状の分子ができる。この分子にはアミノ酸を指定する（ b ）という塩基配列と，アミノ酸を指定しない（ c ）という塩基配列があって，②この分子から（ c ）を取り除いて（ d ）ができる。（ d ）分子では，連続した（ e ）個の塩基が1つのアミノ酸に対応しており，この（ e ）個1組の塩基を（ f ）という。（ d ）は核膜孔から細胞質に出て，（ g ）と結合する。細胞質に存在する（ h ）は，（ d ）の（ f ）と対応する（ i ）という塩基配列をもち，特定のアミノ酸と結合している。（ h ）は，（ g ）上の（ d ）に（ i ）部で結合する。このとき（ h ）に結合していたアミノ酸が合成されつつあるタンパク質の末端のアミノ酸と（ j ）する。こうして，③（ d ）の情報にもとづきタンパク質が合成される。

(1) 文章中の空欄 a ～ j に適語を入れよ。

a（　　　　）　b（　　　　）　c（　　　　）
d（　　　　）　e（　　）　f（　　　　）　g（　　　　）
h（　　　　）　i（　　　　）　j（　　　　）

(2) 下線部①～③の過程はそれぞれ何とよばれるか。

①（　　　　）　②（　　　　）　③（　　　　）

［九州歯科大－改］

用語 **タンパク質合成**

真核生物のタンパク質合成の過程は次の通りである。

▶**転写**…DNA の二重らせん構造の一部がほどけ，その一方の鎖から RNA が合成される過程をいう。**RNA ポリメラーゼ**がはたらく。

▶**スプライシング**…転写でつくられた RNA には，アミノ酸配列を指定する**エキソン**とアミノ酸配列を指定しない**イントロン**がある。RNA からイントロンを切除し，意味のある塩基配列からなる **mRNA** を合成する過程をいう。

▶**翻訳**…mRNA がリボソーム上で行うタンパク質合成の過程をいう。
mRNA の3個の連続する塩基(**コドン**)に，コドンと対応する**アンチコドン**をもつ **tRNA**(特定のアミノ酸と結合している)が付着し，アミノ酸が合成途中のタンパク質末端のアミノ酸とペプチド結合することの繰り返しでタンパク質が合成される。

4 ［オペロン説］ジャコブとモノーは，大腸菌にあるラクトースをグルコースに変える複数の酵素の合成についての研究から，右の図のようなオペロン説を提唱した。次の問いに答えなさい。

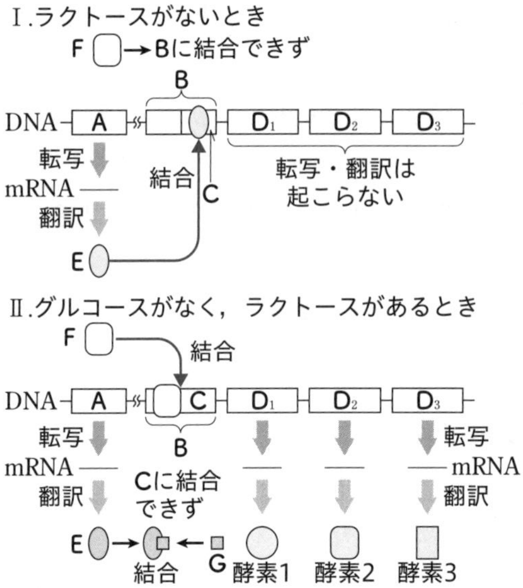

(1) 図のA～Fの名称として正しいものを次のア～クから選び，記号で答えよ。

ア 構造遺伝子　　イ 調節遺伝子
ウ オペレーター　エ オペロン
オ リプレッサー　カ プロモーター
キ DNAポリメラーゼ　ク RNAポリメラーゼ

A(　　) B(　　) C(　　)
D(　　) E(　　) F(　　)

(2) グルコースがなく，ラクトースがあると，GがEに結合してEがCに結合しなくなる。

記述 ① Gはどのような物質と考えられるか，簡潔に答えよ。
(　　　　　　　　　　)

記述 ② このようなしくみは大腸菌の生活に都合よくできている。どのような点で都合がよいといえるか，簡潔に答えよ。
(　　　　　　　　　　)

5 ［真核生物の遺伝子発現の調節］次の文章の空欄に適語を入れなさい。

真核細胞のDNAはヒストンと結合して(　①　)を形成し，(　①　)がさらに折りたたまれた(　②　)繊維という構造をとっている。転写の際は(　③　)がDNAに結合する必要があるので，転写が行われている部分では(　②　)繊維が(　④　)状態になっている。真核生物の(　③　)は単独ではほとんど転写を行うことができないが，(　⑤　)とよばれる調節タンパク質と合わさって転写複合体を形成することで(　⑥　)に結合できるようになり，転写を開始する。

真核生物では，(　⑥　)から離れた部分に(　⑦　)があり，ここにリプレッサーなどの調節タンパク質が結合すると，DNAがループを形成して(　⑦　)が転写複合体に近づき，転写の制御にはたらく。

①(　　　　)
②(　　　　) ③(　　　　) ④(　　　　)
⑤(　　　　) ⑥(　　　　) ⑦(　　　　)

用語 **基本転写因子**

真核生物における遺伝子の転写に必須のタンパク質であり，複数のタンパク質から構成されている。

原核生物における転写とは異なり，真核細胞における転写では，RNAポリメラーゼは基本転写因子と結合し，複合体を形成することで**プロモーター**と結合できるようになる。

STEP 2 標準問題

解答 ➔ 別冊29ページ

重要 **1** ［DNA複製のしくみ］ 次の図は，DNA複製のしくみを示したものである。これについて，あとの問いに答えなさい。

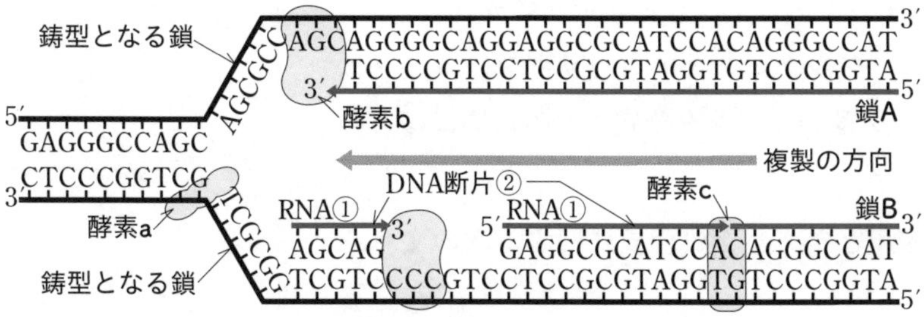

(1) DNAの鎖は一方の末端がリン酸，他方の末端がデオキシリボースになっている。図の5′末端にはいずれの物質が見られるか。

(2) DNAの複製は酵素aによって，二重らせん構造がほどかれて始まる。酵素aの名称を答えよ。

(3) 図の上側の鎖では酵素bが結合し，次々にヌクレオチドがつながってDNAの複製が起こる。しかし，酵素bは新しいヌクレオチド鎖を5′→3′の方向にしかつなげないので，下側の鎖では最初は不連続に複製されるDNA断片しかできない。酵素bの名称および鎖A，DNA断片がつながってできる鎖Bの名称を答えよ。

(4) 酵素bの一本鎖DNAへの結合には，複製開始点となるRNA①が必要である。RNA①の名称を答えよ。

(5) DNA複製の過程でつくられる鎖BのもとになるDNA断片②は，発見者にちなんで何とよばれるか。

(6) DNA断片②どうしを結合させる酵素cの名称を答えよ。

1

(1)		
(2)		
(3)	b	
	A	
	B	
(4)		
(5)		
(6)		

Hints

DNAの複製は半保存的複製であるが，複製のしかたは2本のヌクレオチド鎖で異なる。これは，DNAポリメラーゼが，新たにできるヌクレオチド鎖を5′末端側(端がリン酸)から3′末端側(端がデオキシリボース側)にしか伸長できないことによる。**1**の上側の鎖では1本の長いDNA鎖(リーディング鎖)をつくることができるが，下側のDNA鎖では短い断片状のDNA鎖しかできない。DNA鎖の断片は発見者の名をとって岡崎フラグメントとよばれる。

2 ［遺伝暗号の解読］ コラナらが行ったコドン(遺伝暗号)の解読に関する次の文章を読み，あとの問いに答えなさい。

コラナらは人工的に合成したACACACAC…(ACの繰り返し)のRNAをもとに試験管内でポリペプチド鎖をつくらせた。その結果，トレオニンとヒスチジンが交互に繰り返すポリペプチド鎖ができた。

また，AACAACAACAAC…のRNAをもとに同様の実験を行ったところ，グルタミンだけ，アスパラギンだけ，トレオニンだけの3種類のポリペプチド鎖ができた。

(1) 合成したRNA以外に試験管内に入れた物質として適当でないものは次のうちどれか，2つ選んで記号で答えよ。

ア tRNA　**イ** リボソーム　**ウ** mRNA　**エ** DNA
オ 各種アミノ酸

記述 (2) この実験を細胞内で行わせたところ，タンパク質(ポリペプチド鎖)合成は起こらなかった。その理由を簡潔に答えよ。

(3) この実験結果からヒスチジンのコドンは何といえるか。

記述 (4) この実験結果だけでは，グルタミンとアスパラギンのコドンは確定しない。2つのアミノ酸のコドンを確定させるためにはどのような実験を行えばよいか。

2

(1)

(2)

(3)

(4)

重要 **3** **[RNAとタンパク質]** RNAとタンパク質合成に関する次の文章を読み，あとの問いに答えなさい。

タンパク質を構成するアミノ酸は20種類だが，コドンを構成する核酸の塩基の種類は4種類で，3つの塩基の組み合わせで1つのアミノ酸を指定している。真核生物のタンパク質合成は次のような過程である。

1．核内のDNAの一部がほどけ，RNAポリメラーゼのはたらきでRNAがつくられる。
2．[　　　　　　　　　　　　]
3．mRNAは核膜孔から細胞質に出ていき，リボソームに付着する。
4．特定のアミノ酸と結合したtRNAが，そのアンチコドンに対応するリボソーム上のmRNAのコドンに結合する。
5．tRNAに結合したアミノ酸が合成中のタンパク質の末端のアミノ酸と結合する。
6．tRNAがmRNAと離れ，次のコドンに対応するtRNAがmRNAに結合する。

mRNAのコドン表

1番目の塩基	2番目の塩基 U	C	A	G	3番目の塩基
U	Ph	S	Ty	Cy	U
	Ph	S	Ty	Cy	C
	Le	S	終止	終止	A
	Le	S	終止	Tr	G
C	Le	Pr	H	Ar	U
	Le	Pr	H	Ar	C
	Le	Pr	Gn	Ar	A
	Le	Pr	Gn	Ar	G
A	I	Th	An	S	U
	I	Th	An	S	C
	I	Th	Ly	Ar	A
	M*	Th	Ly	Ar	G
G	V	Al	Ap	Gy	U
	V	Al	Ap	Gy	C
	V	Al	Gu	Gy	A
	V	Al	Gu	Gy	G

Ph，Sなどはアミノ酸の略号
*は(開始)を示す

(1) 1の過程を何というか。

記述 (2) 2の過程の空欄に適当な文を入れよ。

(3) 4～6の過程を何というか。

(4) 人工的にポリUCUUのmRNAを合成し，試験管内で(3)の過程を再現した。どのようなポリペプチド鎖ができるか。なお，アミノ酸の名称は図中の略号を用いて示せ。

(5) 人工的にポリAGUのmRNAを合成し(4)と同様の実験を行った。

Hints

2や**3**で見られる人工合成したRNAは，開始や終止などアミノ酸の指定以外に意味のある塩基配列を含まないため，細胞内では翻訳されない。

3

(1)

(2)

(3)

(4)

(5)

どのようなポリペプチド鎖ができるか。ただし，答えは1つとは限らない。 ［福島大－改］

重要 **4** ［遺伝子の発現調節］次の文章を読み，あとの問いに答えなさい。

遺伝子発現の調節では，転写の段階での調節が重要である。a 原核生物における遺伝子発現の調節と b 真核生物における遺伝子発現の調節には，それぞれ特徴的なしくみがある。

(1) 下線部 a に関して，次の文章の空欄に適語を入れよ。

大腸菌では，機能的に関連のある遺伝子が隣接して存在し，まとめて転写の調節を受けることがある。例えば，ラクトースを栄養源として利用するために必要な複数の遺伝子が，まとめて転写の調節を受ける。このような遺伝子群のまとまりを（ ① ）という。（ ① ）において，転写に関わる塩基配列のうち，RNA ポリメラーゼが結合する領域を（ ② ）といい，リプレッサーが結合する領域を（ ③ ）という。リプレッサーが（ ③ ）に結合すると，転写が（ ④ ）される。

(2) 下線部 a に関して，大腸菌がラクトースを栄養源として利用するために，ラクトースを分解する酵素の遺伝子の転写を調節するしくみの記述として最も適当なものを，次から1つ選べ。

ア RNA ポリメラーゼは，ラクトースに由来する物質と結合することによって，プロモーターに結合できるようになる。

イ RNA ポリメラーゼは，ラクトースに由来する物質と結合することによって，プロモーターに結合できなくなる。

ウ リプレッサーは，ラクトースに由来する物質と結合することによって，転写を調節する塩基配列に結合できるようになる。

エ リプレッサーは，ラクトースに由来する物質と結合することによって，転写を調節する塩基配列に結合できなくなる。

オ ラクトースが存在するときは，リプレッサーがつくられない。

カ ラクトースが存在しないときは，リプレッサーがつくられない。

(3) 下線部 b に関して，次の文章の空欄に適語を入れよ。

真核生物の染色体では，DNA が（ ⑤ ）に巻きついて，ヌクレオソームとよばれる構造となり，これが密に折りたたまれている。この折りたたみがゆるめられ，プロモーターに（ ⑥ ）と RNA ポリメラーゼとが結合して，転写が開始される。多くの場合，転写によって合成された RNA の塩基配列の一部が（ ⑦ ）内において取り除かれ，mRNA となる。この過程を（ ⑧ ）という。

［センター試験－改］

4

(1)	①	
	②	
	③	
	④	
(2)		
(3)	⑤	
	⑥	
	⑦	
	⑧	

10 動物の発生

STEP 1 基本問題

解答⇨別冊31ページ

1 ［配偶子形成］右下の図は，動物の卵形成について示したものである。次の問いに答えなさい。

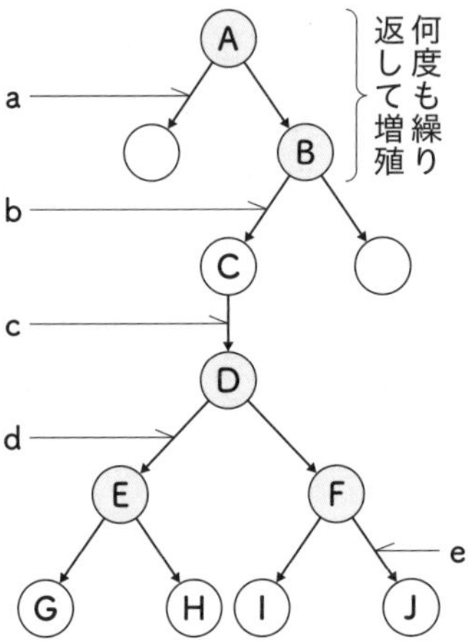

(1) 図のa～eのうち，減数分裂に該当するものをすべて選べ。（　　　）

(2) 形態的には，EはFよりも著しく小さく，IはJよりも著しく小さい。A，B，D，E，Iをそれぞれ何というか，下のア～キよりそれぞれ選べ。

A（　）　B（　）　D（　）
E（　）　I（　）

ア 第一極体　イ 第二極体　ウ 一次卵母細胞　エ 卵
オ 二次卵母細胞　カ 卵原細胞　キ 始原生殖細胞

(3) 図がヒトの卵形成である場合，B，D，Fの細胞の染色体数はそれぞれいくつになるか。　B（　）　D（　）　F（　）

(4) 図で細胞周期の G_1 期にあるAの細胞のDNA量が10であった。D，F，Jの細胞のDNA量はそれぞれいくらか。ただし，D，Fは分裂直前の状態にあるものとする。

D（　）　F（　）　J（　）　［東京農工大－改］

重要 **2** ［ウニの発生］下の図はウニの発生過程を示したものである。あとの問いに答えなさい。

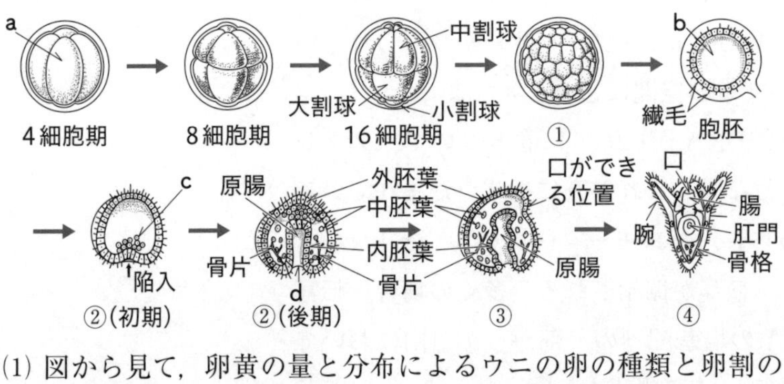

(1) 図から見て，卵黄の量と分布によるウニの卵の種類と卵割の様式は何か。　卵の種類（　　　）　卵割の様式（　　　）

Guide

確認 精子形成

始原生殖細胞($2n$)が増殖してできた**精原細胞**($2n$)が，さらに体細胞分裂して多数の**一次精母細胞**($2n$)ができる。これが減数第一分裂をして**二次精母細胞**(n)となり，減数第二分裂を経て**精細胞**(n)になる。その後，精細胞は**精子**(n)に変化する。1つの一次精母細胞から4つの精子ができる。

確認 卵形成

始原生殖細胞($2n$)が増殖して**卵原細胞**($2n$)となり，その一部が**一次卵母細胞**($2n$)となる。これが減数第一分裂をして，1つの**二次卵母細胞**(n)と1つの**第一極体**(n)になり，さらに減数第二分裂を経て**卵**(n)と**第二極体**(n)になる。1つの一次卵母細胞から1つの卵しかできない。

注意 脊椎動物の卵形成

ヒトなどの脊椎動物の多くでは，減数第一分裂後に排卵されるため，精子は二次卵母細胞に進入し，その後減数第二分裂が起こって第二極体が放出され，受精が完了する。

(2) 図で胚の上端の極体が放出される側を何というか。
（　　　　）

(3) 図の4細胞期のように，最初2回は受精卵を上下の面で区切るように卵割が起こる。このような卵割を何というか。
（　　　　）

(4) 図中の①～④の胚や幼生はそれぞれ何とよばれるか。
①（　　　　）　②（　　　　）　③（　　　　）
④（　　　　）

(5) 図中のa～dの名称を答えよ。　a（　　　　）
b（　　　　）　c（　　　　）　d（　　　　）

重要 **3** ［カエルの発生］ 次の図は，カエルの発生過程を示したものである。あとの問いに答えなさい。

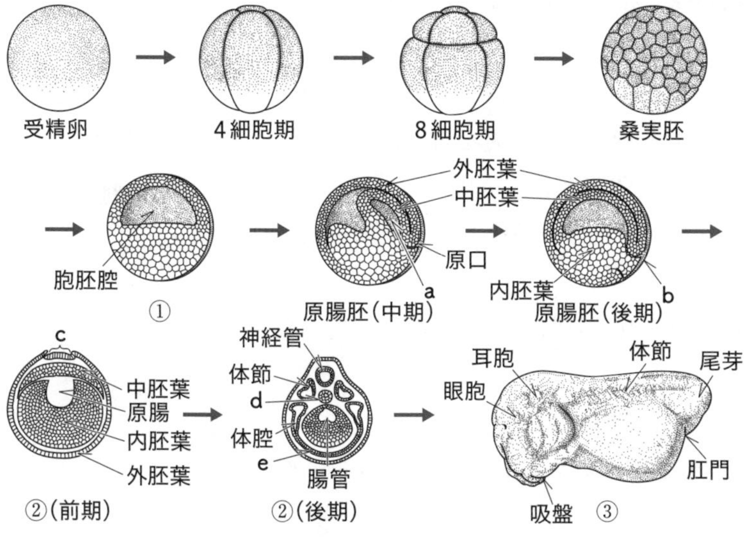

(1) 図から見て，卵黄の分布と量によるカエルの卵の種類と卵割の様式は何か。　卵の種類（　　　　）　卵割の様式（　　　　）

(2) 図の桑実胚(そうじつはい)の下側を何というか。　（　　　　）

(3) 図中の①～③の胚はそれぞれ何とよばれるか。
①（　　　　）　②（　　　　）　③（　　　　）

(4) 図の①の時期に，細胞の一部が内部に入り込む現象が見られる。この現象を何というか。　（　　　　）

(5) 図中のa～eの名称を答えよ。　a（　　　　）
b（　　　　）　c（　　　　）　d（　　　　）　e（　　　　）

(6) カエルの胚でのふ化の時期はいつか，図中の語句あるいは番号で答えよ。　（　　　　）

用語 卵割と割球

受精卵の体細胞分裂を**卵割**という。卵割によって生じる細胞を**割球**という。卵割は一般の体細胞分裂と異なり，成長をともなわないため，間期が短く，生じる割球は徐々に小さくなる。

確認 ウニとカエルの卵

ウニの卵は**卵黄**が少ない**等黄卵**で，卵割は第三卵割までは均等に起こる**等割**になる。カエルの卵は卵黄が多く**植物極**側(下側)にかたよる**端黄卵**で，卵黄が卵割のじゃまをするため，**動物極**側(上側)が割れやすく，植物極側が割れにくい**不等割**となる。

確認 原腸陥入

ウニでもカエルでも，卵割期→**桑実胚**→**胞胚**→**原腸胚**という発生過程は共通である。原腸胚期には，表面の細胞が内部に入り込む**陥入**が起こって，**原腸**が形成され，細胞が**外胚葉**・**中胚葉**・**内胚葉**に分化する。ウニの陥入は植物極で起こるが，カエルでは赤道面よりやや植物極よりの背側で起こる。

確認 神経胚・尾芽胚

カエルでは，原腸胚期の後，**神経管**などができる**神経胚**，およそのからだのつくりができる**尾芽胚**を経て**ふ化**する。

STEP 2 標準問題

解答 → 別冊32ページ

重要 **1** **［動物の配偶子形成］** 動物の配偶子形成に関する次の文章を読み，あとの問いに答えなさい。

動物の有性生殖では，精子や卵がつくられ，a受精により次の世代ができる。脊椎動物の場合，個体の成熟にともなって，精巣では精原細胞の一部が(①)となり，(②)の第一分裂期，第二分裂期を経て，(③)が形成される。そして，b(③)は変形して精子になる。一方，卵巣では体細胞分裂で増殖した卵原細胞が，c多量の卵黄を蓄積し，成長して(④)となり，(②)の第一分裂期まで進んで休止状態になる。(④)は，母体からのホルモンや精子の進入が刺激となって(②)を再開し，卵が形成される。

(1) 文章中の空欄に適語を入れよ。

(2) 下線部aについて，受精の際，卵に精子が2つ以上入らないようにするために生じる現象を答えよ。

(3) 下線部bについて，ヒトの精子の模式図を描き，その図に核・中心体・ミトコンドリア・先体・鞭毛(べんもう)の各名称を書き込め。さらに，頭部・中片・尾部の各部を矢印とともに示せ。

記述 (4) 下線部cについて，蓄積された卵黄は受精後どのように役立つか説明せよ。

(5) 精原細胞と卵原細胞の核相をそれぞれ答えよ。ただし，自然数nを用いること。

(6) 1000個の(①)から形成される精子の数を答えよ。

(7) 100個の(④)から形成される卵の数を答えよ。　［九州大－改］

2 **［受精］** 右の図は，ウニの受精過程を示したものである。次の問いに答えなさい。

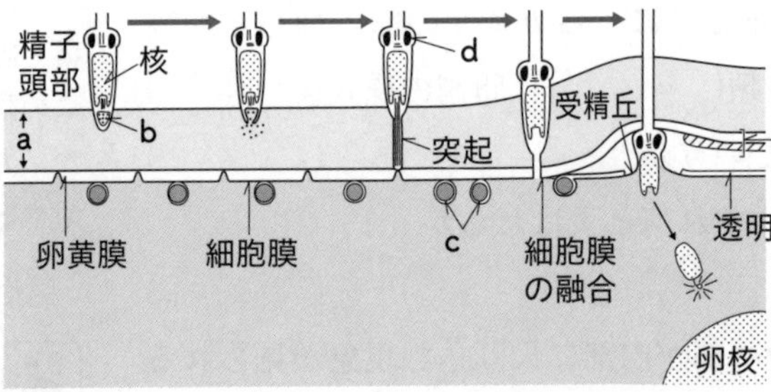

(1) 図のa～eの各部の名称を答えよ。ただし，dは精子の中片にある細胞小器官を示す。

(2) 卵のまわりのa部に含まれる物質に反応して，精子のb部が壊れて内容物を放出するとともに，精子の先端に突起が形成される。この一連の反応を何というか。

1

(1)	①	
	②	
	③	
	④	
(2)		
(3)		
(4)		
(5)	精原細胞	
	卵原細胞	
(6)		
(7)		

2

(1)	a	
	b	
	c	
	d	
	e	
(2)		
(3)		
(4)		

記述 (3) (2)の反応で，精子の b から放出される内容物のはたらきを簡潔に答えよ。

記述 (4) 精子が卵に到達すると，卵の表面にある c の内容物が細胞膜と卵黄膜の間に放出されて，その結果 e や透明層が形成される。これらの構造にはどのようなはたらきがあるか，簡潔に答えよ。

Hints
精子が卵に近づくと，その先端部の先体が壊れて内容物が放出される先体反応が起こり，分泌された酵素が卵黄膜などを溶かす。

3 ［卵の種類と卵割］次の図は，４種の動物の卵割について示している。あとの問いに答えなさい。

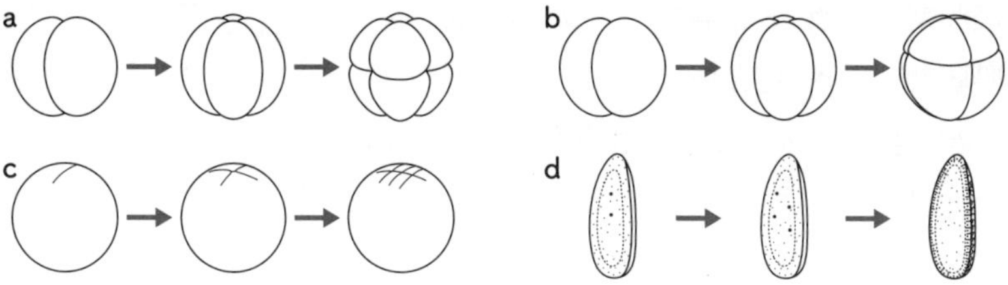

(1) a～d の卵割の様式をそれぞれ何というか。

(2) a～d は次のどの動物の卵と考えられるか，記号で答えよ。

ア イモリ　**イ** ニワトリ　**ウ** バッタ　**エ** ヒト

記述 (3) 卵の種類によって，卵割に違いが起こる原因を簡潔に答えよ。

記述 (4) このような卵割が体細胞分裂と異なる点を２つあげよ。

3

(1)	a		
	b		
	c		
	d		
(2)	a	b	
	c	d	
(3)			
(4)			

重要 **4** ［発生］次の図は，ウニとカエルの発生過程の模式図である。あとの問いに答えなさい。

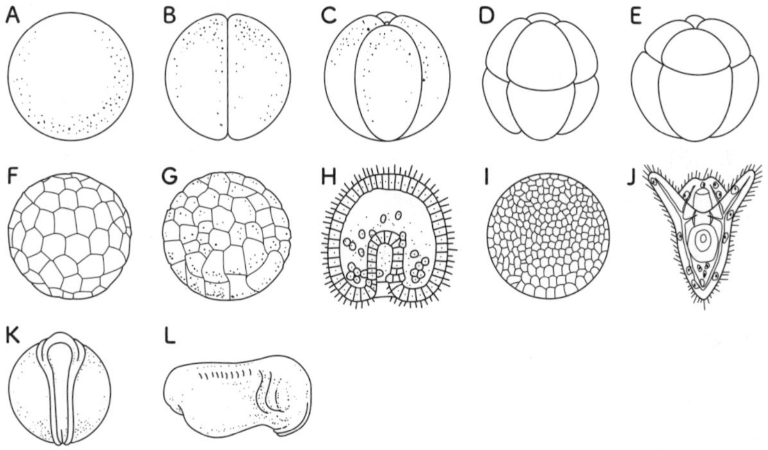

(1) 図の A～L のうち，ウニの発生を示すものを選んで発生順に示せ。ただし，最初は A とする。

(2) (1)で選んだウニの発生の模式図には，発生段階の重要な部分が欠けている。それは何か。また，その構造はどの時期からどの時期の間に存在するか。それぞれ答えよ。

記述 (3) 図のFとGでは卵割のようすが異なる。なぜこのような違いが生じたか，原因を簡潔に答えよ。

(4) ウニもカエルも第3卵割までは卵割の入る方向は同じであるが，第4卵割では卵割の方向に違いが見られる。ウニの16細胞期の模式図を描け。

(5) 図のHの時期の胚を何というか。

(6) カエルの発生段階を示す次の語句について，発生過程の順に記号を用いて並べかえよ。

ア 桑実胚期（そうじつはい）　**イ** 神経胚期　**ウ** 8細胞期　**エ** 受精卵

オ 胞胚期　**カ** 原腸胚期　**キ** 尾芽胚期

(7) 図のKとLは(6)のどの発生過程にあたるか，適当な時期の名称を(6)の**ア**～**キ**から選び，記号で答えよ。

(8) ウニとカエルのふ化の時期は，図のA～Lのどの時期か，記号で答えよ。なお，A～Lに適当な時期がないときは，記号を示して「～の前」または「～の後」という形で示せ。

4

(1)	A→	
(2)	発生段階	
	時期	
(3)		
(4)		
(5)		
(6)	→　→　→　→　→　→	
(7)	K	L
(8)	ウニ	
	カエル	

重要 **5** ［器官形成］右の図は，カエルの尾芽胚初期の断面図である。次の問いに答えなさい。

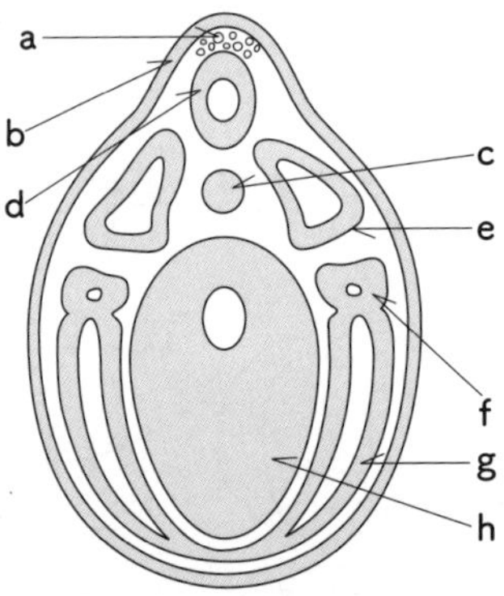

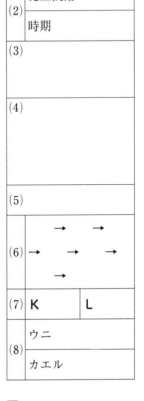

(1) a～hの各部は何とよばれるか，次の**ア**～**コ**から選び，それぞれ記号で答えよ。

ア 体節　**イ** 表皮　**ウ** 側板

エ 脊索　**オ** 腎節　**カ** 原口

キ 神経冠細胞　**ク** 神経管　**ケ** 内胚葉　**コ** 脊髄

(2) a～hのうち，①外胚葉由来の構造および，②中胚葉由来の構造をそれぞれすべてあげよ。

(3) 図中でgの内部にある腔所を何というか。

(4) 次に示す構造は，図のa～hのいずれの部分からつくられるものか，それぞれ記号で答えよ。同じ記号を何度選んでもよい。

① 骨格　② 心臓　③ 感覚神経　④ 肝臓

⑤ 眼の水晶体　⑥ 真皮　⑦ 肺　⑧ 眼の網膜

(5) 尾芽胚期には見られるが，発生が進むにつれて退化し，成体ではその構造由来の組織・器官が見られなくなる構造は，図のa～hのどれか。

5

(1)	a	b
	c	d
	e	f
	g	h
(2)	①	
	②	
(3)		
(4)	①	②
	③	④
	⑤	⑥
	⑦	⑧
(5)		

重要 **6** ［ウニとカエルの発生の違い］下の表は，ウニとカエルの発生の違いを比較したものである。次の問いに答えなさい。

	ウニ	カエル
受精膜	①	
卵の種類	（ a ）	（ b ）
卵割の様式	ほぼ（ c ）	ほぼ（ d ）
胞胚腔の位置	（ e ）	（ f ）
胞胚壁の細胞層	②	
原口陥入の位置	（ g ）	（ h ）
陥入によりできる細胞	（ i ）	（ j ）
ふ化の時期	（ k ）	（ l ）

記述 (1) 表の①および②に入る文を簡潔に答えよ。

(2) 表中のa，c，eおよびh，j，lに入る適当な語句を次から選び，記号で答えよ。

ア 心黄卵
イ 端黄卵　ウ 等黄卵　エ 等割　オ 不等割
カ 盤割　キ 胚の中央に球形　ク 胚の動物極側に半球形
ケ 胚の植物極側に半球形　コ 動物極　サ 植物極
シ 赤道面　ス 外胚葉　セ 中胚葉　ソ 内胚葉
タ 赤道面よりやや動物極寄り　チ 赤道面よりやや植物極寄り
ツ 胞胚期　テ 原腸胚期　ト 神経胚期　ナ 尾芽胚期

6

(1)	①	
	②	
(2)	a	c
	e	h
	j	l

Hints

ウニとカエルの発生は頻出である。両者の発生の違いは，カエルでは卵黄が植物極側に多いことに由来するものが多い。

7 ［ヒトの発生］次の図および文章は，ヒトの初期発生について示したものである。あとの問いに答えなさい。

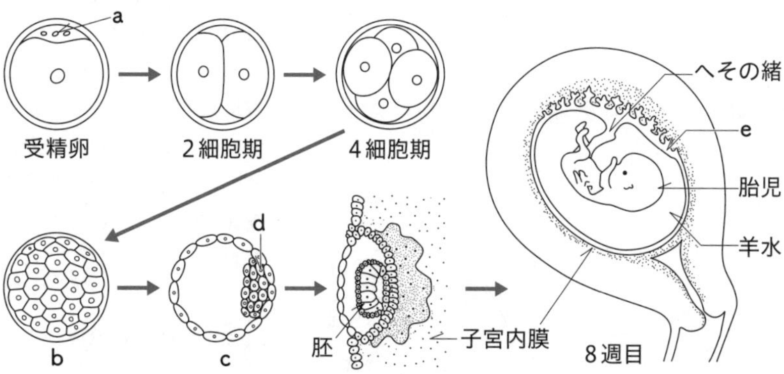

ヒトでは，卵巣から1個の（ ① ）が腹腔に（ ② ）される。この細胞は輸卵管内で精子と受精して受精卵となる。

受精卵は約1週間で，dと栄養外胚葉からなるcの状態となり，母体の子宮内膜に（ ③ ）する。

その後，dから胎児が形成され，胎児は栄養外胚葉と子宮内膜で形成される図のeを通じて栄養や酸素の供給を受けて成長する。

(1) 文章中の空欄に適語を入れよ。
(2) 図のa～eの名称を答えよ。b，cは胚の発生段階を示す。
(3) 図のdから取り出された細胞は，分裂能が高く，さまざまな組織・器官に分化するものがある。この細胞を何というか。

7

(1)	①
	②
	③
(2)	a
	b
	c
	d
	e
(3)	

Hints

等黄卵・等割のヒトや極端な端黄卵で盤割のニワトリの発生も確認しておく。ヒトの発生では，胚盤胞期の内部細胞塊のみが胚になり，栄養外胚葉は胎盤の一部となる。

11 発生現象と遺伝子発現

STEP 1 基本問題

解答→別冊34ページ

重要 **1** ［胚の各部の将来］次の図および文の空欄に適語を入れなさい。

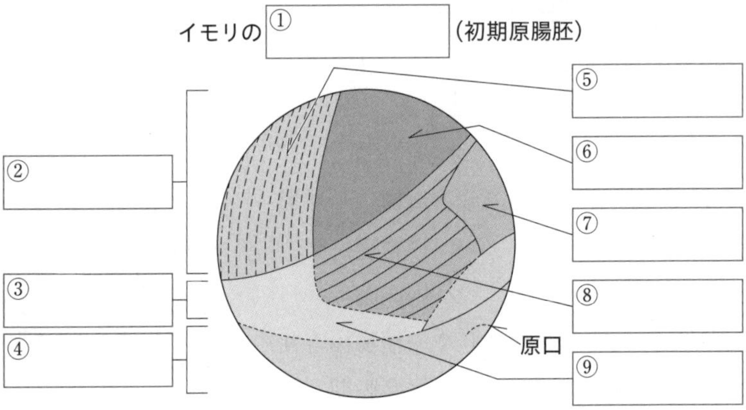

ドイツの(⑩　　　　　　)は，イモリの初期原腸胚を使い，生体に無害な(⑪　　　　　　)や(⑫　　　　)を用いて染め分ける(⑬　　　　　　)を行い胚の各部が将来何に分化するかという(⑭　　　　　　)を調べ，上のような図を明らかにした。

重要 **2** ［形成体による誘導］次の図は，イモリの初期原腸胚を使った移植実験を示したものである。あとの問いに答えなさい。

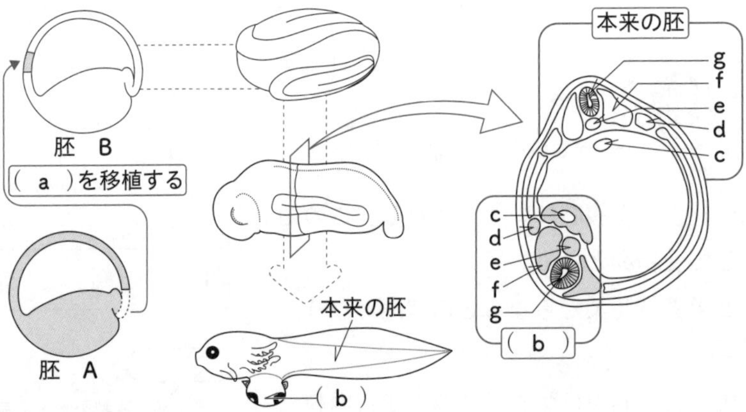

(1) この実験を最初に行ったのは誰か。　(　　　　　　　　)

(2) この実験で胚Aから切除された領域aを何というか。

(　　　　　　　　)

記述 (3) aの領域を切除された胚Aはこの後どのようになるか，簡潔に答えよ。(　　　　　　　　　　　　　　　　　　　　)

Guide

用語 局所生体染色法

胚の表面を細胞に無害な色素で染色し，その部位が将来何に分化するかを研究する方法である。細胞の活動や発生，分化に影響を与えない無害な色素を用いる必要がある。一般に**ナイル青**や**中性赤**を用いる。

確認 予定運命の決定

シュペーマンらは，イモリの胚の予定表皮域と予定神経域の交換移植実験によって，初期原腸胚では表皮になるか神経になるかが決まっていないが，初期神経胚になると各領域の予定運命が決まっていることを発見した。

用語 形成体と誘導

シュペーマンは，初期原腸胚の**原口背唇部**(はいしん)の移植実験から，原口背唇部は自身が脊索や体節の一部などに分化するほか，隣接する外胚葉を神経管にするなどの分化を促すことを発見した。ほかの部位の分化を促すはたらきを**誘導**，原口背唇部のような誘導の能力をもつ領域を**形成体(オーガナイザー)**と名づけた。

(4) aの領域を移植された胚Bには，やがて本来の胚のほかにbが形成された。このbを何というか。　(　　　　　)

(5) 図のc～gの構造をそれぞれ何というか。

c(　　　　　)　d(　　　　　)　e(　　　　　)
f(　　　　　)　g(　　　　　)

(6) 図のb内のc～gの構造のうち，移植したaの領域に由来する細胞からできているものをすべてあげよ。　(　　　　　)

重要 **3** [眼の形成] 次の文章を読み，あとの問いに答えなさい。

三胚葉性の生物の発生過程を調べると，まず内胚葉と外胚葉が分化し，その後，<u>内胚葉と外胚葉との相互作用によって中胚葉の分化が起こる</u>。このことを1969年に(　　)は次のような実験で示した。まず，メキシコサンショウウオの胞胚の予定外胚葉と予定内胚葉を切り出し，別々に培養したところ，それぞれ外胚葉と内胚葉の組織に分化した。一方，予定外胚葉と予定内胚葉を接触させておくと，外胚葉から中胚葉が生じることを発見した。

(1) 文章中の空欄に適切な人名を入れよ。　(　　　　　)

(2) 下線部のような現象は一般に何とよばれるか。その語句を漢字2文字で答えよ。　(　　　　　)

(3) 下線部の過程で形成体(オーガナイザー)としてはたらくのは内胚葉・外胚葉いずれの領域か。　(　　　　　)

(4) (2)のような現象が連鎖していくことによりイモリの眼は形成されていく。下の図のⅠ～Ⅳにあてはまる語句を答えよ。

[Ⅰ](一次形成体)
↓
外胚葉 ⟹ 神経管 ⟹ [Ⅱ](二次形成体)
↓
表皮(外胚葉) ⟹ [Ⅲ](三次形成体)
↓
表皮 ⟹ [Ⅳ]

Ⅰ(　　　　　)
Ⅱ(　　　　　)
Ⅲ(　　　　　)
Ⅳ(　　　　　)

(5) 上の図のⅠの領域は，卵に精子が進入したときに生じるある部位に由来する。その部位を何というか。
(　　　　　)

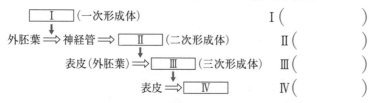

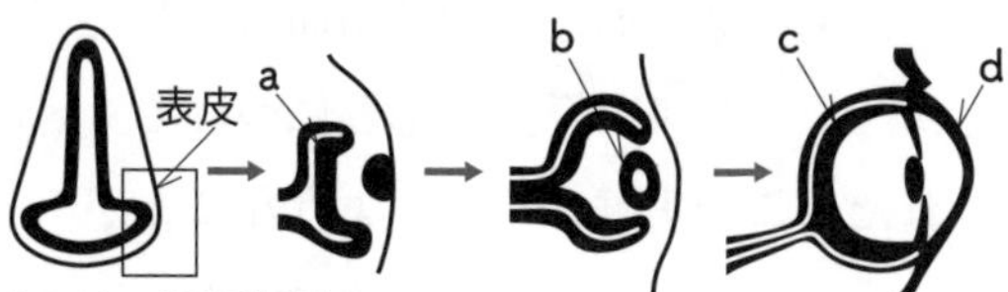

イモリの頭部断面

(6) イモリの眼の形成過程を図示した上の図のa～dの名称を答えよ。

a(　　　)　b(　　　)　c(　　　)　d(　　　)

[慶應義塾大－改]

確認 **誘導の連鎖**

原口背唇部による神経管などの誘導の前にあたる胞胚期に，内胚葉が外胚葉を中胚葉に分化させる**中胚葉誘導**が起こる。また，原口背唇部の誘導でできる**眼杯**が表皮を**水晶体**に分化させ，生じた水晶体が表皮を**角膜**に誘導するなど，**誘導の連鎖**によって複雑なからだの構造がつくられていく。ショウジョウバエの発生過程での**母性効果遺伝子→分節遺伝子→ホメオティック遺伝子**の発現過程も，分子レベルでの誘導の連鎖とみることができる。

用語 **ES細胞**

受精卵は，からだのすべての組織に分化する能力(**全能性**)を備えている。哺乳類の**胚盤胞**の**内部細胞塊**から得られた**ES細胞**(胚性幹細胞)は，高い分裂能のほか，さまざまな組織に分化する多分化能を維持している。

用語 **iPS細胞**

2006年，京都大学の山中伸弥(やまなかしんや)らは，マウスの皮膚の体細胞に数種類の遺伝子を導入することで，高い分裂能と高い多分化能をもつ**iPS細胞**(人工多能性幹細胞)をつくり出した。これらの細胞について，近い将来，**再生医療**への応用が期待されている。

解答 ⊕ 別冊35ページ

1 ［発生のしくみ］ 次の(1)～(5)の発生のしくみを探る実験について，下の語群から，関係の深い語句をすべて選びなさい。

(1) クシクラゲの成体はくし板を８列もっているが，２細胞期に２つの割球を分離して育てると４列のくし板をもつ成体が，４細胞期に４つの割球をばらばらに分離して育てると２列のくし板をもつ成体ができる。

(2) イモリの２細胞期胚について，細い糸で卵割面をきつくしばっておくと，２つの完全な胚が得られる。

(3) イモリの初期原腸胚の原口背唇部（はいしん）を，別の胚の胞胚腔内に移植すると，二次胚が誘導される。

(4) イモリの胞胚の表面を無害な色素で着色し，各部から何ができるかを調べた。

(5) イモリの初期神経胚で，予定神経域の一部と予定表皮域の一部を交換移植すると，移植部分の発生が変化した。

〔語群〕 **ア** モザイク卵　**イ** 調節卵　**ウ** 形成体　**エ** 卵割　**オ** シュペーマン　**カ** フォークト　**キ** 局所生体染色法　**ク** 原基分布図　**ケ** 発生運命の決定

2 ［灰色三日月環］ カエルの卵では，精子の進入直後に，灰色三日月環とよばれるうす灰色の部分が現れる。この部分のはたらきについて，次の問いに答えなさい。

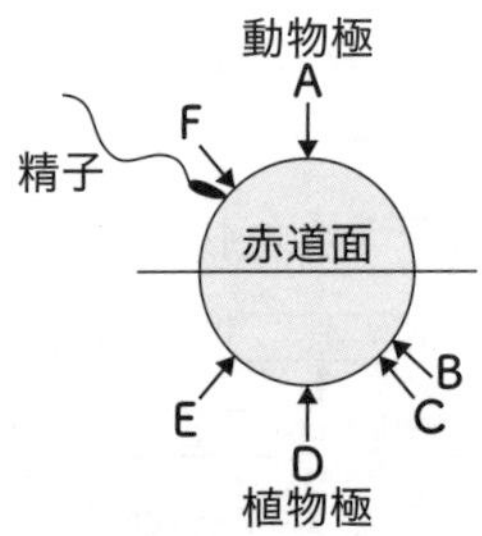

(1) 精子進入点に対する①<u>灰色三日月環</u>と，初期原腸胚に現れる②<u>原口</u>の相対的な位置を，右の図の矢印A～Fから選べ。

記述 (2) 灰色三日月環の細胞質の役割を調べるために，第一卵割前のカエルの受精卵の灰色三日月環の細胞質を抜き取り，別の第一卵割前の受精卵の灰色三日月環以外の場所へ注入した。その結果，発生が進むにつれて，移植部分に二次胚が形成された。この実験からどのようなことがわかるか，簡潔に答えよ。

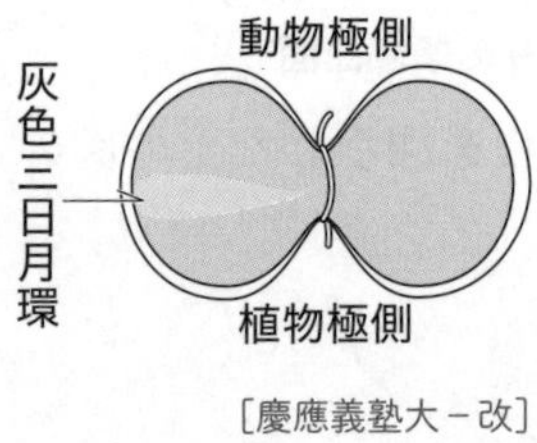

記述 (3) カエルの受精卵を，右の図のように灰色三日月環を通らない面できつくしばり，２つに分けた。この状態で発生を続けるとどのようになるか，簡潔に答えよ。

［慶應義塾大－改］

1

(1)	
(2)	
(3)	
(4)	
(5)	

Hints

胚の一部を失っても完全な幼生になる卵を**調節卵**，不完全な幼生しかできない卵を**モザイク卵**という。

2

(1)	①	
	②	
(2)		
(3)		

Hints

精子の進入で，動物極側の卵の表面にある色素層が回転し，逆側に色のややうすい**灰色三日月環**ができる。ここが将来原口背唇部となり，精子の進入点のほぼ反対側から原腸陥入が始まる。

3 **［細胞の分化能］** 受精卵は，生物体を構成するすべての細胞に分化し完全な個体をつくる能力をもっている。次の問いに答えなさい。

(1) 下線部の能力を何というか。

(2) 次の文章の空欄に適語を入れよ。

哺乳類の(①)期の(②)の細胞から，高い増殖能力をもち，(1)に近い能力を合わせもつ(③)が確立された。また，21 世紀になって，胚の細胞や体細胞にいくつかの遺伝子を導入することで同様の能力をもつ(④)がつくり出された。これらはいずれも再生医療への応用が期待されている。

(3) 最初に(2)の④をつくり出すことに成功した研究者は誰か。

3

(1)		
(2)	①	
	②	
	③	
	④	
(3)		

Hints

受精卵のもつ全能性とは異なり，ES 細胞や iPS 細胞のもつ多様な組織，器官に分化する能力は多分化能とよばれる。

4 **［形態形成と遺伝子］** 発生過程における，形態形成を調節する遺伝子に関する次の図と文章について，あとの問いに答えなさい。

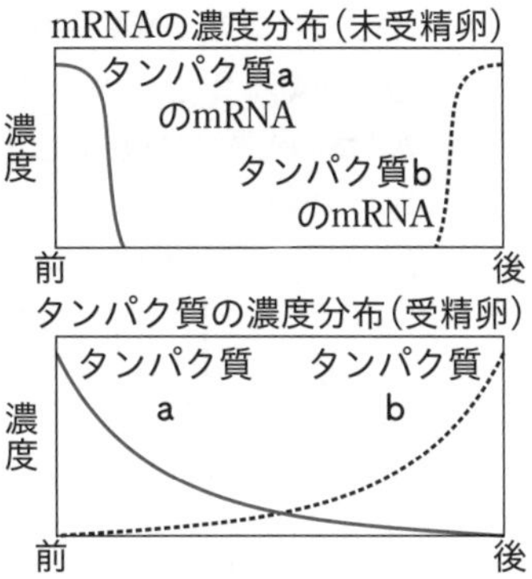

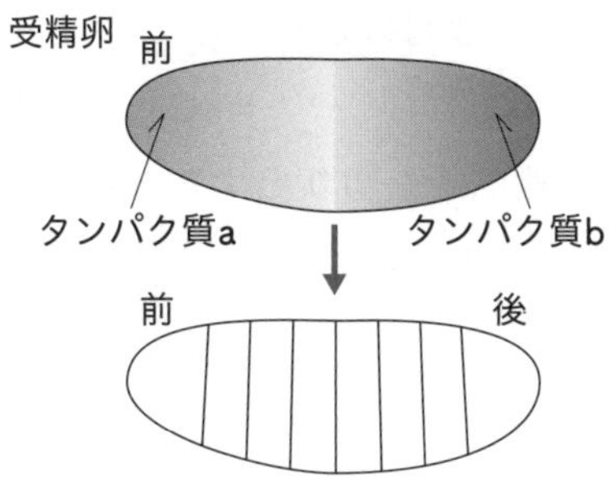

タンパク質a・bの濃度勾配によってからだの前後軸と分節構造が決まる

ショウジョウバエのからだの前後軸を決める遺伝子は，母体の卵巣内で卵母細胞のまわりにある母体の細胞内で発現する。そこでつくられた２種類のタンパク質 a，b の mRNA が，未受精卵に移送され，卵に蓄積する。このためこれらのタンパク質をつくる遺伝子は(①)とよばれる。つくられた mRNA は卵の前方と後方に局在している。受精後タンパク質合成が起こり，卵内に２種類のタンパク質の(②)ができる。これが卵の前方，後方を決める(③)となり，２つのタンパク質の濃度によって異なる(④)がはたらき，分節構造ができる。

(1) 文章中の空欄に適語を入れよ。

(2) 図中および文章中のタンパク質 a，タンパク質 b はそれぞれ何とよばれるか。

(3) 分節構造形成後，体節ごとに決まった構造をつくる際にはたらく遺伝子で，誤ってはたらくとからだの一部が別の部位に置き換わる突然変異を起こす遺伝子を何というか。

4

(1)	①	
	②	
	③	
	④	
(2)	a	
	b	
(3)		

Hints

分節構造形成後に各体節の構造をつくる遺伝子は，誤ってはたらくと，はねが４枚できたり(バイソラックス)，触角が前あしに変化したり(アンテナペディア)し，からだの一部が別の部位に置き換わるホメオティック突然変異を起こすために，ホメオティック遺伝子とよばれる。

12 遺伝子を扱う技術

STEP 1 基本問題

解答→別冊36ページ

重要 **1** ［遺伝子操作］大腸菌にヒト成長ホルモンをつくらせる遺伝子操作の過程を示した次の図について，あとの問いに答えなさい。

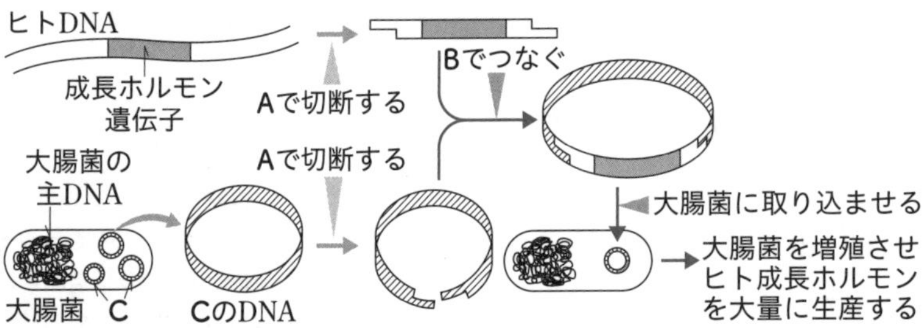

(1) A～Cの物質はそれぞれ何とよばれるか。

A(　　　　　)　B(　　　　　　　)　C(　　　　　)

記述 (2) 多種類のAのうち，目的遺伝子を切り出すAとCを切断するAが同じである理由を簡潔に答えよ。

(　　　　　　　　　　　　　　　　　　　　　　　　)

(3) Cのように，DNA断片を細胞内に運ぶ物質は何と総称されるか。　(　　　　　)

(4) 図の中には，実際の遺伝子操作の過程とは異なる点がある。その点に関する次の文章の空欄に適語を入れよ。

　ヒト成長ホルモンの遺伝子には(a　　　　　)が含まれる。大腸菌では(b　　　　　　　)が起こらないので，実際にはあらかじめ(a)を除いた成長ホルモン遺伝子を組み込む必要がある。

2 ［PCR法］次の文章を読み，あとの問いに答えなさい。

　バイオテクノロジーの研究では，微量のDNAを増幅させて，大量のDNAを得ることが必要である。PCR(ポリメラーゼ連鎖反応)法は，次の過程によって短時間で同一の塩基配列を増幅できる方法である。

Ⅰ．目的のDNA水溶液を94℃程度で加熱することで，2本鎖DNAを2本の1本鎖DNAへ分離させる。

Ⅱ．温度を55℃程度に下げ，Ⅰの各々の1本鎖DNAに相補的な短い1本鎖DNA(プライマー)を結合させる。プライマーは，DNA合成の際に必ず必要になる合成起点である。

Guide

用語 制限酵素

　DNAの特定の塩基配列を識別してその部分で切断する酵素をいう。制限酵素によって切断部の塩基配列が異なるため，同じ制限酵素で切断したDNA断片どうしでないと**DNAリガーゼ**(DNA断片をつなぐ酵素)でつなぎ合わせることができない。

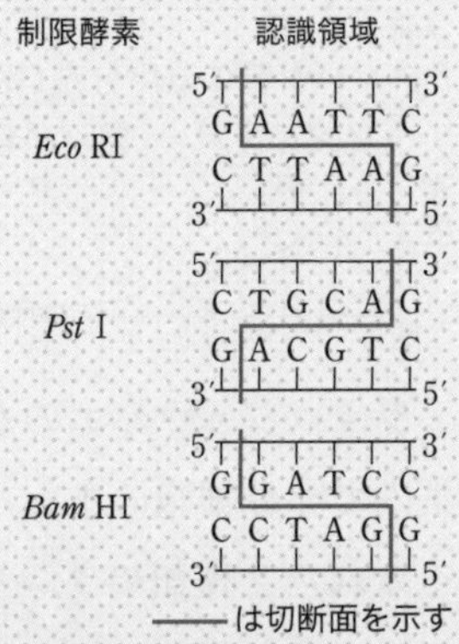

用語 ベクター

　遺伝子操作の際，標的細胞内に目的DNAを導入するための運び屋をいう。多くの細菌がもつ**プラスミド**という小形の環状DNAに，目的とするDNAを組み込んでベクターとする。植物細胞の場合は**アグロバクテリウム**という感染性の細菌を，動物細胞の場合はウイルスをベクターに利用することが多い。

Ⅲ．温度を72℃程度に上げ，DNAポリメラーゼによって1本鎖DNAに4種類のヌクレオチドを結合させて，2本鎖DNAをつくる。

Ⅳ．Ⅰ～Ⅲを自動的に25～30回(サイクルとよぶ)ほど繰り返すことによって，プライマーにはさまれた範囲のDNAが急速に増幅される。

(1) PCR法に利用するためのDNAポリメラーゼの性質として，最も重要なものを，次から選べ。（　　）

ア 増幅速度　**イ** 安全性　**ウ** 切断効率　**エ** 耐熱性　**オ** 配列特性

(2) 実験に用いるプライマーの塩基配列がAGGTTTCCGGAAAACCTであった場合，そのプライマーが結合する相補的な塩基配列はどうなるか。（　　　　　　　　　　　　）

(3) このPCR法を25サイクル行うと，理論上目的のDNAは何倍に増幅するか。最も適切なものを，次から選べ。（　　）

ア 25^2倍　**イ** 2^{25}倍　**ウ** 25^4倍　**エ** 4^{25}倍　**オ** 10^{25}倍

(4) PCR法の応用として適切なものを，次から選べ。（　　）

ア 細胞培養　**イ** 細胞融合　**ウ** 核移植　**エ** 個人識別　〔帝京大－改〕

3 **［塩基配列の解析］** 次の文章の空欄に適語を入れなさい。

寒天ゲルなどに電流を流して，帯電した物質を分離する方法を(　①　)という。DNAは(　②　)に帯電しているので，寒天ゲルの中で(　①　)を行うと(　③　)極へ向かって移動し，大きく長いDNAほどその移動速度は(　④　)。このとき，あらかじめ長さがわかっているDNA断片を並行して同時に(　①　)を行うと，目的とするDNA断片のおよその長さを知ることができる。

DNAの塩基配列の解析方法の1つとして，フレデリック・サンガーによって開発された(　⑤　)がある。これは，解析するDNA，プライマー，DNAポリメラーゼ，通常の複製の材料であるデオキシリボヌクレオシド三リン酸のほか，少量のジデオキシリボヌクレオシド三リン酸という特殊なヌクレオチドを加える。この特殊なヌクレオチドはDNA鎖に取り込まれた時点でそのDNA合成を(　⑥　)作用をもつ。この結果，さまざまな長さのDNA断片が合成される。さらに，(　①　)装置を使ってDNA断片を分離し，取り込まれた特殊なヌクレオチドの種類を読み取ることで，鋳型となった元のDNAの配列を決定することができる。

①(　　　　　　) ②(　　　　　　) ③(　　　　　　)
④(　　　　　　) ⑤(　　　　　　) ⑥(　　　　　　)

用語 PCR法

DNAが高温になると1本鎖となり，低温に戻すと2本鎖に戻る性質を利用したDNA増幅法。詳しい手順は**2**のⅠ～Ⅳを参照。

参考 DNAマイクロアレイ

DNAマイクロアレイは，小さな孔に既知の塩基配列をもつ1本鎖のDNAを入れたチップ状のものである。これに特定の組織や細胞から抽出したmRNAに蛍光色素をつけたものを載せ，発色パターンを調べることで，遺伝子の解析や薬の効果の解析を行うことができる。

参考 ノックアウトマウス

特定の遺伝子が発現しないようにする遺伝子操作技術を**ノックアウト**といい，この技術を使ってつくったマウスを**ノックアウトマウス**という。機能が明らかでない遺伝子をノックアウトすることで，その遺伝子がはたらかないことによる影響を調べ，その遺伝子の機能を解明することができる。

参考 オーダーメイド医療

患者個人の遺伝子の**一塩基多型(SNP)**を調べ，その患者にあう薬を投与する**オーダーメイド医療**がある。これにより，重篤な副作用を事前に回避することができる。

STEP 2 標準問題

解答 ➔ 別冊37ページ

重要 **1** **［遺伝子組換え実験］** 次のプラスミドを使った大腸菌の遺伝子組換え実験について，あとの問いに答えなさい。

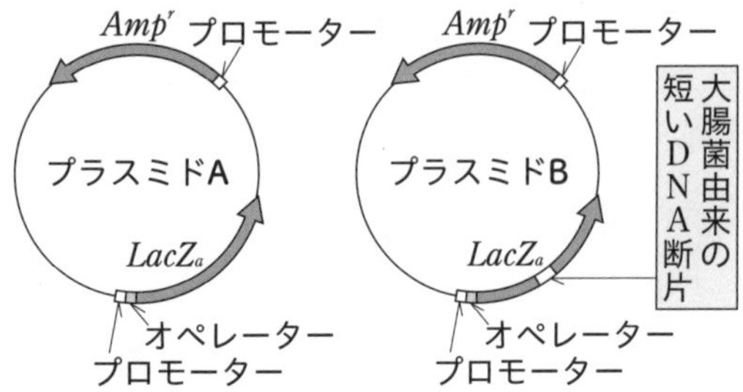

プラスミドAは*Ampʳ*遺伝子と*LacZα*遺伝子をもっている。*Ampʳ*は抗生物質アンピシリンを分解する酵素の遺伝子で，プラスミドが大腸菌に取り込まれると常に転写される。一方，*LacZα*はラクターゼ遺伝子で，その転写はプロモーターとオペレーターにより調節されている。プラスミドBはこの*LacZα*の配列の途中に大腸菌由来のDNAをある制限酵素Xで切断した<u>短いDNA断片が挿入</u>されている。いま，主DNAに*LacZα*を欠いており，ラクトースを分解できない大腸菌を用いて，以下の実験を行った。

〔実験１〕 プラスミドを含まない大腸菌①とプラスミドAを含む大腸菌②をアンピシリンを含む培地で培養すると，大腸菌①ではコロニーは形成されず，大腸菌②では白色のコロニーが検出された。

〔実験２〕 大腸菌②をアンピシリンと試薬C（無色の物質でラクターゼにより分解されて青色になる）を含む培地で培養すると，白色のコロニーが形成された。

〔実験３〕 大腸菌②をアンピシリンと試薬C，試薬D（調節タンパク質と結合して*LacZα*遺伝子のオペレーターとの結合を阻害する物質）を加えた培地で培養したところ，青色のコロニーが形成された。

〔実験４〕 プラスミドBを含む大腸菌③をアンピシリンと試薬C，Dを加えた培地で培養したところ，白色のコロニーが形成された。

(1) プラスミドAに文章中の下線部のDNA断片を挿入する操作で，プラスミドAとDNA断片以外に必要な物質を２つ答えよ。

記述 (2) 実験１で，大腸菌①でコロニーができず，②でコロニーができた理由を簡潔に答えよ。

記述 (3) コロニーの色が，実験２では白色で，実験３では青色になった理由を簡潔に答えよ。

記述 (4) 実験４で，コロニーの色が白色になった理由を簡潔に答えよ。

［東京農工大－改］

1

(1)

(2)

(3)

(4)

Hints

電気泳動は，電気的性質や分子の大きさによって，物質を分離する方法である。DNAの電気的性質はみな同じなので，分子の大きさ（塩基対の数）によってDNAを分離できる。小さなDNA断片ほど泳動距離が長い。

重要 **2** **［電気泳動による遺伝子型解析］** 黒色メダカの変異体であるヒメダカはチロシナーゼという酵素を欠き，黒色素を合成できず黄体色になる。あるヒメダカの系統Xは，チロシナーゼ遺伝子のプロモーター領域に挿入変異がある。系統Xと野生型の間にできた黒体色のF_1

どうしを交配して得たF_2について，PCR法と電気泳動で遺伝子型を鑑定した。増幅したDNA断片を電気泳動した結果，右の図のような３種類のDNAのバンドが見られた。サイズマーカーは，泳動距離の長いものから順に500，1000，1500，2000，2500塩基対である。これについて，次の問いに答えなさい。

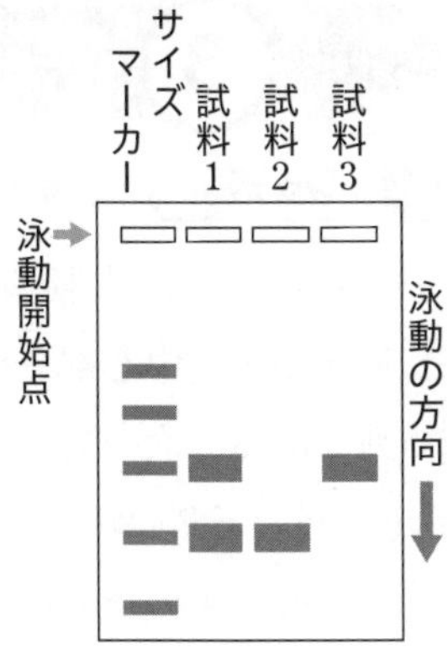

記述 (1) PCR法は，特異的な塩基配列の短い１本鎖DNA(プライマー)２種類をもとのDNAの相補的な配列に結合させ，DNA合成を繰り返すことで，２つのプライマーにはさまれた領域のDNA断片を増幅するものである。系統**X**において，上記の挿入変異の検出には，２種類のプライマーをチロシナーゼ遺伝子周辺のどの領域に結合させればよいか，簡潔に答えよ。

記述 (2) 系統**X**において，プロモーター領域の挿入変異によって，体色変化という表現型になるしくみを簡潔に説明せよ。

(3) 図における遺伝子型解析結果の試料１～３の遺伝子型と表現型(体色)を次からそれぞれ選べ。同じ記号を何度選んでもよい。

ア 野生型ホモ接合体　**イ** 変異型ホモ接合体　**ウ** ヘテロ接合体
エ 黒色　**オ** 黄色　**カ** 茶色

(4) 図から推測して，プロモーター領域に挿入されたDNA断片の大きさはおよそ何塩基対に相当するか。　［お茶の水女子大－改］

2

(1)

(2)

(3)

	遺伝子型	体色
試料1		
試料2		
試料3		

(4)

3

3 ［マイクロサテライト］ヒトゲノムが解読された結果，99.9%の塩基配列はすべてのヒトで共通であるが，一方で個人差があることもわかった。DNAによって個体を識別することをDNA鑑定という。ゲノム中には，CACACA…のように同じ塩基配列が繰り返し現れる領域が多数散在しており，繰り返し配列の単位が２－４塩基の反復配列を，マイクロサテライトという。各マイクロサテライト中の反復回数には多様性がある。１個人においても，父親由来のゲノムと母親由来のゲノムを比べると，特定のマイクロサテライト中の反復回数は異なっていることが多い。特に多様性の大きい部位は個人識別に有用で，親子鑑定や犯罪捜査に利用されている。たとえば，ある王朝の王とその王妃のミイラおよびその間に生まれた実子であると予想される表の**ア**～**エ**の四体のミイラの骨から採集されたDNAを用いて，３か所のマイクロサテライトを解析したとする。表に示すような結果が得られた場合，王と王妃の間に生まれた実子である可能性が最も高いミイラは**ア**～**エ**のどれか，１つ選び記号で答えなさい。　［群馬大］

表　３か所のマイクロサテライトの反復回数

	マイクロサテライトA	マイクロサテライトB	マイクロサテライトC
王	7，10	11，13	6，15
王妃	11，15	9，12	10，13
ア	7，11	8，11	12，14
イ	10，15	11，12	10，15
ウ	7，15	10，13	6，15
エ	10，11	9，11	12，13

STEP 3 チャレンジ例題 3

解答→別冊38ページ

1 例題チェック［転写と翻訳］

右の図は，大腸菌のある酵素Xをつくる遺伝子xの中心部分の2本鎖DNAの塩基配列である。次の問いに答えなさい。

-C-T-C-G-C-T-G-A-T-C-A-C-T-C-A-A-A-A-T-A-A-T-
-G-A-G-C-G-A-C-T-A-G-T-G-A-G-T-T-T-T-A-T-T-A-
→

(1) 図の下側の鎖を鋳型として，矢印の方向に合成されるmRNAの配列を記せ。

(2) mRNAの塩基配列が，アミノ酸の配列に読みかえられる段階を何というか。

(3) (1)で答えたmRNAの塩基配列を，矢印の方向でアミノ酸に読みかえてその配列を略号で示せ。ただし，コドンはp.56 **3** の表を参考とすること。［岡山大－改］

解法 (1) 下の鎖に相補的なRNAの塩基配列を考える。RNAには，塩基［①　　］がなく，代わりに塩基［②　　］がある。したがって，DNAのAには［③　　］，Tには［④　　］，Cには［⑤　　］，Gには［⑥　　］が結合する。［⑦　　］

(2) mRNAをもとにタンパク質がつくられる過程を［⑧　　］という。

(3) 設問のように，断りがない場合には，塩基配列は最初の3つ，つまりmRNAの塩基配列で［⑨　　］を最初のコドンと考える。p.56 **3** の表で見るとLeになる。7番目のコドンは［⑩　　］となり，これは［⑪　　］である。［⑫　　］

2 類題［転写と翻訳］次に示す塩基配列は，ヒトのある遺伝子のセンス鎖（タンパク質のアミノ酸配列の情報を保持する配列）から，エキソン部分の途中の配列を抜き出し，遺伝子の先頭に近いほうから順に示したものである。あとの問いに答えなさい。

…ATATGATCTTTGGTGTTTCCTATGT…

(1) この塩基配列に対するアンチセンス鎖の配列を答えよ。

(2) (1)のアンチセンス鎖を鋳型としてできるmRNAの配列を答えよ。

(3) (2)のmRNAを原核生物の細胞中に導入した際につくられるポリペプチド鎖のアミノ酸配列を，確定できる範囲すべてについて，略号で示せ。ただし，p.56 **3** の遺伝暗号表を使うこと。［東邦大－改］

2
(1)
(2)
(3)

3 例題チェック［中胚葉誘導］

次の実験1～3について，あとの問いに答えなさい。

〔実験1〕 図1のように，カエルの胚をA～Cの3つの部分に分け，それぞれ単独で培養した。その結果，Aから外胚葉性の組織，Bから中胚葉性の組織，Cから内胚葉性の組織が形成された。

図1

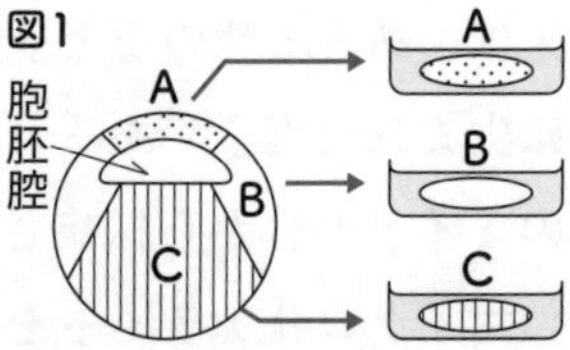

〔実験2〕 図2のように，AとCを切り出して3時間接着させた後，離して単独で培養した。その結果，Aからは中胚葉性の組織，Cからは内胚葉性の組織が形成された。

〔実験3〕 図3のように，Aにがん細胞から抽出されたアクチビンという物質を加えて培養すると，中胚葉性の組織が形成された。

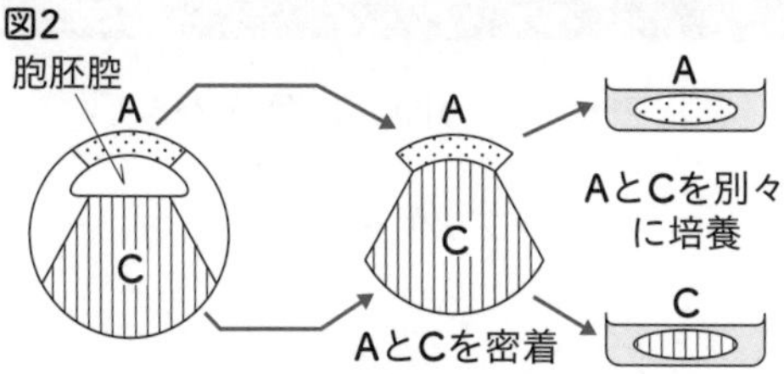

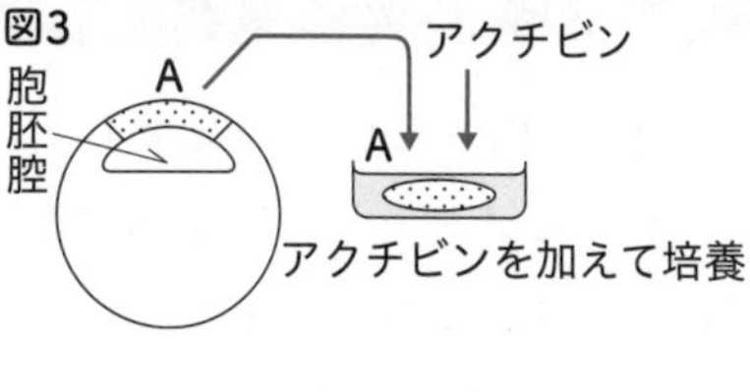

(1) 実験1，2から，中胚葉形成についてどのようなことがわかるか，簡潔に答えよ。

(2) 実験1～3から，アクチビンのはたらきを簡潔に答えよ。 [宇都宮大－改]

解法 (1) 実験1からAは[①]に，Cは[②]に分化する。しかし，実験2ではAから[③]ができた。Cとの接着によってAが[③]に分化するように変化したのであるが，[④]の部位に[①]に分化する細胞を[③]に分化させる[⑤]の作用があることに触れる必要がある。 [⑥]

(2) 実験3では，本来[⑦]になるAから，アクチビンのはたらきで[⑧]ができた。アクチビンには[⑨]のはたらきがあり，胞胚の[⑩]側の細胞がアクチビンを分泌していることが推測される。 [⑪]

4 例題チェック [バイオテクノロジー]

次の文章を読み，あとの問いに答えなさい。

DNAに関する研究は1953年にDNAの二重らせん構造モデルが提唱されて以来，次々に新しい発表が相次ぎ，1977年にはサンガーによって，特殊なヌクレオチドを用いてDNAの塩基配列を決定する方法が発表された。また，1983年にはaわずかなDNA試料から多量のDNAを増幅させる方法であるPCR法が発明され，1985年にはb真核生物の線状の染色体DNAの末端部分に存在するテロメアとよばれる繰り返し配列を付け足す酵素が発見された。

(1) 下線部aに関して，現在では，発明当初とは異なる特徴を有するDNAポリメラーゼが用いられている。このことにより，DNAポリメラーゼを反応液に最初に加えるだけで，DNAの連続的な増幅反応を行うことが可能となった。その理由について，現在用いられているDNAポリメラーゼの特徴を含めて説明せよ。

(2) 下線部bに関して，この酵素が発現していない体細胞では，染色体DNAは新生鎖の複製のたびに少しずつ短くなる。そのしくみを，DNAの新生鎖の伸長方向とプライマーに関する記述を含めて説明せよ。 [東京農工大－改]

解法 (1) 現在用いられているDNAポリメラーゼには[①]性があり，PCR法における2本鎖DNAをほどく際の温度が[②]くなる工程でDNAポリメラーゼが[③]しなくなったため。

(2) DNAの新生鎖は[④]から[⑤]の方向にしか伸長しないため，新生鎖の[⑥]末端のRNAプライマーが分解された後，その箇所がDNAで置き換わることができずに短くなる。

STEP 3 チャレンジ問題 3

解答→別冊39ページ

1 DNA複製に関する以下の文章Ⅰ，Ⅱを読み，それぞれあとの問いに答えなさい。

Ⅰ．ジャック・モノーとともにオペロン説を提唱したフランソワ・ジャコブは，その後，オペロン説の原理がゲノムDNA複製の制御にも通じるのではないかと考え，シドニー・ブレナーらとともに**図1**に示すような新たな仮説を提唱した。これはレプリコン説(レプリコンモデル)とよばれ，現在は多くの生物種でひとつの原理として実証されている。レプリコン説において，レプリケーター（DNA複製開始部位）はDNA複製を開始させる部位であり，ラクトースオペロンにおける(①)と(②)の役割を兼ね備えていると考えることができる。ラクトースオペロンにおける(②)は(③)の結合部位であり，転写を開始させる役割をもつ。また，ラクトースオペロンにおける(④)には(①)に結合する性質があるが，レプリコン説におけるイニシエーターにはレプリケーターに結合して複製開始を促す役割がある。

図1

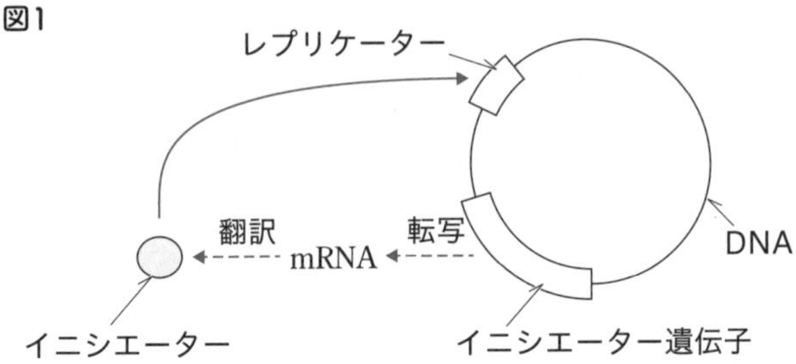

大腸菌のゲノムDNAは環状で約460万塩基対の長さをもち，レプリケーターを1か所だけもつ。このレプリケーターには，大腸菌のイニシエーターが結合して(⑤)をよび込む。(⑤)はDNAの二重らせん構造をほどいて1本鎖化しながらDNA上を進む。これに引き続いて別の酵素により(⑥)とよばれる短いRNA鎖が合成される。(⑥)に続けてDNAポリメラーゼがはたらく。

DNA複製を行っている増殖中の大腸菌を集め，ゲノムDNAを抽出し，断片化した。また，増殖していない大腸菌を集めて同じ操作を行った。それぞれのDNA断片を蛍光色素で標識して1本鎖化した。そして，大腸菌ゲノムの遺伝子を網羅しているDNAマイクロアレイを用いて，これら2種のサンプルのDNA断片の相対量を解析した。その結果を**図2**に模式的に示す。横軸はゲノム全体を直線的に表した染色体地図であり，全体を100％として示している。

図2

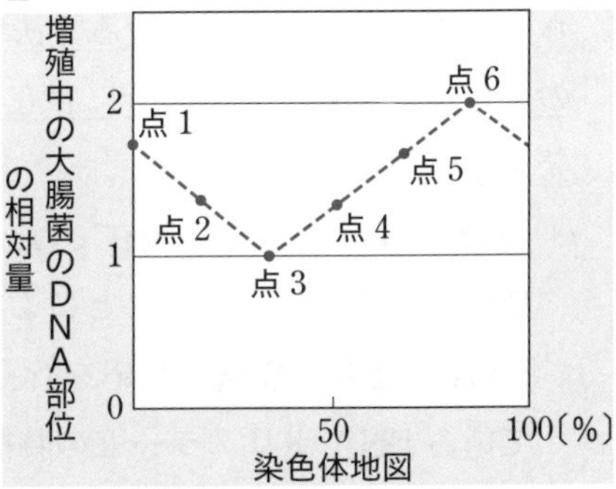

(1) 文章中の空欄に適語を入れよ。

①(　　　　) ②(　　　　) ③(　　　　)
④(　　　　) ⑤(　　　　) ⑥(　　　　)

記述 (2) 培地にグルコースがなくラクトースが含まれる場合，ラクトースオペロンの転写はどのようになるか，その原因と(④)の役割も含めて60字程度で説明せよ。

(　　　　)

記述 (3) **図2**において，レプリケーターはどこにあると考えられるか，点1～6の中から選べ。また，その答えを選んだ理由を50字程度で説明せよ。 (　　　)
理由(　　　)

(4) DNAマイクロアレイは遺伝子の転写量の解析によく用いられる。このときmRNAを鋳型にして，蛍光標識した相補的DNAを合成するために用いられるタンパク質は何か答えよ。
(　　　)

Ⅱ．野生株の大腸菌は30℃から42℃の間で活発に増殖できる。一方，DNAリガーゼの遺伝子にある変異をもつ大腸菌は30℃では増殖できるが，42℃では増殖できなかった。また，この変異をもつDNAリガーゼは42℃では活性を失うことがわかっている。野生株とこの変異株の大腸菌をそれぞれ独自に30℃で培養し，増殖中の大腸菌を42℃の培養器に移してさらに一定の時間保温した後，ゲノムDNAを抽出した。そのDNAサンプルを1本鎖化した後，電気泳動法で分離してDNAを検出した。その結果，野生株から得たDNAサンプルに比べ，変異株から得たDNAサンプルでは，電気泳動法で速く移動する1本鎖DNA断片が特に多く蓄積していることがわかった。このDNA断片はDNA複製の過程で合成されたものであった。

(5) 下線部で示すDNA断片の名称，および，この断片により形成されるDNA鎖の名称を答えよ。
DNA断片の名称(　　　)　DNA鎖の名称(　　　)

記述 (6) 下線部で示すDNA断片が，変異株で蓄積される原因を80字程度で説明せよ。
(　　　)

(7) **図3**は複製開始部位とその周辺のDNAを表している。5′と3′はDNAの5′末端と3′末端を示している。ここで示した領域**A**～**D**において，下線部で示すDNA断片が含まれている領域と相補的となっているものはどれか，すべて選べ。 (　　　)

図3

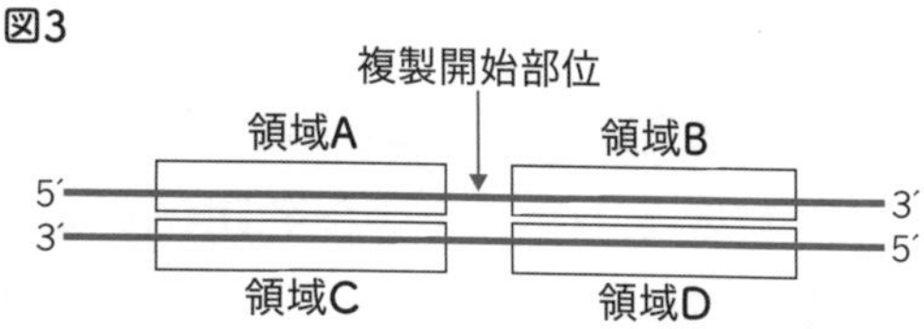

〔九州大〕

重要 **2** 右の図は，正常なウニの胚発生を示したものである。ウニの胚を用いた次の実験結果を読み，あとの問いに答えなさい。

〔実験1〕 16細胞期のウニの胚の各細胞を生きたまま染色し，その後の発生過程を観察した。16細胞期の小割球からは一次間充織細胞(骨片をつくる細胞)が，大割球からは原腸の細胞が，中割球からは外胚葉ができた。

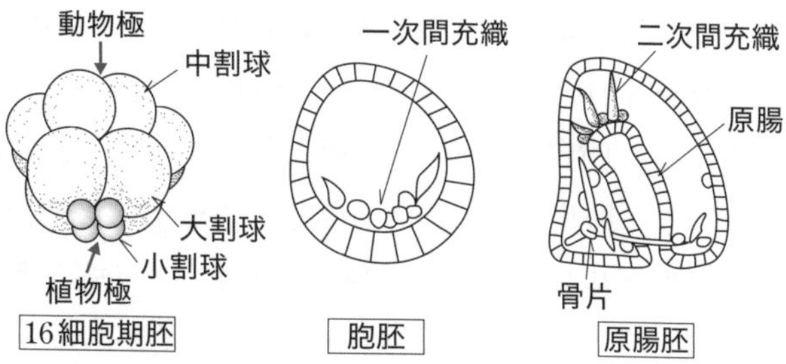

〔実験2〕 16細胞期の小割球だけを培養したところ，一次間充織細胞に分化した。

〔実験3〕 16細胞期胚から小割球を除去した場合，残った部分胚からはほぼ正常なプルテウス幼生が生じ，骨片も形成された。

〔実験４〕 16細胞期胚から大割球を除去し，残った小割球と中割球を結合させてつくった部分胚からは，原腸や骨片をもつほぼ正常なプルテウス幼生が生じた。このとき，実験胚の生体染色を行った結果，小割球は骨片をつくる細胞へ分化し，原腸の細胞は中割球由来であった。

(1) 実験１～４のうち，ウニの胚が調節能力をもつことを示すものはどれか，２つ選べ。

( )( )

(2) 予定運命とは「胚のそれぞれの部域が正常胚の中で将来何の組織に分化するか」ということで，発生能とは「１つの胚域または原基がもっている，何に分化できるかというすべての能力，可能性」のことである。実験結果からわかる，16細胞期胚の中割球の予定運命と発生能はそれぞれ何か。 予定運命( ) 発生能( )

(3) 実験結果からわかる16細胞期のウニの胚における小割球の予定運命と発生能はそれぞれ何か。 予定運命( ) 発生能( )

記述 (4) 実験４において，中割球から原腸が生じたしくみを推測し，簡潔に答えよ。

( )

(5) イモリの初期胚にも，ウニの胚の小割球と同様のはたらきの部位がある。その①部位の名称，②現れる時期と③予定運命はそれぞれ何か。

①( ) ②( ) ③( ) 〔高知大－改〕

3 次の文章を読み，あとの問いに答えなさい。

遺伝子のはたらきを調べるためには，まずそのDNAを大量に増やす必要がある。目的のDNAを大腸菌の中で増やすためには，(①)とよばれる運び手に組み込むことが多い。よく使われる運び手は，大腸菌内で増殖する(②)という環状のDNAである。組み込み操作には制限酵素と，DNAをつなぐDNA(③)という酵素を用いる。また，DNAを増やす方法として利用されるPCR法では，目的のDNAを鋳型とし，耐熱性のDNA(④)，2種類のプライマー，4種類のデオキシリボヌクレオシド三リン酸を加えた溶液を用意し，95℃で加熱，55℃で冷却，72℃で加熱のサイクルを20～30回繰り返す。これにより，プライマーにはさまれた領域のDNAが大量に増幅される。

ヒトの集団でゲノムDNAの塩基配列を比較すると，個々のゲノムに塩基配列のわずかな違いが見つかる。例えば，約1000塩基対に１塩基ある個人の間のゲノムDNAの違いを一塩基多型(SNP)という。このようなDNA多型のなかには，病気と関連すると考えられているものがある。DNAレベルでの個人差を調べて，個人の体質に合った病気の治療や予防をすることを(⑤)医療という。ある酵素をコードする遺伝子Xには，第３エキソン内にSNPが見られる。**図１**の塩基配列は，この塩基置換を含むDNAセンス鎖を示している。この塩基置換により，遺伝子XにはG型とA型の対立遺伝子がある。それぞれの対立遺伝子から転写・翻訳されるポリペプチドをX_GとX_Aとする。G型の遺伝子は塩基置換部位より3′側に，終止コドンをコードするTAG配列がある。その結果，X_Gは400個のアミノ酸で構成される。

ヒト集団の中のG型とA型の対立遺伝子，それぞれの遺伝子頻度を調べた。100人の被験者のゲノムDNAからPCR法により，遺伝子 *X* の塩基置換部分を含む300塩基対のDNA領域を増幅した。次に，増幅した300塩基対のDNAに制限酵素 *Alu* I を加えて反応させた後，電気泳動により分離した。制限酵素 *Alu* I は塩基配列AGCTを認識して切断する。増幅したG型のDNAはAGCT配列を含まないため，制限酵素 *Alu* I では切断されない。一方，増幅したA型のDNAは，**図1**に示す塩基置換によりAGCT配列が生じたため，制限酵素 *Alu* I で切断される。この違いを利用して，被験者の遺伝子型がG型ホモ接合体か，A型ホモ接合体か，G型A型ヘテロ接合体かを判断した。**図2**の電気泳動によれば，100人から増幅したDNAの切断パターンは，300塩基対のDNA断片のみ，100塩基対と200塩基対のDNA断片，100塩基対と200塩基対と300塩基対のDNA断片が検出される3種に分かれた。これらをそれぞれ(a)群，(b)群，(c)群とすると，各群に含まれる人数は右の表のようになった。

図1

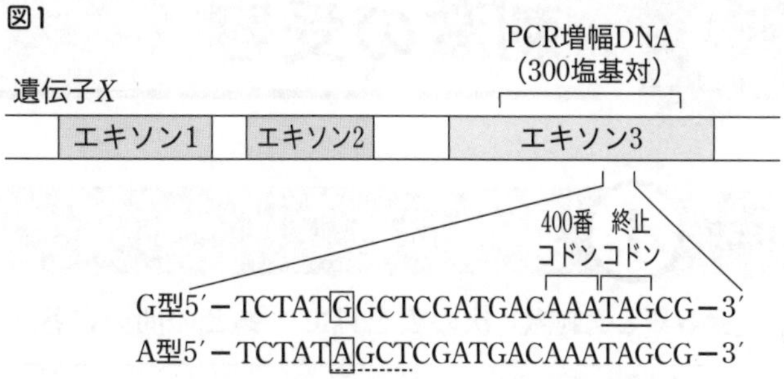

四角で囲んだ塩基は塩基置換を示す。G型の塩基配列には400番目のコドンと終止コドン(下線)の位置を示す。A列の塩基配列の点線(下線)は制限酵素*Alu*Iで切断される塩基配列を示す。

図2

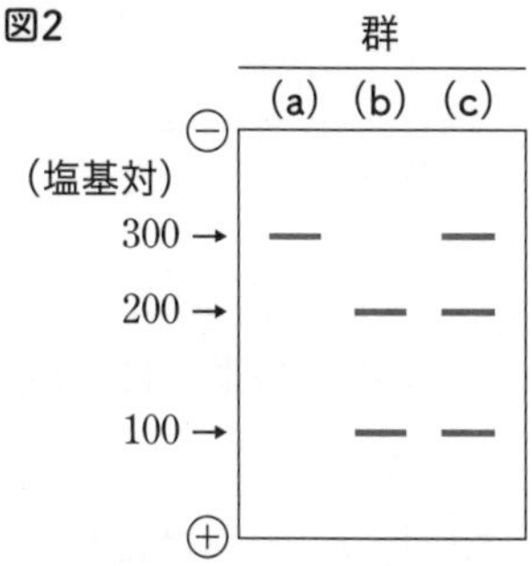

	検出されたDNA〔塩基対〕	人数〔人〕
(a)群	300	64
(b)群	100，200	4
(c)群	100，200，300	32

(1) 文章中の空欄に適語を入れよ。

①(　　　) ②(　　　) ③(　　　)
④(　　　) ⑤(　　　)

記述 (2) 下線部について，95℃，55℃，72℃のそれぞれの温度ではどのような反応が起こるか，説明せよ。

95℃(　　　)
55℃(　　　)
72℃(　　　)

(3) ランダムなDNA塩基配列において，制限酵素 *Alu* I が切断する塩基配列が出現する頻度は何塩基対に1回か，答えよ。 (　　　)

(4) (a)群，(b)群，(c)群に含まれる被験者の遺伝子 *X* の遺伝子型は次のうちのどれか，**ア**～**ウ**から選び，記号で答えよ。 (a)(　　) (b)(　　) (c)(　　)

ア G型ホモ接合体　**イ** A型ホモ接合体　**ウ** G型A型ヘテロ接合体

(5) この集団に存在する遺伝子 *X* におけるA型の対立遺伝子の頻度〔%〕を求めよ。 (　　　)

難問 記述 (6) ポリペプチド X_G と X_A を構成するアミノ酸配列にはどのような違いがあるか，理由とともに説明せよ。(　　　)

〔金沢大〕

刺激の受容

STEP 1 基本問題

解答→別冊41ページ

重要 **1** ［受容器と適刺激］ 次の表を見て，あとの問いに答えなさい。

刺激の種類	受容器		感覚
光	眼	網膜	視覚
音	耳	コルチ器	聴覚
圧力	皮膚	圧点	皮膚感覚
気体中の化学物質	鼻	嗅上皮	嗅覚
液体中の化学物質	舌	味覚芽	味覚

(1) 上の表のように，受容器ごとに受けとれる刺激の種類は決まっている。この受容できる刺激を何というか。（　　　）

(2) 上の表であげた以外にも，からだが受けとる刺激にはさまざまなものがある。これについて，次の問いに答えよ。

① からだの傾きを感じる受容器は何か。また，からだのどこにあるか。　受容器（　　　）　場所（　　　）

② 皮膚が受けとる，圧力以外の刺激を３つあげよ。

（　　　）（　　　）（　　　）

重要 **2** ［視覚器の構造とはたらき］ 次の問いに答えなさい。

(1) 下のヒトの眼の断面図の①～⑬の名称を答えよ。

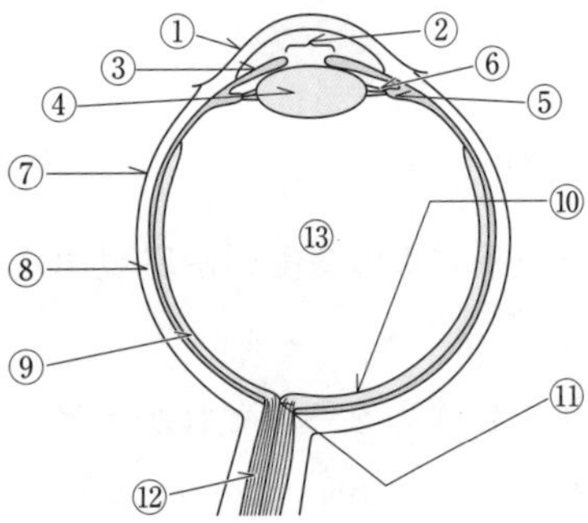

①（　　　）
②（　　　）
③（　　　）
④（　　　）
⑤（　　　）
⑥（　　　）
⑦（　　　）
⑧（　　　）　⑨（　　　）　⑩（　　　）
⑪（　　　）　⑫（　　　）　⑬（　　　）

(2) 次のはたらき，または特徴をもつ構造体の番号を，上の図から選び，番号で答えよ。

A．瞳孔から入る光の量を調節している。（　　　）

Guide

確認 受容器

受容器はそれぞれ決まった刺激を受けとり，その情報を電気信号に変換する。その情報は，神経を伝わって中枢へ送られる。

確認 感覚点

皮膚にある感覚点には，**圧点**（接触や圧力などの機械的刺激）・**痛点**（強い圧力や熱，化学物質）・**温点**（高い温度）・**冷点**（低い温度）がある。

確認 眼の構造

ヒトなどの哺乳類の眼は，**水晶体（レンズ）**の厚みを変えて，遠近調節をしている。その厚みは**毛様体**という筋肉が調節していて，毛様体は**チン小帯**で水晶体と結合している。

毛様体が収縮すると，水晶体の厚さが増し，近くに焦点が合う。その際，チン小帯はゆるむことになる。

確認 網膜

網膜は眼底にあり，毛細血管が網目状に分布していて，**桿体細胞**（かんたい）と**錐体細胞**（すいたい）の２種類の**視細胞**がある。この視細胞が受けとった光刺激による興奮を視神経が脳

B．じょうぶな膜で，眼の構造を維持するはたらきをしている。
（　　）

C．視細胞が多く，最もよく見える場所である。　（　　）

3 ［**網膜の構造とはたらき**］下の図はヒトの網膜を示している。これについて，次の問いに答えなさい。

⑴ 図の①～⑦の名称を答えよ。

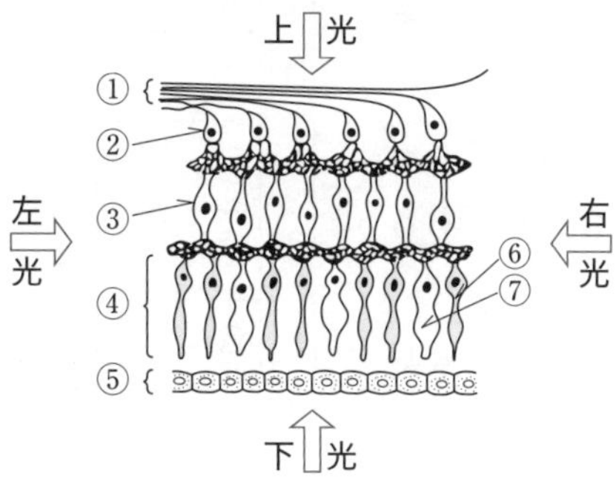

①（　　　　　　）
②（　　　　　　）
③（　　　　　　）
④（　　　　　　）
⑤（　　　　　　）
⑥（　　　　　　）
⑦（　　　　　　）

⑵ 網膜に対して，外界からの光は図の上下左右いずれからくるか。
（　　）

重要 **4** ［**聴覚器の構造とはたらき**］次の問いに答えなさい。

⑴ 下の図の①～⑰の名称を答えよ。

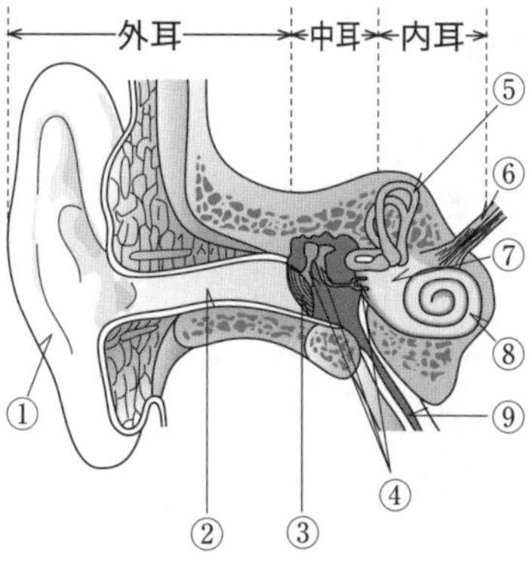

⑧の断面図

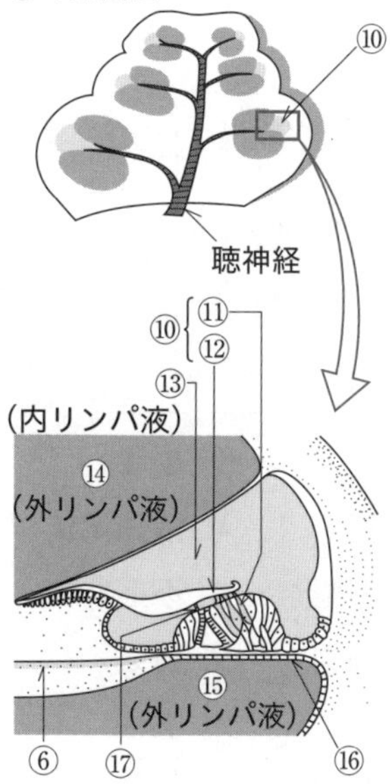

①（　　　　）　②（　　　　）
③（　　　　）　④（　　　　）
⑤（　　　　）　⑥（　　　　）
⑦（　　　　）　⑧（　　　　）
⑨（　　　　）　⑩（　　　　）
⑪（　　　　）　⑫（　　　　）　⑬（　　　　）　⑭（　　　　）
⑮（　　　　）　⑯（　　　　）　⑰（　　　　）

⑵ ④は哺乳類の特徴になっており，音の振動を増大させることができる。では，④は③の振動を⑧の内部のどの部屋に伝えるか，⑬～⑮の番号で答えよ。　（　　　）

へ伝える。視神経の束が眼球内に入る部分が**盲斑**で，視細胞のない部分である。

確認 **ヒトの耳**

ヒトの耳には音の受容だけでなく，平衡感覚にはたらく受容器がある。からだの傾きや回転は，リンパ液の流れや**平衡砂**(**耳石**)にはたらく重力の変化として処理される。特徴的なこととして，いずれも**感覚毛**をもつ**感覚細胞**が刺激を受容していることがあげられる。

聴細胞は，その振動により感覚毛がおおい膜にあたって聴細胞自身が興奮する。

前庭は，平衡砂が感覚毛の上にのっており，からだの傾きに応じて，平衡砂の圧力荷重が感覚毛に対する変化を興奮として神経に伝える。

半規管は感覚毛がリンパ液に浸っていて，からだの回転とともに感覚毛が移動するが，リンパ液は慣性により感覚毛を押すので，回転覚が生じる。

耳小骨は**つち骨・きぬた骨・あぶみ骨**の３つの骨からなり，音の振動を**内耳**へ伝える。あぶみ骨は**うずまき管の卵円窓**へ振動を伝え，振動は内部の**前庭階**の外リンパ液へ伝えられる。このリンパ液の振動はうずまき管の端でＵターンし，**鼓室階の基底膜**を振動させる。この振動は，基底膜上の聴細胞をゆらして，その感覚毛が，**おおい膜**にあたることで興奮が生じる。

解答→別冊41ページ

重要 **1** [受容器と刺激] 次の文章を読み，あとの問いに答えなさい。

刺激を受けとる眼や耳などは(①)とよばれる。ここには光や音など特定の刺激に対して敏感に興奮する(②)が集まっている。(②)の興奮が(③)によって中枢神経系である(④)に伝えられて感覚を生じる。さらに，この感覚にもとづいて生じる中枢神経系からの興奮が，(⑤)によって筋肉などの効果器に伝えられ，これによって刺激に対応した反応や行動が起こる。しかし，筋肉にある筋紡錘(ぼうすい)は，筋肉の伸張を刺激として受けとる(①)でもあり，<u>ある重要なはたらき</u>をしている。

(①)が受けとることのできる刺激の種類を，その(①)の適刺激という。例えば，光は眼の適刺激で，ヒトは可視光線を感じることができる。しかし，ミツバチの眼は，可視光線の範囲外である(⑥)の一部も受容することができる。また，(①)の(②)はある強さ以上の刺激で興奮し，その強さの最小値を(⑦)という。

ヒトの場合の適刺激，(①)，感覚についてまとめると，下の表のようになる。

適刺激	(①)		感覚
光	眼	網膜	視覚
音波	耳	うずまき管	聴覚
からだの傾き		(⑧)	平衡覚
からだの回転		(⑨)	
(⑩)中の化学物質	鼻	(⑪)	嗅覚
(⑫)中の化学物質	舌	味覚芽	味覚
接触による圧力	(⑬)	触点(圧点)	触覚(圧覚)

(1) 上の文章と右の表の①～⑬に入る語句を次の**ア**～**ヌ**から選び，記号で答えよ。なお，同じ番号には同じ語句が入る。

ア 赤外線　**イ** 閾値(いきち)　**ウ** 皮膚　**エ** 嗅上皮
オ 運動神経　**カ** 受容器　**キ** 活動電位　**ク** 紫外線
ケ 鼓膜　**コ** 感覚細胞　**サ** 不応期　**シ** 聴神経
ス 脳　**セ** 運動細胞　**ソ** 前庭　**タ** 固体
チ 桿体(かんたい)細胞　**ツ** 液体　**テ** 嗅球　**ト** 半規管
ナ 耳小骨　**ニ** 感覚神経　**ヌ** 気体

記述 (2) 下線部はどのようなはたらきか，15字以内で答えよ。

2 [光受容] 次の文章を読み，あとの問いに答えなさい。

ヒトの眼の網膜は(①)と(②)という2種類の視細胞からなる。(①)は網膜の中央付近に多く，特に(③)とよばれる部分に密に

1

(1)	①	②
	③	④
	⑤	⑥
	⑦	⑧
	⑨	⑩
	⑪	⑫
	⑬	
(2)		

2

(1)	①
	②
	③
	④
	⑤
(2)	
(3)	

分布している。これに対して，(②)は網膜の周辺部に多く分布している。また，視神経の束が網膜を貫いている部分を盲斑といい，ここには視細胞が分布していないので，光を受容できない。

眼に入った光は，角膜→ひとみ→(④)→(⑤)の順に通過した後，網膜に達する。網膜では，光は神経細胞の層を通ってから視細胞の層に到達する。

(1) 文章中の空欄に適語を入れよ。

(2) 暗いところでものを見るときに，光を受容する視細胞は何か。

記述 (3) 急に暗いところから明るいところへ出るとまぶしくて見えにくいが，しばらくするとだんだん見えるようになるという調節機能のしくみについて，簡単に答えよ。

3 ［聴覚器］次の文章を読み，あとの問いに答えなさい。

ヒトの聴覚器である耳は，外耳，(①)，内耳の3つの部分に分けられる。外耳を通った空気の振動は(②)の振動に変化する。(②)が振動すると3つの(③)骨のはたらきで内耳の(④)の基部にある卵円窓が振動する。卵円窓が振動すると，(④)を満たすリンパ液が振動，(④)内の(⑤)を振動させる。(⑤)の上には聴細胞があり，これが音の検出器になっている。

(1) 文章中の空欄に適語を入れよ。

記述 (2) (②)は広い面積で音の振動エネルギーを集め，20分の1の面積の卵円窓に伝える。このとき，卵円窓の振動のようすは(②)の振動のようすと比べてどのように変化するか。

記述 (3) 耳には平衡感覚器とよばれる感覚器官もある。その1つの名称とはたらきを答えよ。

3

(1)	①	
	②	
	③	
	④	
	⑤	
(2)		
(3)	名称	
	はたらき	

Hints

平衡感覚器は，回転を感じる器官と，傾きを感じる器官に分類されることに注意する。

4 ［盲斑の実験］次の文章を読み，あとの問いに答えなさい。

右の図のような盲斑測定板を用いて盲斑の幅を測定した。

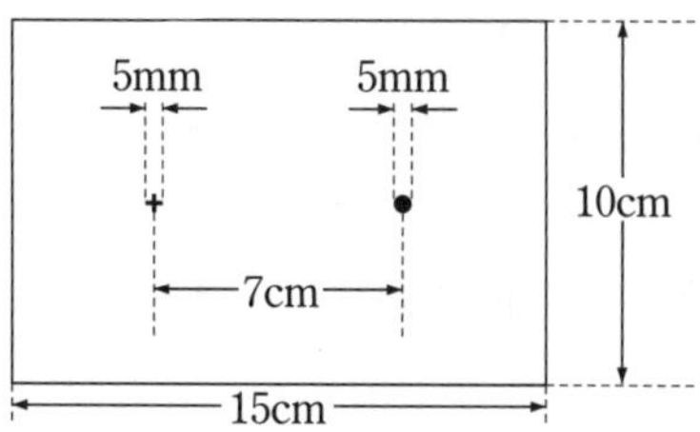

片目で＋印を注視しながら測定板を前後に動かすと，この測定板から21 cmの距離になったとき●が消え，さらに26 cm離れたとき再び●が見えた。この際，盲斑の幅は何mmとなるか，小数第2位を四捨五入して，小数第1位まで求めよ。ただし，眼球の直径を2 cmとせよ。また，測定した目は左右いずれの目か。

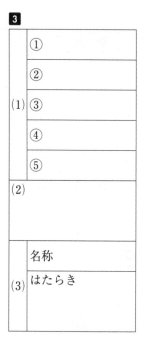

4

幅	
目	

Hints

測定のようすの概形を描き，三角形の相似比で求める。その際，有効数字が2桁であることに注意する。

14 神経系とニューロン

STEP 1 基本問題

解答→別冊42ページ

重要 **1** ［反射の経路］屈筋反射に関する次の図の□に適語を入れなさい。

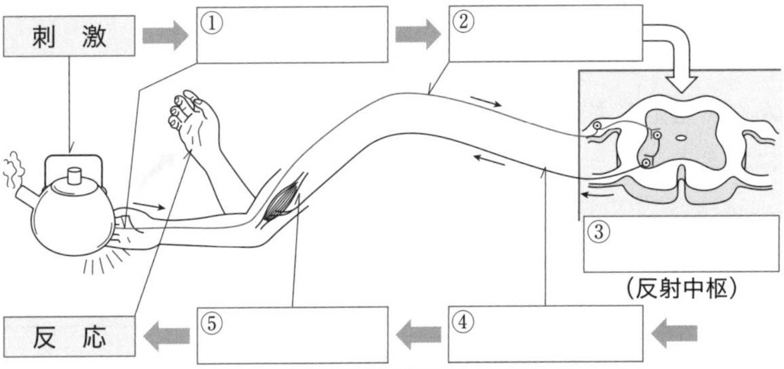

この一連の反射の経路を ⑥□ という。

重要 **2** ［活動電位］ニューロンの興奮に関する次の図の□に適語を入れなさい。

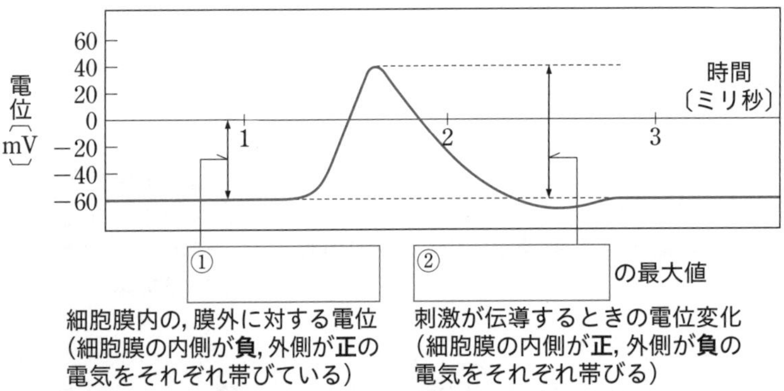

3 ［伝達と伝導］次の問いに答えなさい。

記述 (1) 神経細胞の一部を刺激すると，細胞の内外の電位にどのような変化が生じるか。(　　　　　　　　)

(2) この神経で生じた変化は次の神経細胞に伝えられる。このとき，次の神経細胞に刺激を伝える部分の名称と，その伝えるはたらきの名称をそれぞれ答えよ。

名称(　　　　　)　はたらき(　　　　　　)

(3) (2)のはたらきは変化を一方向にしか伝えない。それの仲介となる物質を2つあげよ。(　　　　　　)(　　　　　　)

Guide

確認 反射

刺激を受けとるのが**受容器**，興奮を伝えるのが**神経系**である。**1**の図は熱いものに触れた際に生じる**屈筋反射**を示しており，**脊髄**に反射中枢がある。中枢からの命令は**効果器**に伝えられ，行動となる。

用語 適刺激

受容器が受けとることのできる特定の刺激をいう。

確認 ニューロン

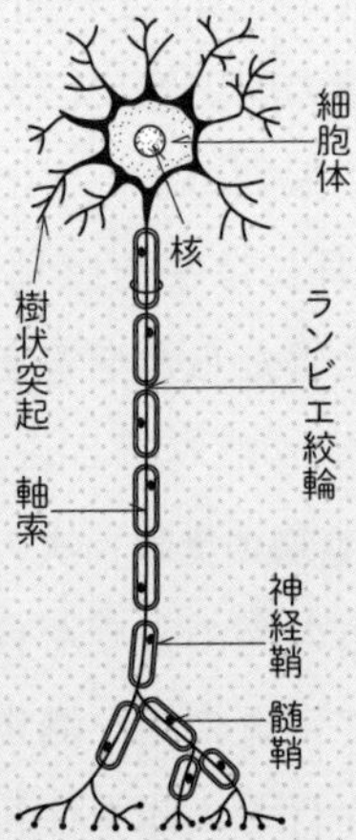

確認 シナプス

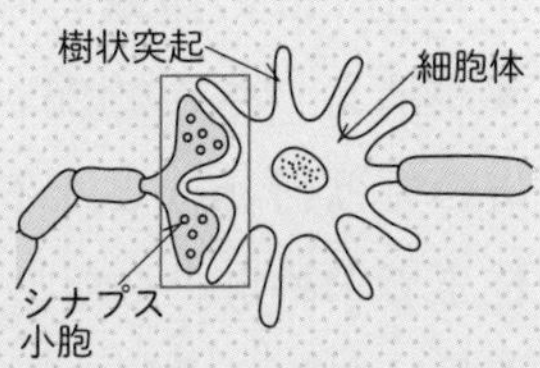

4 ［神経細胞の電位変化］ニューロンに2本の微小電極をつけて細胞膜の電位変化を測定した。次の問いに答えなさい。

記述 (1) 刺激と電位変化の間には，全か無かの法則が成り立つ。この法則について簡単に答えよ。

（　　　　　　　　　　　　　　　　　　　　　　　　）

記述 (2) ニューロンが全か無かの法則に従ってはたらくとすれば，刺激の大小はどのように伝わるか説明せよ。

（　　　　　　　　　　　　　　　　　　　　　　　　）

(3) 神経繊維は，髄鞘(ずいしょう)の有無によって2つに分けられる。

① この2つの神経繊維の名称を答えよ。

（　　　　　　）（　　　　　　）

② ①の2つの神経繊維では，刺激の伝わる速さが異なる。それは何という現象のためか答えよ。（　　　　　　）

5 ［神経単位］右下の図は，3種類の神経単位について示したものである。これについて，次の問いに答えなさい。

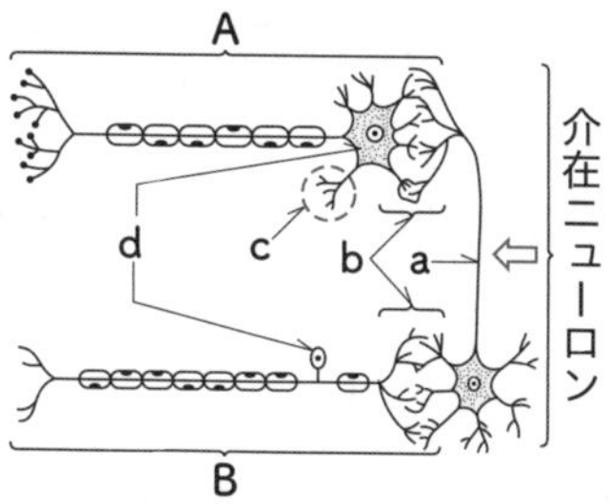

(1) AとBの神経単位の名称を答えよ。A（　　　　　　）

B（　　　　　　）

(2) a～dの名称を答えよ。

a（　　　　）b（　　　　）

c（　　　　）d（　　　　）

(3) ⇦の部分を刺激すると，この興奮はどう伝達されるか。（　　　）

ア Aに伝わる。 **イ** Bに伝わる。 **ウ** AとBの両方に伝わる。

重要 **6** ［興奮の伝導速度］カエルのふくらはぎの筋肉に座骨神経をつけてとり出した神経筋標本を用いて，筋肉と神経の接点のA点から15 mm離れたB点，A点から45 mm離れたC点に同じ強さの電気刺激を与えると，それぞれ，4ミリ秒後，5ミリ秒後に筋肉が収縮した。これについて，次の問いに答えなさい。

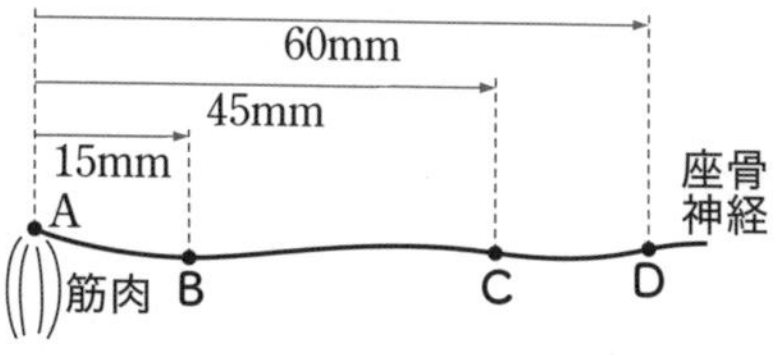

(1) この神経の興奮伝導速度は何 m/s か。（　　　　）

(2) A点から60 mm離れたD点を刺激すると，何ミリ秒後にこの筋肉は収縮するか。（　　　　）

(3) A点に直接同じ強さの電気刺激を与えても，筋収縮に少し時間を要した。この時間を何というか。（　　　　）

(4) (3)に要する時間を求めよ。（　　　　）

確認 **興奮の伝導**

神経や筋肉では，ある部分の**興奮**によって生じた**活動電流**が隣り合う部分を興奮させ，その繰り返しで興奮が**伝導**される。

確認 **興奮の伝達**

ニューロンどうしはシナプスで連絡されていて，**シナプス小胞**から分泌された**神経伝達物質**によって，興奮が**伝達**されている。

用語 **閾値**(いきち)

神経細胞の興奮は一定以上の強さがないと起こらない。この最小の刺激の強さのことを**閾値**という。

確認 **伝導速度**

有髄神経繊維で伝導速度が速くなるのは，軸索に巻きついた（神経鞘の）髄鞘が絶縁体の役目を果たし，不連続となった帯電部を活動電流が**跳躍伝導**するためである。

用語 **感覚ニューロン**

細胞体から2方向に出た軸索が受容器と中枢神経系を結び，興奮を中枢へ伝えるのが**感覚ニューロン（感覚神経）**である。

確認 **興奮伝導速度**

6では，B点とC点の距離と時間の差から興奮の伝導速度を求める。

（1ミリ秒＝1/1000秒）

D点はC点よりいくら離れたところにあるか考える。

STEP 2 標準問題

解答 → 別冊43ページ

重要 **1** ［神経細胞］神経細胞(ニューロン)に関する次の文章と模式図を見て，あとの問いに答えなさい。

神経細胞を矢印 x の部位で刺激するとこの部分が㋐(①)し(②)が生じる。刺激によって生じた(①)は，神経細胞内では(③)方向へ伝導する。神経細胞の(①)が別の神経細胞に伝えられるのは，神経細胞どうしの接点である(④)から(⑤)と総称される㋑化学物質が分泌されるからである。㋒分泌された物質は，酵素によって分解されるなどして速やかにとり除かれる。Aの神経とBの神経では㋓(①)の(⑥)に違いがある。

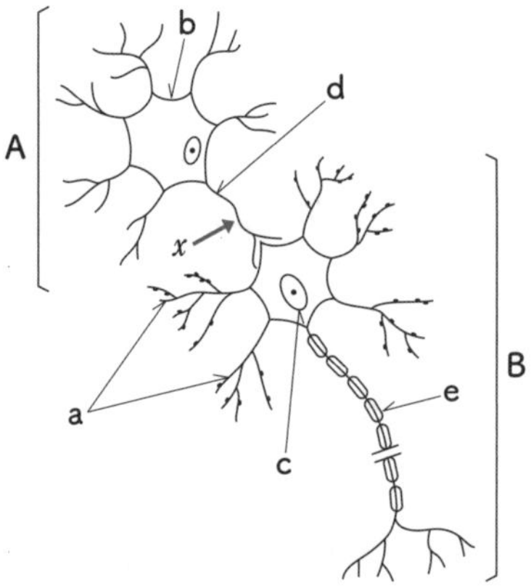

(1) 図中の記号 a ～ e が示す構造の名称を答えよ。

(2) 文章中の空欄に適語を入れよ。

記述 (3) 下線部㋐の現象は，細胞膜とその周辺がどのように変化したため起こるのか，答えよ。

(4) 下線部㋑の具体的な例を２つ答えよ。

記述 (5) 下線部㋒の現象はなぜ必要になるのか，その理由を考えて答えよ。

記述 (6) AとBの神経で，下線部㋓の違いが生じる理由を答えよ。

(7) 閾値(いきち)が異なる多数の神経繊維に，その強さをゼロから連続して増加させるかたちで刺激を加えた。このときの刺激の強さに対する活動電位の大きさのグラフを模式的に描け。 ［名古屋大－改］

2 ［神経細胞の電位］右下の図は，生理食塩水中においた１個の神経細胞に，ある強さの電気刺激を与えて，細胞外に対する細胞内の電位を記録したものである。これについて，次の問いに答えなさい。

(1) グラフの縦軸と横軸の適切な単位は何か，それぞれ答えよ。

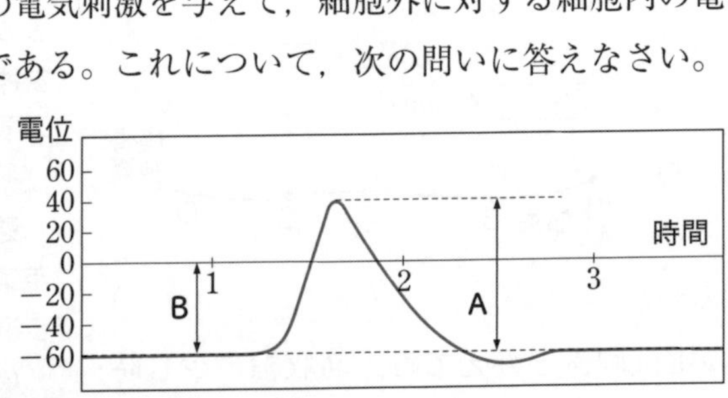

(2) グラフ中のAとBはそれぞれ何を示しているか。

(3) Bの電位差を生じるのは，細胞膜がエネルギーを使って，積極

1

(1)	a	
	b	
	c	
	d	
	e	
(2)	①	
	②	
	③	
	④	
	⑤	
	⑥	
(3)		
(4)		
(5)		
(6)		
(7)		

Hints

ニューロンの１つ１つは全か無かの法則に従って反応する。

的に細胞内外にイオン濃度の差をつくり出しているためである。細胞膜のこのはたらきを何というか。

3 ［脳の機能］ヒトの脳に関する次の文章と図を見て，あとの問いに答えなさい。

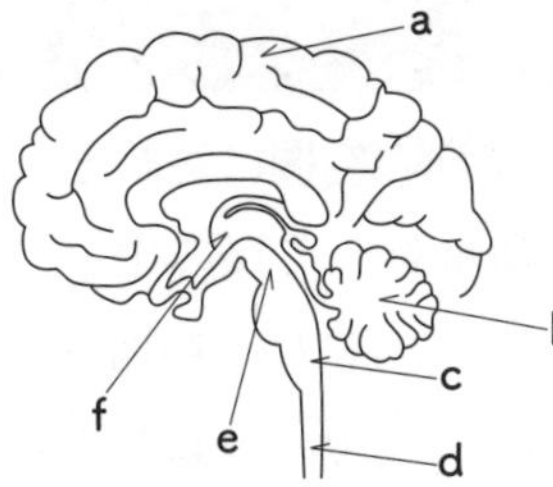

ヒトの脳には，いろいろな機能に関係した領域がある。(①)には，眼球運動や瞳孔反射を起こす領域があり，姿勢保持に関係した領域もある。

(②)には，からだの平衡を保ち，運動を調節する領域がある。(③)は呼吸や心臓の拍動を調節している。また，せきや飲み込み，だ液分泌といった調節の反射中枢としてもはたらいている。大脳には，感覚野や運動野のほかに，㋐<u>思考・推理・言語などの高度な情報処理をする領域</u>や，㋑<u>本能行動や感情に関わる領域</u>も存在する。(④)には感覚情報を中継する視床や，㋒<u>自律神経の中枢となる領域</u>がある。

(1) 文章中の空欄にあてはまる語句を書け。また，それが図中のa～fのどの部分にあたるか，記号で答えよ。

(2) 下線部㋐～㋒の領域の名称を答えよ。

4 ［刺激と反応］次の文章の空欄に適語を入れなさい。

私たちは，熱いものに手を触れると思わず手を引っ込める(図)。こうした動きが無意識に起こるのは，興奮が大脳に伝わって感覚が生じる前に，手や足などの筋肉に興奮が伝わるからである。このような反応を反射とよぶ。反射を構成する神経の経路を(A)といい，(B)→感覚神経→反射中枢→運動神経→(C)となっている。

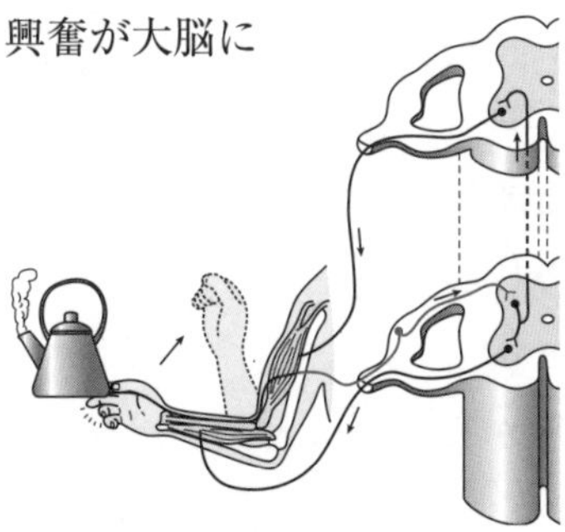

よく知られる反射の1つに膝蓋腱(しつがいけん)反射がある。膝関節のすぐ下をたたくと，膝を伸ばす大腿筋が伸びる。すると筋肉の伸長の(B)である(D)が引き伸ばされて興奮する。この興奮は感覚神経によって脊髄に入り，大腿筋につながる運動神経に伝えられ，筋肉の収縮が起こる。このように，脊髄に中枢のある反射を脊髄反射という。脊髄の表層部には(E)，内部には(F)があるが，これは大脳での配置の逆になっている。脊髄の左右に伸びた脊髄神経のうち，(G)からは主に感覚神経が，(H)からは主に運動神経が伸びる。

2

(1)	縦軸	
	横軸	
(2)	A	
	B	
(3)		

Hints
電位差はNa^+とK^+の2つのイオンが関係して生じている。

3

(1)	①	語句	
		記号	
	②	語句	
		記号	
	③	語句	
		記号	
	④	語句	
		記号	
(2)	㋐		
	㋑		
	㋒		

4

A	
B	
C	
D	
E	
F	
G	
H	

15 刺激への反応と行動

STEP 1 基本問題

解答→ 別冊43ページ

重要 **1** ［いろいろな効果器］次の文章の空欄に適語を入れなさい。

(1) 動物は，外界からの刺激に対して反応する。このときにはたらくのが(①)である。(①)には，筋肉や，ゾウリムシの細胞表面に見られる(②)，ミドリムシに見られる(③)などがある。　①(　　　　)　②(　　　　)　③(　　　　)

(2) 骨格筋は，筋束とよばれる(①)の束でできている。(①)はほかの細胞と異なり，1個の細胞内に多くの(②)がある。(①)の中は，(③)が多数平行に走っており，(③)の明部と暗部がしま模様に見えるので，骨格筋を(④)とよんでいる。
①(　　　　)　②(　　　　)　③(　　　　)　④(　　　　)

重要 **2** ［筋肉］筋肉についての次の図を見て，あとの問いに答えなさい。

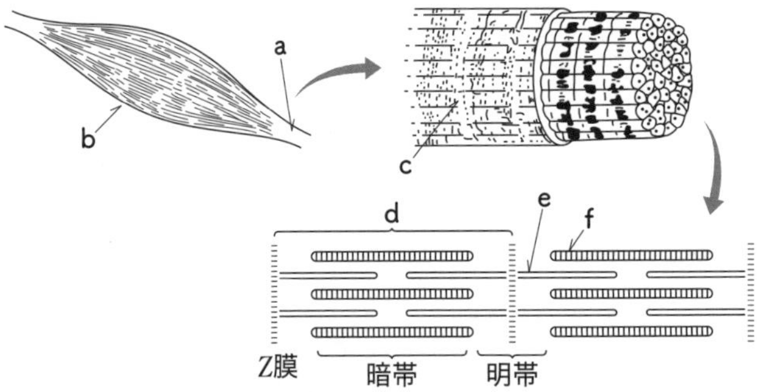

(1) 図中の a ～ f の名称を答えよ。
a(　　　　)　b(　　　　)　c(　　　　)
d(　　　　)　e(　　　　)　f(　　　　)

(2) 筋肉は細胞の基本形態から2つに大別される。その2つの名称をあげよ。　(　　　　筋)(　　　　筋)

(3) 図の e が図の f のなかに滑り込むことで起こるという，筋収縮の説を何というか。　(　　　　)

(4) 次の図は筋収縮の記録である。それぞれの筋収縮の名称を書け。

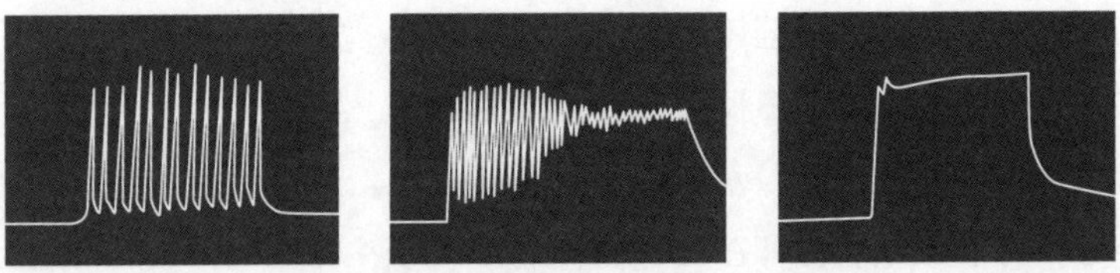

①(　　　　)　②(　　　　)　③(　　　　)

Guide

確認 効果器

ゾウリムシの体表面には**繊毛**があり，ミドリムシには**鞭毛**(べんもう)がある。哺乳類の気管支や輸卵管にも**繊毛**が分布している。

外分泌腺も効果器の一種で，消化腺や涙腺や汗腺のほか同種の他個体に行動の変容を起こさせるフェロモンを分泌するものもある。

内分泌腺からは，微量で恒常性の維持にはたらくホルモンが分泌される。

用語 随意筋と不随意筋

自らの意識で動かせる骨格筋のような筋肉のことを**随意筋**，動かせない心筋のような筋肉を**不随意筋**という。これは，その筋肉を制御する神経系の違いに起因しており，**体性神経系**によって前者が，**自律神経系**によって後者が制御されているためである。

参考 トロポニン

Ca^{2+} がトロポニンに結合することで，ATP が分解されて滑りが生じ，アクチンフィラメントがミオシンフィラメントの間を暗帯の中央に向かって滑り込む。

3 ［刺激の強さと収縮の大きさ］骨格筋は多数の筋細胞からできている。筋細胞は神経からの刺激で収縮するが，収縮を起こす刺激の強さ(閾値(いきち))は筋細胞ごとに異なる。右の図は，ある骨格筋にレベル1～17の強さの刺激を与えたときの骨格筋の収縮の強さを測定したものである。次の問いに答えなさい。

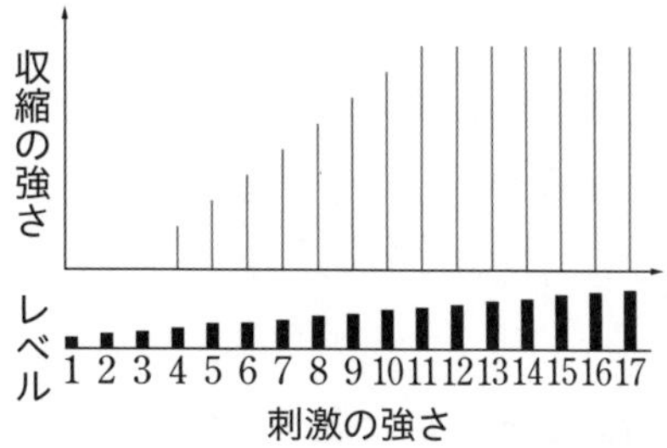

(1) 最も閾値の低い筋細胞だけが収縮した刺激の強さはいくらか。

レベル(　　　　)

(2) すべての筋細胞が収縮した刺激の強さはいくらか。

レベル(　　　　)

(3) 刺激のレベルが大きくなるに従って，骨格筋の収縮の強さが段階的に変化する理由として正しいものを，次の**ア**～**エ**から選べ。(　　　)

ア 閾値の高い筋細胞は収縮力が強いから。
イ 収縮する筋細胞の数が増えるから。
ウ 単位時間内に収縮する回数が増えるから。
エ 1つ1つの筋細胞の収縮する大きさが増えるから。

4 ［生得的行動］次の問いに答えなさい。

(1) 図の［　　］に適語を入れよ。

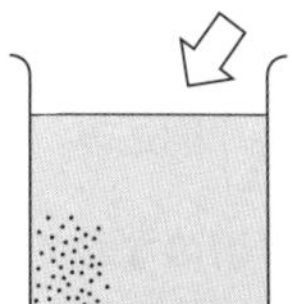

強い光に対する，

負の①［　　　　］

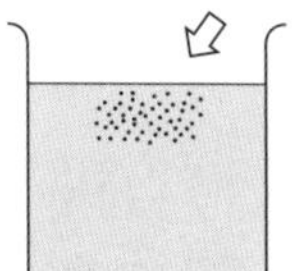

弱い光に対する，

正の②［　　　　］

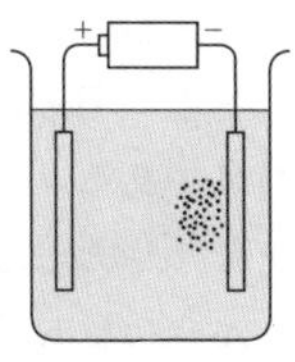

負の③［　　　　］

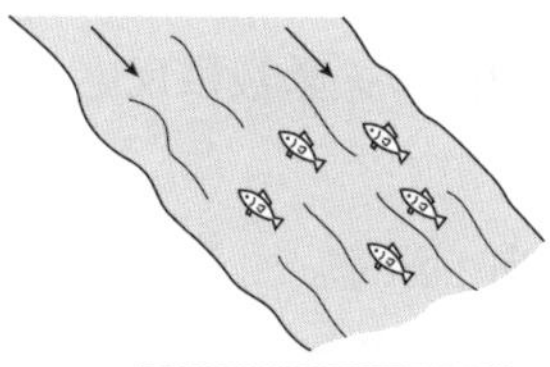

正の④［　　　　］

(2) 動物は，刺激源に対して向かうか，逃げるかの二元的行動を起こすことがある。次の問いに答えよ。

確認 単収縮と強縮

2(4)の図をキモグラフという。筋肉の収縮のようすを調べる装置で，横軸は時間，縦軸は筋肉の収縮の幅を示している。強縮のような長時間の運動の記録にはキモグラフが，単収縮のような短時間の運動の記録にはミオグラフが用いられる。両者の違いはドラムの回転速度にあり，ミオグラフのほうがより高速である。

▶**単収縮**…1回の刺激による筋収縮のこと。
▶**不完全強縮**…断続的な刺激(毎秒15回程度)による収縮のこと。
▶**完全強縮**…高頻度の断続的な刺激(毎秒30回以上)による収縮のこと。

注意 刺激の強さと収縮

細胞は，閾値以上の強さの刺激を受けたときに収縮する。それ以下の強さの刺激では収縮しない。刺激が弱い場合には少数の閾値の小さい細胞だけが反応し，強い場合には，より多数の細胞が反応する。

参考 化学走性

走性には左であげた以外に，化学物質が刺激となる化学走性というものもある。例えばゾウリムシは，強い酸に対して負の化学走性をもち，強い酸からは遠ざかるように行動する。刺激源に向かう場合を**正の走性**，刺激源から逃げる場合を**負の走性**という。

① テントウムシやマイマイが，重力刺激に対して逃げるように移動することを何というか。

(　　　　)の(　　　　)

② ヨトウガなどの雄が雌の発するフェロモンに誘引されるように移動することを何というか。

(　　　　)の(　　　　)

重要 **5** ［動物の行動］次の動物の行動をまとめた表を見て，あとの問いに答えなさい。

生得的行動：生まれながらに決まった行動

行動の様式	行動の内容
反射	一定の刺激に対して，決まった反応が生じる。
走性	刺激に対して一定の方向に(①)する反応。光走性(光)，電気走性(電流)，化学走性(②)
本能行動	決まった一定の(③)に対して起こる走性や反射の連続と考えられる。

習得的行動：生まれた後の学習で形成される行動

行動の様式	行動の内容
学習	条件づけのような(④)学習，慣れ，刷込み，試行錯誤など，経験によって新しい行動をとる。
知能行動	記憶や知識をもとにした(⑤)(見通しともいう)で行動。

(1) 上の表の空欄に適語を入れよ。

①(　　　　) ②(　　　　) ③(　　　　)
④(　　　　) ⑤(　　　　)

(2) 次のa～eの文にある動物の行動は，上の表の「行動の様式」にあてはめるとどれになるか，それぞれ答えよ。

a．アヒルのひなが，ふ化後はじめて見た動くものを親とみなして，以降それについていく。(　　　　)

b．クモが，巣に伝わるある範囲内の振動数に反応して，虫を捕食する。(　　　　)

c．ミドリムシが，光がさす方向へ泳ぐ。(　　　　)

d．イトヨの雄が，なわばり内に侵入してきたほかの腹部の赤い雄を攻撃する。(　　　　)

e．チンパンジーが，高いところにある餌(えさ)をとるために，箱を積み重ねて登る。(　　　　)

注意 **行動の基礎**

生得的行動では**走性**や**反射**が，習得的行動では**学習**がそれぞれ基礎になる。また，大脳が発達すると，**知能行動**が見られるようになる。これらの違いには記憶力が関与しており，後者ほどその容量が増大する。

用語 **連合学習**

無関係だった2つの刺激を結びつけて学習することを**連合学習**という。

ロシアのイワン・パブロフによるイヌの**古典的条件づけ**の実験(1904年)が有名である。

イヌに餌を与える際に，繰り返し同じ音を聞かせ続けると，この音を聞かせただけで，イヌはだ液を分泌するようになる。

用語 **刷込み**

学習のなかでも，生後ごくはやい時期に特定の行動が学習されることを**刷込み**という。

オーストリアのコンラート・ローレンツによるハイイロガンの研究(1935年)が有名である。

アヒルやカモなどのひなは，ふ化後はじめて見る動く物体を親とみなして，後ろを追いかける。この行動は，ふ化後16時間で最も獲得されることを示した。

STEP 2 標準問題

解答→別冊44ページ

重要 **1** ［筋収縮］次の文章の空欄に適語を入れなさい。

筋肉を顕微鏡で観察すると，しま模様がある(①)と，特にしま模様のない(②)がある。(②)は不随意筋で内臓器官にあり，比較的ゆっくりした運動に関与している。(①)のうち随意筋には(③)があり，比較的急速な運動に関与している。

(③)は(④)とよばれる細胞で構成されており，さらに(④)には(⑤)の束がつまっている。(④)は多数の細胞が融合したもので，１つの細胞の中に多くの(⑥)をもつ。

(⑤)には明るく見える(⑦)と，暗く見える(⑧)が交互に配列していて，(⑦)の中央には(⑨)というしきりがある。(⑤)は太いミオシンフィラメントと，細いアクチンフィラメントからなっていて，筋肉の収縮はアクチンフィラメントがミオシンフィラメントのすき間に入り込むことによって起こる。この一連の筋収縮のしくみのことを，(⑩)という。

1

①
②
③
④
⑤
⑥
⑦
⑧
⑨
⑩

重要 **2** ［行動の要因］次の文章の空欄にあてはまる語句をあとの語群から選び，記号で答えなさい。

動物の行動を，それを引き起こすいろいろな要因をもとに分類してみよう。一定の刺激に対して無意識に引き起こされる反応を(①)という。また，刺激に対して方向性のある行動を(②)という。この行動は，刺激の種類によってさらに細かく分けることができ，例えば，光に対しては(③)，水流に対しては(④)という。

異なった刺激に対して異なった(①)が連続して起こっていると考えられる本能行動も，動物の行動の重要な要素となっている。ある特徴的な刺激が一連の本能行動を起こす場合，このような刺激のことを(⑤)という。

音や光などの刺激に対して，生得的ではない新しい(①)が形成された場合，この(①)を(⑥)とよぶ。このように動物は生まれた後の経験によっても行動を身につけていくが，このような行動を(⑦)という。同じ刺激の繰り返しによってやがて刺激に反応しなくなることを(⑧)とよぶ。このような(⑦)の特殊な場合で，いったん成立すると変更されにくいものとして(⑨)をあげることができる。また，(⑦)において，新しい状況下で，誤りを繰り返しながら，しだいに目的にかなった行動を身につけることを(⑩)

2

①	②
③	④
⑤	⑥
⑦	⑧
⑨	⑩
⑪	⑫

Hints

経験によって身につけた行動様式は学習，見通しをつけた行動は知能行動である。

という。この試行ごとの誤りの回数を見ると，しだいに誤りが減少する。これをグラフにしたものを(⑪)とよぶ。

哺乳類などの動物では，経験したことのない状況におかれたとき，過去の経験などを総合して新たな行動をとることがある。このような行動のことを(⑫)とよぶ。

〔語群〕 **ア** 刷込み　**イ** 走性　**ウ** 学習　**エ** 知能
オ 知能行動　**カ** 本能行動　**キ** 試行錯誤学習　**ク** 反射
ケ 学習曲線　**コ** かぎ刺激　**サ** 慣れ　**シ** 生得的行動
ス 流れ走性　**セ** 光走性　**ソ** 条件反射　**タ** 習得的行動

3 **［ゾウリムシの行動と刺激］** ゾウリムシの観察について，次の文章を読み，あとの問いに答えなさい。

試験管の口までゾウリムシを培養液とともに入れ，試験管を垂直に立てておいたところ，ゾウリムシは試験管の(①)に集まっていた。集まった部分からゾウリムシをスポイトで吸いとり，スライドガラス上にのせ，顕微鏡で観察した。ゾウリムシの平均的な体長は(②)μmほどあり，活発に泳いでいた。ゾウリムシが泳ぐのは(③)によることが知られている。

次に，２本の電極をゾウリムシの入った液に入れて電流を流し，ゾウリムシの行動を観察した。このとき，ゾウリムシは［　　］。これは生得的なものであり，(④)とよばれる行動の１つである。

(1) 文章中の①に入る適語を，次の**ア**～**オ**から１つ選べ。
ア 上部　**イ** 下部　**ウ** 中央部
エ 壁面近く　**オ** 壁面から離れた中央部

(2) 文章中の②に入る数値を，次の**ア**～**オ**から１つ選べ。
ア 0.015　**イ** 0.15　**ウ** 1.5　**エ** 15　**オ** 150

(3) 文章中の③に入る適語を，次の**ア**～**オ**から１つ選べ。
ア 繊毛運動　**イ** 筋収縮　**ウ** 原形質流動
エ アメーバ運動　**オ** 鞭毛(べんもう)運動

(4) 文章中の④に入る適語を，次の**ア**～**オ**から１つ選べ。
ア 走性　**イ** 刷込み　**ウ** すみわけ
エ 反射　**オ** 条件反射

(5) 文章中の［　　］にあてはまるゾウリムシの行動はどれか，次の**ア**～**オ**から１つ選べ。
ア 正の電極のほうへ集まった
イ 負の電極のほうへ集まった

3

(1)	(2)
(3)	(4)
(5)	

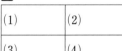

Hints
ゾウリムシは重力，電流いずれに対しても，刺激の方向に逆らうように移動する習性がある。

ウ 正と負の電極の中間の位置に集まった
エ 正の電極の近くと負の電極の近くの2か所に集まった
オ 正の電極と負の電極の間を往復した

4 [本能行動] 動物は，環境からの刺激に反応し，決まった行動を起こすことがある。次の文章を読み，あとの問いに答えなさい。

カイコガの雌は，腹部の末端からある種の①化学物質を分泌し，その化学物質が雄の行動のかぎ刺激となって雄を誘引し，交尾にいたる。カイコガの繁殖行動のような②生得的行動を本能行動という。

繁殖期のイトヨにおいて，雄は③雌雄からそれぞれ異なる刺激を受けて反応する。雄はほかの雄個体の腹部の赤色を認識して，攻撃行動をとる。この腹部の赤色という刺激もかぎ刺激である。

一方，④イトヨの雌も同様に雄の腹部の赤色を認識して，複数いる雄の中でも腹部の赤色がより濃い雄に近づき，生殖行動が進むことが知られている。

環境からの刺激を繰り返し受けることで，刺激に対する反応を学習する動物も知られている。ロシアのパブロフは，イヌを用いた実験を行い，⑤古典的条件づけという学習現象を発見した。

(1) 下線部①のように，体外に放出されて同種他個体へのかぎ刺激となって行動に影響を与える化学物質のことを何とよぶか，答えよ。また，カイコガの雄においてこの化学物質を受容する器官は何か，答えよ。

記述 (2) 下線部②を，習得的行動との違いが明確になるようにして，簡潔に答えよ。

(3) 下線部③について，イトヨの雄に求愛行動を引き起こさせるイトヨの雌のかぎ刺激は何か，答えよ。

記述 (4) 下線部④について，雌が腹部の赤色がより濃い雄を選ぶ傾向にあるということを明らかにするため，Aさんは複数の雄の中から最も腹の赤い雄を1匹とり出し，繁殖期の成熟した雌1匹と同じ水槽に入れて観察した。その結果，雄はジグザグダンスを行い，一連の求愛行動をし，雌はその行動に応じることが観察された。Aさんはこの実験結果から，イトヨの雌が腹部の赤色の濃い雄を選ぶ傾向が明らかになったと考えた。しかし，Aさんの実験だけではイトヨの雌が色の濃い雄を選ぶ傾向を明らかにしたとはいえない。その理由を簡潔に答えよ。

記述 (5) 下線部⑤について，パブロフの行った実験の内容を簡潔に答えよ。

4

(1)	物質	
	器官	
(2)		
(3)		
(4)		
(5)		

Hints
個体間の情報伝達には，鳴き声やポーズ以外に，ホタルの発光やカイコガの性フェロモンなども有名である。

植物の生殖と発生

STEP 1 基本問題

解答→別冊45ページ

重要 **1** ［被子植物の配偶子形成］ 次の図の（　）に適語を入れ，あとの問いに答えなさい。

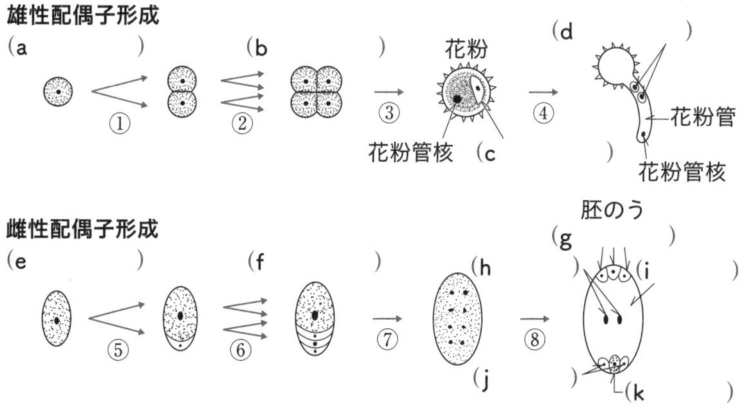

(1) 図の①～⑧中で，減数分裂が起こる時期はどこか。あてはまるものをすべて選べ。（　　　　）

(2) 図の中で配偶子はどれか。あてはまるものすべてを，図中の記号または語句で答えよ。（　　　　）

(3) 図の配偶子形成の過程で，雄性配偶子，雌性配偶子でそれぞれ何回の細胞分裂が起こったか。減数分裂は第一分裂・第二分裂をそれぞれ1回と数えること。

雄性配偶子（　　　回）　雌性配偶子（　　　回）

重要 **2** ［植物の発生］ 次の図と文章は，シロイヌナズナの発生の過程を示している。あとの問いに答えなさい。なお，図と文章中の記号は一致している。

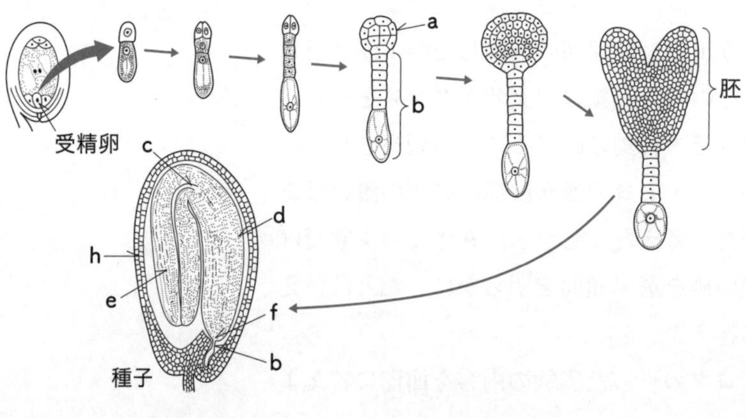

> **Guide**
>
> **用語 花粉**
>
> 動物では減数分裂でできた卵や精子がそのまま受精に関与する。しかし，被子植物では**花粉母細胞**の減数分裂でできるのは若い花粉で，花粉は配偶子ではない。染色体数 n のまま1回細胞分裂を行ったものが**花粉**である。花粉内には，**花粉管核**のほか，**雄原細胞**という**精細胞**（配偶子）のもとになる細胞が形成されている。
>
> **用語 胚のう**
>
> 被子植物で，**胚のう母細胞**が減数分裂してできる**胚のう細胞**は，配偶子ではない。胚のう細胞は，3回の核分裂後に細胞質分裂を行い，7つの細胞・8つの核をもつ**胚のう**をつくる。胚のうの中に形成される**卵細胞**が配偶子に相当する。
>
> **用語 重複受精**
>
> 被子植物では，雄原細胞が花粉管内で体細胞分裂してできた2つの**精細胞**が，一方は胚のう内の**卵細胞**と受精して受精卵に，もう一方は**中央細胞**（2つの**極核**をもつ）と融合して胚乳細胞になる。この受精様式を**重複受精**という。

卵細胞は受精後に体細胞分裂を繰り返し，やがて(a　　　)と(b　　　)になる。このうち(a)がさらに体細胞分裂をして，(c　　　)，(d　　　)，(e　　　)，(f　　　)からなる胚が形成される。イネやカキでは，融合した中央細胞も体細胞分裂を繰り返し，(g　　　)となって，胚に栄養を供給する。また，(h　　　)は，胚のうをとり囲む(i　　　)が変化してできたものであり，これは(j　　　)親個体由来の細胞からなる。

(1) 文章中の(　)に適語を入れよ。

(2) 図の種子には(g)がない。このような種子は何とよばれるか。
(　　　　　)

記述 (3) 図のような種子では，発芽のための栄養分はどうなっているか。簡潔に答えよ。
(　　　　　　　　　　　　　　　　　　　　　　)

重要 **3** **[種子の発芽]** 種子の発芽に関する次の文章を読み，あとの問いに答えなさい。

右の図は，オオムギの種子が発芽するときに起こる現象を模式的に示したものである。

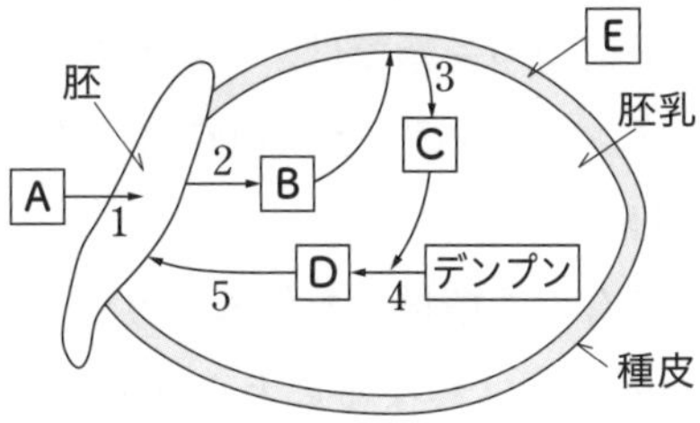

(1) 図のA～Dに入る物質名と，Eに入る胚乳の外側の領域の名称を答えよ。
A(　　　　) B(　　　　) C(　　　　)
D(　　　　) E(　　　　)

(2) 種子の発芽は，適度な温度と十分な[A]があるとき，種子の胚の部分で図の1の[A]の吸収が起こることで始まる。しかし，できて間もない種子では，ある植物ホルモンの存在により図の1が起こらず，条件がそろっていても発芽が起こらないことが多い。この「ある植物ホルモン」とは何か。 (　　　　)

(3) 適度な温度と十分な[A]があっても，①光があたらないと発芽しない種子，②光があたると発芽しない種子がある。①，②を何というか。 ①(　　　　) ②(　　　　)

(4) ある(3)の①にあたる種子にいろいろな色の光を照射したところ，aの光で種子の発芽が著しく促進されたが，直後にbの光を照射したところ，発芽がほとんど見られなくなった。a，bの光を何というか。 a(　　　　) b(　　　　)

(5) (4)の現象は，植物体に含まれるある光受容体が関わっている。その受容体の名称を答えよ。 (　　　　)

確認 **植物の発生**

重複受精後の受精卵は，体細胞分裂を繰り返し，やがて**胚球**と**胚柄**(はいへい)になる。新しい植物体に育つ**胚**になるのは胚球部で，胚球はさらに体細胞分裂を繰り返し，**幼芽・子葉・胚軸・幼根**よりなる胚となる。**有胚乳種子**では，精細胞と融合した中央細胞が**胚乳**となって栄養を蓄えるが，**無胚乳種子**では，精細胞と融合した中央細胞はやがて退化し，その過程で蓄えられていた栄養は子葉に移る。

確認 **フィトクロム**

短日植物や長日植物の光周性は，連続する暗期の長さによって決まる。この時間の感知には，葉に多く含まれる**フィトクロム**という色素タンパク質が関与している。このタンパク質には，赤色光(波長 660 nm)をよく吸収する**赤色光吸収型**(P_R型)と，遠赤色光(波長 730 nm)をよく吸収する**遠赤色光吸収型**(P_{FR}型)があり，P_{FR}型の蓄積で花芽形成などの植物の生理現象が誘発される。

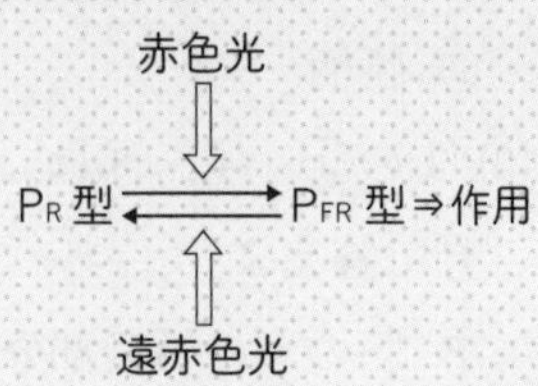

STEP 2 標準問題

解答 → 別冊46ページ

1 **［被子植物の受精］** 被子植物の受精に関する右下の図について，次の問いに答えなさい。

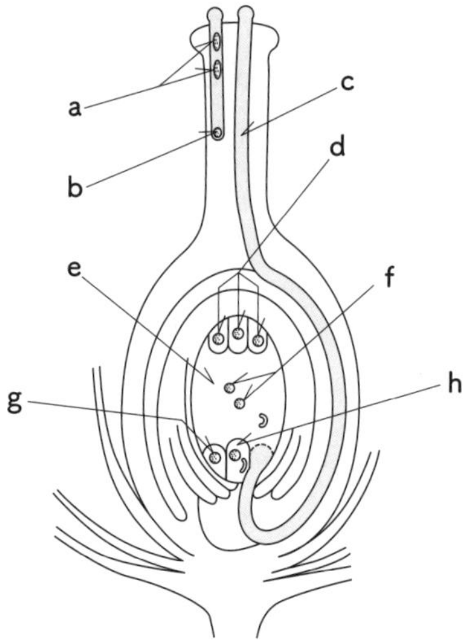

(1) 図の a ～ h にあてはまる語句を次から選び，記号で答えよ。同じ記号を何度選んでもよい。

ア 卵細胞　　イ 精細胞
ウ 中央細胞　エ 胚珠
オ 花粉管核　カ 極核
キ 花粉管　　ク 助細胞
ケ 反足細胞　コ 花粉

(2) 図で，d，e，f，g，h からなる構造を何というか。

(3) 図からわかるように，被子植物の受精では，①<u>a と f</u>，②<u>a と h</u> がそれぞれ合体する。①，②の合体でできた細胞は，それぞれ成長して種子の何という部分になるか。

(4) (3)のような，被子植物に特有の受精様式を何というか。

記述 (5) 裸子植物の受精は，被子植物とは異なることがある。その違いを簡潔に答えよ。

(6) 図の a の染色体数が 12 であるとき，図の g および(3)の①，②の受精でできた細胞の染色体数を答えよ。

1

(1)	a	b
	c	d
	e	f
	g	h
(2)		
(3)	①	
	②	
(4)		
(5)		
(6)	g	①
	②	

2 **［種子の構造］** 右下の図は，カキの種子の構造を模式的に示したものである。これについて，次の問いに答えなさい。

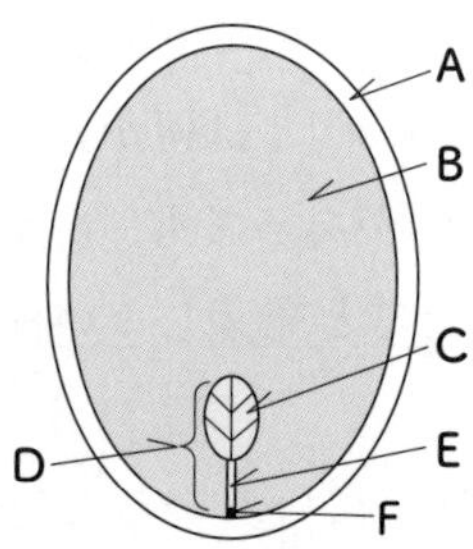

(1) 図の A ～ F の名称を次の①～⑩から選び，番号で答えよ。

① 幼根　② 幼芽　③ 子葉
④ 種皮　⑤ 胚のう　⑥ 胚珠
⑦ 胚　⑧ 胚乳　⑨ 胚軸
⑩ 胚柄（はいへい）

(2) (1)の③，④，⑧は，次のア～カのうちのどれに由来するか，記号で答えよ。

ア 胚のうの外側部分　イ 中央細胞と精細胞が合体したもの
ウ 助細胞　エ 卵細胞と花粉管核が合体したもの
オ 反足細胞　カ 卵細胞と精細胞が合体したもの

2

(1)	A	B
	C	D
	E	F
(2)	③	④
	⑧	
(3)	A	
	B	
	D	

(3) この種子の雄親の遺伝子型が GG，雌親の遺伝子型が gg のとき，図のA，B，Dの細胞の遺伝子型をそれぞれ答えよ。

記述 **3** 〔**花粉管の誘引**〕 被子植物の受精では，精細胞は花粉管の伸長によって胚のうに達する。花粉管が胚のうに向かって伸びるしくみに関する次の文章を読み，あとの問いに答えなさい。

胚のうの１個ないし２個の細胞を紫外線レーザーで破壊し，花粉管が胚のうに誘引されるかどうかを調べた。右の表はその結果を示したものである。

胚のうの状態	細胞の存否				誘引率〔%〕
	卵細胞	中央細胞	助細胞		
完全	○	○	○	○	98
1細胞破壊	×	○	○	○	94
	○	×	○	○	100
	○	○	×	○	71
2細胞破壊	×	×	○	○	93
	×	○	×	○	61
	○	×	×	○	71
	○	○	×	×	0

×の細胞をレーザー光で破壊した

(1) １細胞破壊の実験結果から，どのようなことがわかるか，簡潔に答えよ。

(2) ２細胞破壊の実験結果から，どのようなことがわかるか，簡潔に答えよ。

(3) 胚のうに２つの助細胞がある場合，１つの助細胞がある場合，助細胞がない場合の実験結果について，どのようなことがいえるか，簡潔に答えよ。

(4) この後の研究から，助細胞では，ほかの細胞に見られないルアーとよばれる物質がつくられていることがわかった。この物質が花粉管誘引物質であることを確かめるには，さらにどのような実験を行えばよいか，簡潔に答えよ。

4 〔**植物の分裂と成長**〕 植物細胞の分裂と植物の成長について，次の問いに答えなさい。

(1) 芽や根の成長には，体細胞分裂の盛んな組織が必要である。このような組織は何とよばれるか。

記述 (2) 植物体では①体細胞分裂の盛んな部位と②細胞の伸長の盛んな部位が異なる。茎における①，②の位置関係について簡潔に答えよ。

(3) 茎や根の肥大に関わる，細胞分裂の盛んな細胞層を何というか。

(4) (3)の細胞層をもたない植物を次からすべて選び，記号で答えよ。

ア シダ植物　　**イ** 裸子植物　　**ウ** 単子葉類　　**エ** 双子葉類

3

(1)

(2)

(3)

(4)

Hints

助細胞ではたらく遺伝子の研究から，助細胞で分泌される２種類のタンパク質が花粉管の伸長を誘引していることが明らかになっている。

4

(1)

(2)

(3)

(4)

Hints

植物では，分裂組織しか細胞分裂しない。植物の分裂組織には，伸長成長に関わる**茎頂分裂組織**，**根端分裂組織**と，肥大成長に関わる**形成層**がある。

17 植物の成長と花芽形成

第4章 生物の環境応答

STEP 1 基本問題

解答→別冊47ページ

重要 **1** ［**植物の成長**］植物の成長に関して，次の問いに答えなさい。

(1) 植物の成長運動について，次の①，②を何というか。

① 刺激の方向と関わりなく起こる。　（　　　　）

② 刺激の方向に，または刺激から遠ざかる方向へ起こる。　（　　　　）

(2) 次の**ア**～**カ**から，(1)の②に関係の深いものをすべて選び，記号で答えよ。　（　　　　）

ア 花粉管の伸長　**イ** チューリップの花の朝夕の開閉

ウ オジギソウの葉の就眠運動　**エ** 芽生えの光の方向への屈曲

オ 根の下方への伸長　**カ** エンドウの巻きひげの運動

(3) (2)の**ア**～**カ**から，成長運動ではなく，膨圧の変化によって起こるものを選び，記号で答えよ。　（　　）

(4) 植物体内でつくられ，いくつかの植物の成長運動や生理活動を調節する微量の化学物質を何というか。

（　　　　）

図1

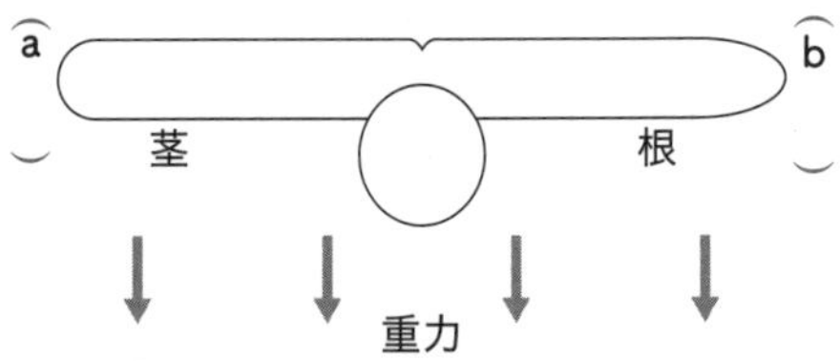

(5) **図1**は植物の芽生えを暗所に水平に置いたときの模式図，**図2**は植物の芽生えに光を左からあてたときの模式図である。

図2

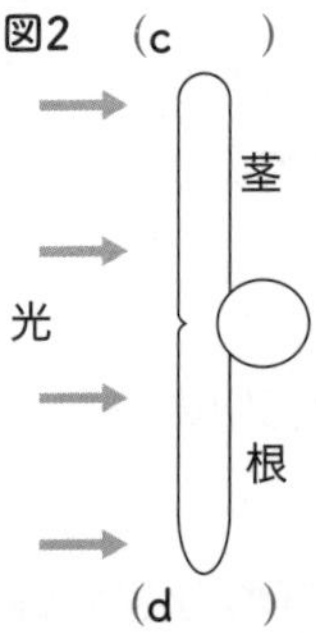

① **図1**，**2**の**a**～**d**の空欄に，屈曲の方向を→，←，↑，↓で書き入れよ。

② **図1**，**2**の植物の屈曲は，それぞれ植物の何という反応によるか。

図1（　　　　）　**図2**（　　　　）

重要 **2** ［**明暗周期と花芽形成**］明暗周期と花芽形成に関する次の問いに答えなさい。

(1) 次の図の①～⑩の□に，花芽を形成する場合は○を，形成しない場合は×を書き入れよ。なお，図の中央の縦の点線は，各植物の花芽形成の基準となる明期・暗期の時間を示している。

Guide

用語 屈性と傾性

▶**屈性**…植物が刺激に対して，一定の方向性をもって屈曲する性質をいう。刺激の方向に屈曲する**正の屈性**，刺激と逆の方向に屈曲する**負の屈性**がある。屈性には，光屈性，重力屈性，接触屈性，化学屈性などがある。

▶**傾性**…植物が刺激に対して，刺激の方向とは無関係に一定の方向に屈曲する性質をいう。刺激の種類によって，光傾性，温度傾性，接触傾性などがある。

確認 花芽形成の光周性

▶**長日植物**…暗期が限界暗期以下になると，花芽形成が起こる。春に咲く植物に多い。ホウレンソウ，アブラナ，カーネーションなど

▶**短日植物**…暗期が限界暗期以上になると，花芽形成が起こる。夏から秋に咲く植物に多い。アサガオ，キク，コスモス，オナモミなど

▶**中性植物**…花芽形成に日長が関係しない植物。エンドウ，トマト，トウモロコシ，キュウリなど

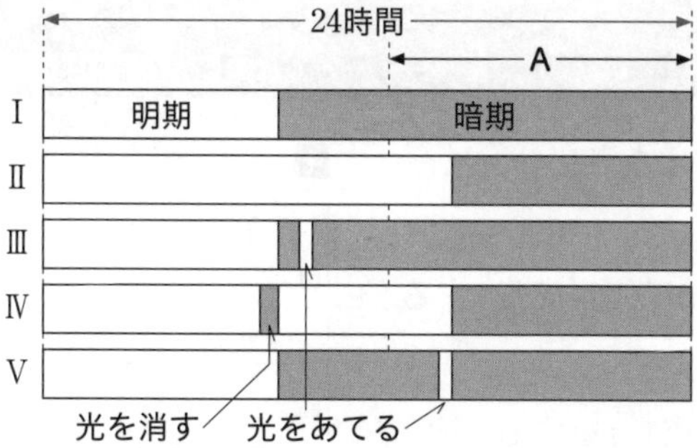

長日植物	短日植物
①	②
③	④
⑤	⑥
⑦	⑧
⑨	⑩

(2) 図のⅢとⅤでは，暗期の途中で光をあてる処理を行っている。この処理を何というか。 (　　　　)

(3) 図のAの時間を何というか。 (　　　　)

重要 **3** **[芽生えの成長]** 次の文章を読み，あとの問いに答えなさい。

アサガオの種子を植木鉢にまいて，家の軒下の壁際に置いておいたところ，数日して芽が出たが，①子葉はすべて壁とは反対の光のくる方向を向いていた。さらに数日すると，茎が伸びて本葉が展開した。このとき鉢の中のアサガオが混み合っていたので，数本を間引いて地面に捨てておいた。その日は夜通し雨が降っていた。翌日見ると，地面に捨てられ横になったアサガオは，②茎の先端が上向きにもち上がり，一方，根の部分は地面にささるように下向きになっていた。

(1) 下線部①のような性質を何というか。 (　　　　)

(2) この性質を発現させる物質は何とよばれるか。(　　　　)

(3) 一般に，(2)の物質は植物体のどの部分でつくられるか。

(　　　　)

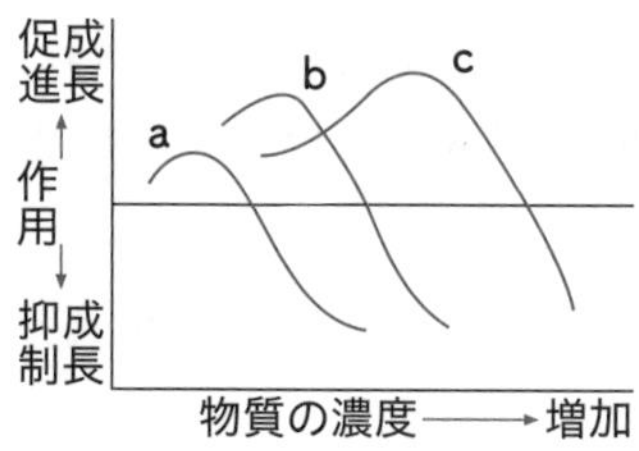

(4) 右の図は，(2)の物質の作用を濃度との関係で示したものである。図中のa～cは，それぞれ植物のどの部分(器官)を示すと考えられるか。 a(　　　　) b(　　　　) c(　　　　)

(5) (2)の物質と似たはたらきをする物質を次から1つ選べ。

ア サイトカイニン　**イ** カロテン　(　　　　)

ウ アントシアニン　**エ** エチレン　**オ** ジベレリン

記述 (6) 捨てられたアサガオが下線部②のようになる現象を，(2)の物質のはたらきによるとしたとき，その物質は茎と根でどのようにはたらいて，このような現象が起こったか，図も参考にして簡潔に答えよ。

(　　　　)　[東京女子大－改]

確認 **植物ホルモン**

植物体内でつくられ，微量で植物の成長や生理に作用する物質である。

▶**オーキシン**…芽や茎の先端部でつくられ，**極性**によって根の方向に移動する。植物細胞の伸長成長を促進し，濃度により植物の部位で作用が異なり，**屈性**や**頂芽優勢**を起こす。化学的実体は**インドール酢酸(IAA)**で，ナフタレン酢酸なども同様のはたらきがある。**不定根**の形成を促進する作用もある。

▶**ジベレリン**…イネの馬鹿苗病から発見された植物ホルモンで，植物細胞の伸長成長を促進するが，極性移動しない。単為結実を起こし，種なしブドウの産出などに利用される。種子の発芽にも関与する。

▶**アブシシン酸**…落果や落葉などを誘発する植物ホルモンで，種子の休眠促進，気孔の閉鎖，成長の抑制などにもはたらく。

▶**エチレン**…唯一気体の植物ホルモンで，果実の成熟や落葉などの促進，植物の肥大成長に関与する。

このほか，細胞分裂を促進するサイトカイニンや葉の老化を促進するジャスモン酸，落葉を抑制するブラシノステロイドなども知られている。

解答→別冊48ページ

1 ［植物の反応］植物の反応に関する次の問いに答えなさい。

(1) ①，②の説明にあてはまる語句を答えよ。

① 刺激の方向に対して方向性をもって，植物が反応(成長)すること。

② 刺激の方向に関係なく，植物が一定の反応(成長)をすること。

(2) 植物自身がつくり，植物の成長運動や生理活動を調節する微量の化学物質を何というか。

(3) 次の実験はオーキシンのはたらきについて調べたものである。それぞれの実験をした研究者の名まえと，その実験から得られた結論を，それぞれ語群から選んで答えよ。

〔実験Ⅰ〕 マカラスムギの幼葉鞘(ようようしょう)の先端近くに雲母(うんも)片を差し込み，横から光をあてた。雲母片のないほうから光をあてると屈曲せず，雲母片のあるほうからあてると屈曲した。

〔実験Ⅱ〕 クサヨシの幼葉鞘の先端を切りとったり，スズはくを先端にかぶせたりすると，屈曲は起こらなかった。

〔実験Ⅲ〕 マカラスムギの幼葉鞘を切りとって寒天にのせ，その寒天を切り口の片側に寄せて一定時間のせると，のせないほうに屈曲した。

〔研究者〕 ① ダーウィン親子　② ボイセン=イェンセン　③ ウェント

〔結論〕 **ア** 先端でつくられる物質は成長阻害物質である。

イ 先端でつくられる成長促進物質は寒天中に比較的安定して保持される。

ウ 先端でつくられる物質は，光と反対側を下方へ移動しながら成長を促進する。

エ 光は幼葉鞘の先端で感じとられている。

1

(1)	①	
	②	
(2)		
(3)	実験Ⅰ	－
	実験Ⅱ	－
	実験Ⅲ	－

Hints

オーキシンは，幼葉鞘(単子葉類の芽生え)の光屈性の研究から発見された。そのきっかけは，進化論で有名なダーウィンとその子の1880年の研究にさかのぼる。
マカラスムギはボイセン=イェンセンが屈性の研究に用いてからよく使われるようになった植物で，幼葉鞘が比較的太く，細かな操作に適している。
マカラスムギの学名を *Avena sativa* というので，マカラスムギを使った屈性の研究法をアベナテストということがある。

2 ［屈性］マカラスムギの幼葉鞘を使った屈性に関する実験について，次の文章を読み，あとの問いに答えなさい。

マカラスムギの幼葉鞘を，次の図のように処理した。①は無処理，②，③は幼葉鞘の先端を一度切除し，②はもとの位置に，③は先端部を右にずらしてのせた。④～⑦は先端部に，図のように雲母片を差し込んだ。⑧は切除後，間に寒天片をはさんでもとの位置にのせた。

Hints

オーキシンは，芽生えの先端でつくられ根の方向に向かって極性移動するが，芽生えの先端部では光と逆の側に移動する。
寒天片はオーキシンの移動・輸送を妨げないが，雲母片はオーキシンを通さないので，移動・輸送を妨げる。

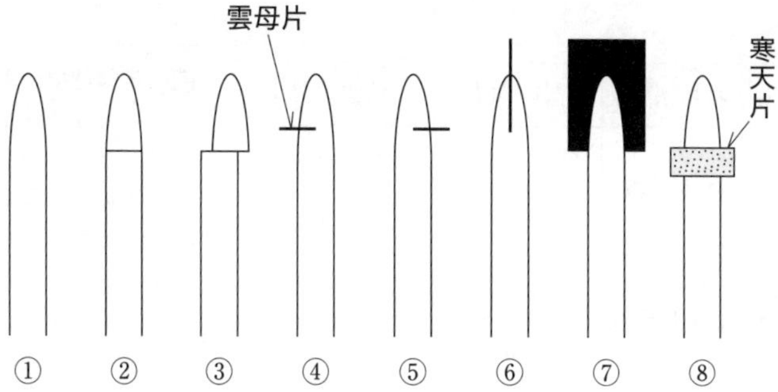

(1) 図の①～⑧を暗所に置いた。幼葉鞘は次の**ア**～**エ**のどのようになるか，それぞれ記号で答えよ。

ア 左方向に屈曲する。　**イ** 右方向に屈曲する。

ウ 屈曲しないが成長する。

エ 屈曲せず成長もほとんど見られない。

(2) 図の①～⑧にそれぞれ左から光をあてた。数日後それぞれの幼葉鞘は(1)の**ア**～**エ**のどのようになるか，それぞれ記号で答えよ。

(3) (1)・(2)が起こる原因となる植物ホルモンの名称を答えよ。

重要 **3** **［植物ホルモン］** 次の文章を読み，あとの問いに答えなさい。

植物体でつくられ，ごく少量で植物の成長や反応を調節する物質を植物ホルモンという。例えば，茎の先端にある頂芽が盛んに成長しているときは，下方の側芽の成長は抑えられるが，頂芽を切りとると側芽が成長を始める。このような現象を(①)といい，(a)が関与している。一方，葉の気孔の閉鎖には(b)が関与している。水分が不足すると，葉の(b)が(②)して孔辺細胞の膨圧を(③)させるので，孔辺細胞が扁平(へんぺい)になって，気孔が(④)のである。また，植物から放出される気体の(c)は果実の成熟や落葉を促進することが知られている。

(1) 文章中の空欄a～cに入る適当な植物ホルモンの名称を，次の**ア**～**オ**から選び，記号で答えよ。

ア アブシシン酸　**イ** エチレン　**ウ** オーキシン

エ ジベレリン　**オ** フロリゲン

(2) 文章中の空欄①～④に適語を入れよ。　［明治大－改］

4 **［芽生えを用いた実験］** 次の文章を読み，あとの問いに答えなさい。

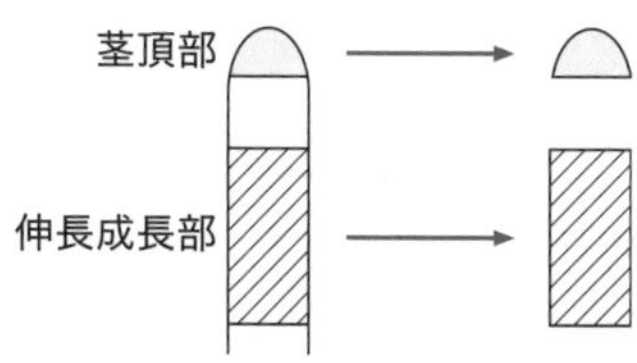

ある植物の芽生えから，右の図のように茎頂部とその少し下の伸長成長部

2

(1)	①	②
	③	④
	⑤	⑥
	⑦	⑧
(2)	①	②
	③	④
	⑤	⑥
	⑦	⑧
(3)		

3

(1)	a	b
	c	
(2)	①	
	②	
	③	
	④	

4

(1)	
(2)	
(3)	
(4)	

とを切り出し，次の実験を行った。

〔実験〕 茎頂部を乳鉢ですりつぶして低温で乾燥し，アセトンで抽出したものを濃縮し，少量の水に溶かした溶液(A液)をつくった。また，芽生えの生育に必要な塩類とショ糖を加えた溶液(B液)を用意した。伸長成長部を異なる4つの実験条件下で，25℃・17時間暗所に置いた後，生のままの重量の変化率〔%〕を調べたところ，表の結果が得られた。

実験	つけた溶液	容器内気体	結果
Ⅰ	B液のみ	窒素ガス	ほぼ増減なし
Ⅱ		空気	5%増加
Ⅲ	A液＋B液	窒素ガス	ほぼ増減なし
Ⅳ		空気	40%増加

記述 (1) 実験Ⅰ，Ⅱの比較から何がいえるか，簡潔に答えよ。

記述 (2) 実験Ⅱ，Ⅳの比較から何がいえるか，簡潔に答えよ。

記述 (3) 実験Ⅲ，Ⅳの比較から何がいえるか，簡潔に答えよ。

(4) A液中の生重量の増加に効果のあった成分は何か。〔横浜市立大－改〕

重要 **5** ［植物の開花］ 次の文章を読み，あとの問いに答えなさい。

アサガオは，夏以降日長が短くなると開花する短日植物で，アブラナのように春に日長が長くなると開花する植物は長日植物とよばれる。このように，日長に応じて反応を示す性質を(A)という。日長と無関係に花芽をつける植物を(B)といい，エンドウなどがある。

ⓐ花芽の分化を誘導するのに重要なのは(C)の長さであり，例えば，短日植物は(C)が(D)を超えたときに花芽を分化する。植物においてこの長さを感知するのは(E)である。1937年にチャイラヒャンは，花芽形成をもたらす物質を(F)とよんだが，現在明らかになっている(F)の実体は，シロイヌナズナの場合，(E)で合成されるFTタンパク質であり，茎頂分裂組織で花芽形成を促進することが確かめられている。

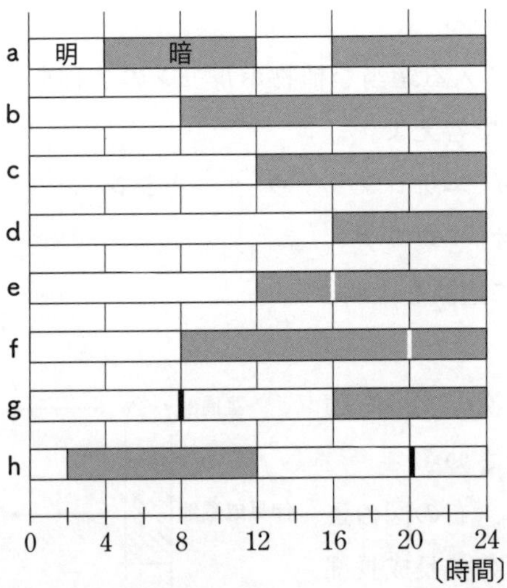

(1) 文章中の空欄A～Fに適語を入れよ。

Hints

4の実験結果から，窒素ガス中では成長が起こらないことがわかる。これは，植物の成長に呼吸で生じるエネルギーが必要であることを推測させる。また，空気中での実験から，アセトン抽出物が植物の生重量の増加を高めることがわかり，成長を促進する物質と推測される。この物質は茎頂部に含まれ，アセトンで抽出・濃縮でき，水にもある程度溶けることから，インドール酢酸(IAA)であると考えられる。

5

(1)	A	
	B	
	C	
	D	
	E	
	F	
(2)	①	
	②	
(3)		

Hints

フロリゲンの存在は，オナモミを使った実験でチャイラヒャン(1937年)が提唱したものだが，21世紀になって日本の荒木崇(あらきたかし)らによって解明された。

(2) 図のａ～ｈのさまざまな明暗周期において，いろいろな植物を育てた。（ Ｄ ）の長さが①11時間の短日植物が開花する条件と，②13時間の長日植物が開花しない条件をａ～ｈからすべて選び，記号で答えよ。なお，図の白い部分は明期，黒い部分は暗期を示す。ｅ・ｆの暗期中の白線とｇ・ｈの明期中の黒線は，それぞれ暗期と明期が一時的に中断されることを示す。

記述 (3) (2)の①の短日植物について，文章中の下線部ⓐを示すためにはどの２条件を比較して，何を確かめればよいか，図のａ～ｈから２条件を２組選び，それらを用いて簡潔に答えよ。［大阪教育大－改］

Hints

暗期の途中に光を照射して連続する暗期の長さを短縮する処理を**光中断**といい，明期の途中に光を消して連続する明期の長さを短縮する処理を**暗中断**という。
5の(2)で，連続する明期の長さで花芽形成が決まるのなら，長日条件下で実験し，明期の途中に暗中断をすれば結果が変化する。連続する暗期の長さで花芽形成が決まるのなら，短日条件下で実験し，暗期の途中に光中断をすれば結果が変わる。実際には，植物は連続する暗期の長さによって花芽形成を行っている。

重要 **6** ［**オナモミの実験**］次の文章を読み，あとの問いに答えなさい。

（ ① ）は（ ② ）で合成され，茎の（ ③ ）を通って移動し，花芽形成を誘導する。（ ① ）の研究には，オナモミがよく利用された。オナモミは（ ④ ）であり，季節の変化にともない，連続した暗期の長さが９時間以上になると花芽をつける。花芽の誘導は暗期の長さを人工的に長くしても引き起こすことができ，この処理を（ ⑤ ）とよぶ。反対に，人工的に明期を長くした処理では開花は誘導されない。

オナモミの開花のしくみを調べるために，下の図（Ａ～Ｄ）の植物体の葉の一部に対して短日処理を行った。Ｂ～Ｄは短日処理の前に＊印で示した位置で接ぎ木を行った。そのときに，Ｃの左側の植物体からすべての葉をとり除いた。また，Ｄの右側の植物体の接ぎ木をした部分より上部で，環状除皮をほどこした。なお，環状除皮とは茎の形成層から外側の部分をとり除くことをいう。

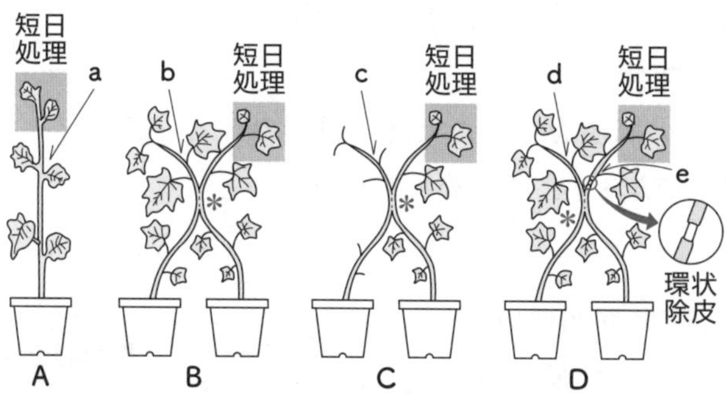

(1) 文章中の空欄①～⑤に適語を入れよ。

(2) Ａ～Ｄのそれぞれの植物体のａ～ｅの矢印で示した枝に花芽は形成されるか。形成される場合は○，形成されない場合は×で答えよ。

［島根大－改］

6

(1)	①	
	②	
	③	
	④	
	⑤	
(2)	a	b
	c	d
	e	

Hints

フロリゲンは接ぎ木によってつながった植物体間を移動できるが，師管を通るため，形成層の外側をとり除く環状除皮をするとその部分を越えては移動できない。

STEP 3 チャレンジ例題 4

解答→別冊50ページ

1 例題チェック ［伝導の電位変化］

軸索に電極を置き，細胞膜内外（A）と細胞膜表面（B）の電位変化を静止時と興奮伝導時に測定した。次の問いに答えなさい。ただし，b電極を基準にしてa電極に現れる電位変化を示す。

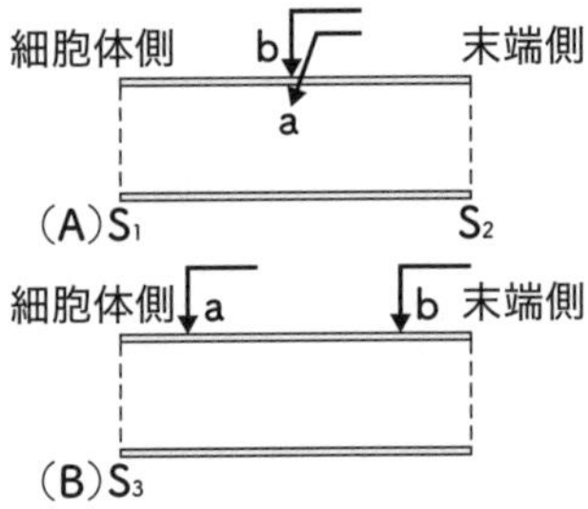

(1) 静止時では（A），（B）はそれぞれどうなるか，正しいものを選べ。

ア 電位差なし　**イ** bは正　**ウ** bは負

(2) 右上の図のS_1，S_2，S_3に限界値（閾値（いきち））以上の刺激を与えたとき，次の**ア**～**ク**のいずれの電位変化が測定できるか，それぞれ答えよ。なお，同じ記号を何度選んでもよい。［麻布大］

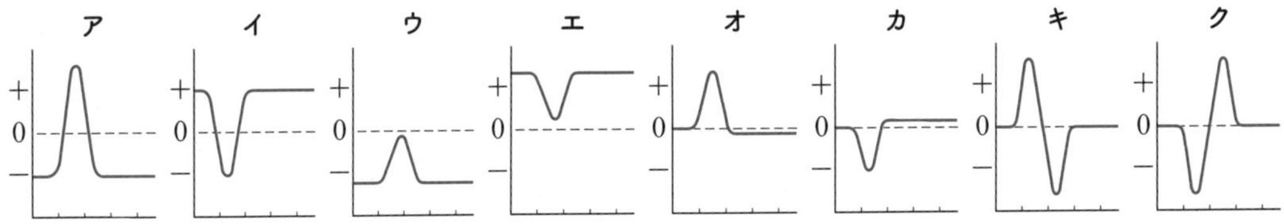

解法 (1)（A）ではbの基準電極に対して，aの測定電極の変化を考える。静止時にはナトリウムポンプのはたらきで，細胞内の電位が約60 mV低いので［①　　　］になる。（B）では両電極ともに細胞外にあるので［②　　　］になる。

(2) S_1，S_2に刺激を与えた場合，a，bが同じ位置にあり，軸索内の伝導は両方向に進むので，S_1は［③　　　］，S_2は［④　　　］になる。S_3の場合は測定電極aに興奮が先に伝導して［⑤　　　］になるので［⑥　　　］になる。

2 類題 ［伝導の電位変化］**1**のaとbの位置を逆にした場合について，次の問いに答えなさい。

(1) 静止時では（A），（B）はそれぞれどうなるか，正しいものを選べ。

ア 電位差なし　**イ** bは正　**ウ** bは負

(2) S_1，S_2，S_3に限界値（閾値）以上の刺激を与えたとき，**1**(2)の**ア**～**ク**のいずれの電位変化が測定できるか，それぞれ答えよ。

2

(1)	(A)	(B)
(2)	S_1	S_2
	S_3	

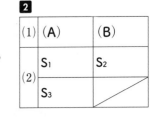

3 例題チェック ［動物の周期的活動］

ある夜行性動物を，一定温度，12時間明期（6～18時），12時間暗期（18～6時）の光条件で最初の5日間飼育し，6日目からは，1日中暗条件（恒暗条件）で飼育した。右の図は，20日目までの行動を記録したもので，太線部分が活動時期，細線部分は休息時期を示している。これについて，次の問いに答えなさい。

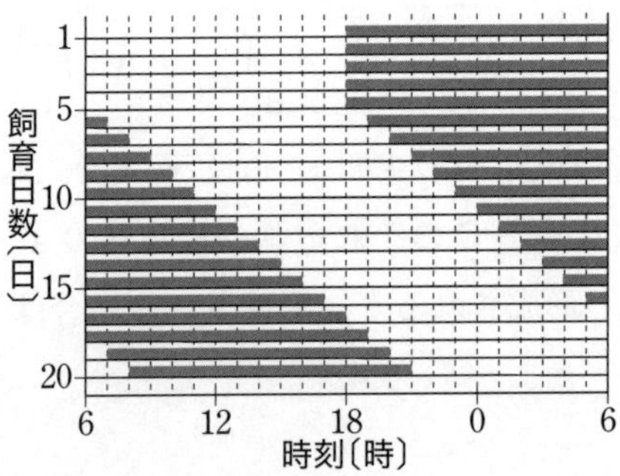

(1) 最初の5日間における，この動物の行動周期は何時間か。
(2) 6日目からの恒暗条件でのこの動物の行動周期は何時間か。
(3) (2)のような周期は何とよばれているか。
(4) 恒暗条件にしてから24日目には，この動物は何時から何時まで休息していると考えられるか。

解法 (1) 毎日18時に活動を開始しているので[①　　　]時間になる。
(2) 活動開始時刻が1時間ずつ[②　　　　　]いるので[③　　　]時間になる。
(3) おおむね1日を周期とする活動なので[④　　　　　　　　　]とよぶ。
(4) 恒暗条件にしてから23日目の活動時期は，16時～5時までの13時間であるから，その後の休息時期は，23日の5時から12時間である。1時間が23日目に入っているので，24日目は[⑤　　　　　　　　]まで休息している。

4 例題チェック [オーキシンの移動]

マカラスムギの芽生えの最先端部と伸長成長部の間を切りとり，上下にオーキシンを含む寒天片と含まない寒天片を右の図のように置いて，暗室内で放置した。オーキシンを含む寒天から，含まない寒天にオーキシンが移動するのは，図のA～Dのいずれの場合か，考えられるものをすべて記号で答えなさい。

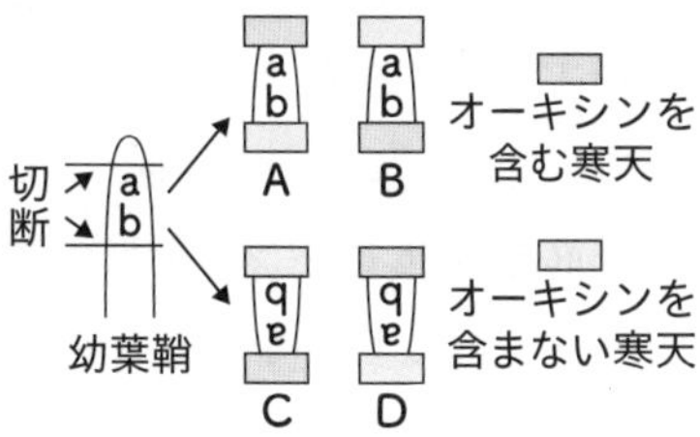

解法 オーキシンは，茎や芽生えの[①　　　　　]で合成され，下方に移動し，[②　　　　　　　]に達して，その部位の細胞を伸長成長させる。しかし，オーキシンの移動は，細胞膜に含まれる[③　　　　　　　　]と[④　　　　　　]とよばれるタンパク質のはたらきによる。[③]は細胞の茎や芽の先端側に，[④]は細胞の基部側，つまり根に近い側に集中して存在する。結果的に，オーキシンは茎や芽の先端側，つまり図の[⑤　　　]の側から基部側，つまり図の[⑥　　　]の方向にしか移動しない。このような生物体に備わる方向性を[⑦　　　　　]といい，これに従ったオーキシンのような移動を[⑧　　　　　　]という。[⑧]は，重力の方向に左右されない。
[⑨　　　　　]

5 類題 [光照射とオーキシン]

マカラスムギの芽生えを先端からそのやや下方部を含む範囲で切りとり，その切り口に左右に分けた寒天片をしいた(図の①)。これに，先端部(図の②)およびやや下方部(図の③)をスズはくでおおった上で，左から光をあてた。数時間後，a～dの寒天片に含まれるオーキシン濃度を測定した。濃度の濃いほうから順に，＞や＝の記号を使って例にならって示しなさい。　〔解答例〕 X＞Y＝Z

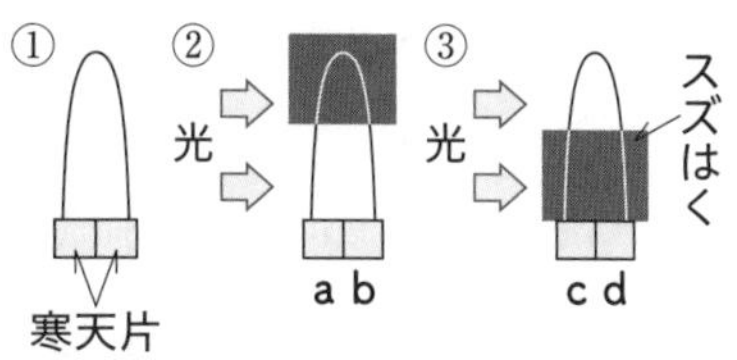

5
[　　　　　　　]

STEP 3 チャレンジ問題 4

解答→別冊51ページ

難問 **1** 人の神経系に関する次の文章を読み，あとの問いに答えなさい。

大脳のはたらきは，中心溝を境にして前半分と後半分で大きく異なる。前半分は主として外界へのはたらきかけに関与し，後半分は外界からの情報処理に関与している。

人が意識的な動作を行うとき，まず，大脳の最前部にある前頭前野で運動の意思決定がなされる。次いで，中心溝の前に位置する(①)野の一次ニューロンが興奮する。一次ニューロンは(②)神経であるため，活動電位は(③)のランビエ絞輪(こうりん)を次々と伝わる。これを，(④)という。一次ニューロンの 90 %は延髄で交さして反対側に移り，脊髄の外側を下行する。

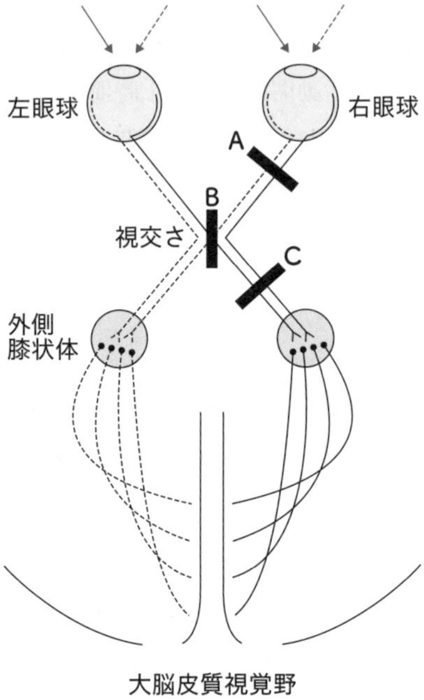

下行してきた一次ニューロンは,脊髄前角で,二次ニューロンである脊髄前角細胞と(⑤)を構成し，運動の指令を伝達する。二次ニューロンは，前根(腹根)となって脊髄を出て，a末しょう神経系として目的とする骨格筋に到達し，神経筋接合部で(⑤)を構成する。二次ニューロンの活動電位がここに到達すると，(⑥)が放出される。

b筋繊維の表面にある受容体に(⑥)が結合すると筋繊維に活動電位が生じ，活動電位が筋繊維全体に伝わることで筋収縮が引き起こされる。

次に，外界からの情報処理について，視覚を例に説明する。外部からの光は，角膜を通過し，(⑦)で屈折した後，ガラス体を経て，網膜に像が結ばれる。網膜には，(⑧)細胞とc錐体(すいたい)細胞の２種類の視細胞があり，光を吸収すると反応し，視神経細胞を興奮させる。

視覚情報は，右上の図のように，どちらの眼球においても，網膜の右半分の情報は右の脳へ，左半分の情報は左の脳へ伝達される。左眼球を例に説明すると，耳側の網膜の情報はそのまま左の脳へ伝達されるのに対し，鼻側の網膜の情報は反対側の右の脳に伝達される。すなわち，両眼球の鼻側の網膜の情報を伝える視神経は，大脳底部で交さするのである。この場所を，視交さという。左右の視野に分かれた網膜の情報は，外側膝状体を経て，後頭葉の大脳皮質視覚野へ伝達される。

(1) 文章中の空欄①～⑧に適語を入れよ。

①(　　　) ②(　　　) ③(　　　) ④(　　　)

⑤(　　　) ⑥(　　　) ⑦(　　　) ⑧(　　　)

(2) 下線部a末しょう神経系に関する右の図の［A］～［E］に適語を入れ，図を完成させよ。

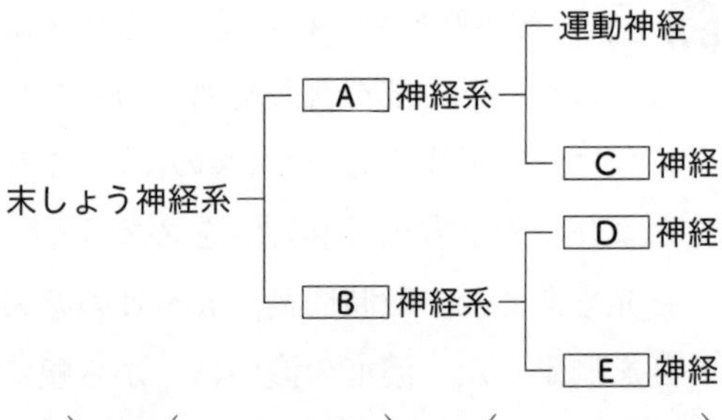

A(　　　) B(　　　) C(　　　) D(　　　) E(　　　)

(3) 下線部b筋繊維は，円筒形の細胞であり，細胞質には筋原繊維が長軸に沿って走っている。筋原繊維を電子顕微鏡で観察すると，サルコメア(筋節)という単位で構成されていることがわかる。このサルコメアが短縮することで筋肉が収縮する。筋肉が弛緩(しかん)しているときと収縮しているときのサルコメアのようすを，違いがわかるように，「Z膜」,「アクチンフィラメント(細いフィラメント)」,「ミオシンフィラメント(太いフィラメント)」の構造物を用いて，図で説明せよ。

(4) 下線部c錐体細胞に関する記述で正しいものを，次の**ア**～**エ**から１つ選べ。　(　　　)

ア 錐体細胞には３種類あり，それぞれ，青色，緑色，紫色の光に強く反応する。

イ 錐体細胞は，遠近調節を行っている。

ウ 錐体細胞は，弱い光でも感じとることができるが，色の区別はできない。

エ 錐体細胞は，視野の中心に相当する部分(黄斑)に集中して分布している。

(5) 図のA，B，Cで視覚の情報が遮断(しゃだん)されると，それぞれ特徴的な視野の欠損が生じる。A，B，Cに該当する視野欠損の状態を，次の**ア**～**カ**から選べ。ただし，左右の楕円(だえん)は，左右の眼球の視野を示す。また，黒い部分は，視野が欠損している箇所である。
A(　　　)
B(　　　)
C(　　　)

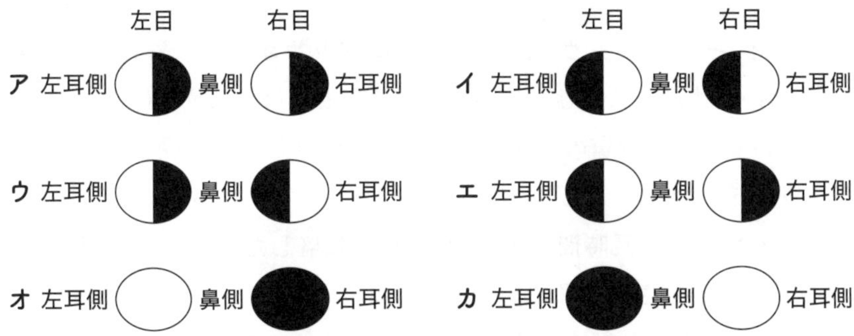

［東北大－改］

重要 **2** アズキの芽生えを用いた実験について，次の問いに答えなさい。

記述 (1) 暗所で生育させた芽生えの上胚軸(茎)に10 mm間隔に印をつけ，上から順に部位A，B，Cとした(**図１**)。印をつけた芽生えを暗所で１日間生育させ，各部位の長さを測定した。測定した３つの部位の長さを比べると，どのような結果になるか，簡潔に答えよ。

(　　　　　　　　　　　　　　　　　　　　)

図1

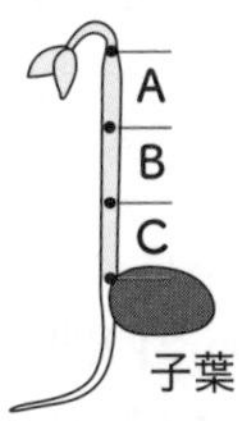

茎に印を付けた
アズキの芽生え

図2

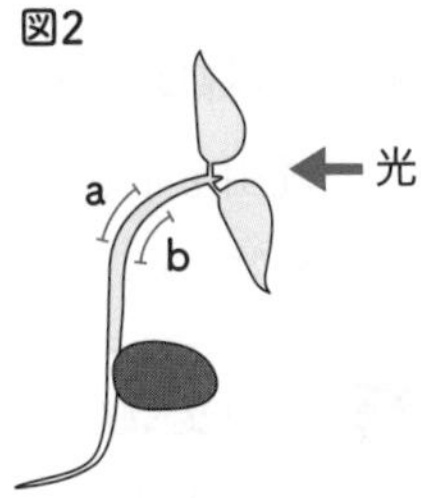

光屈性によって
屈曲している茎

記述 (2) 光屈性によって屈曲している茎の屈曲部位のa側とb側からピンセットを用いて表皮をはぎとった(**図２**)。顕微鏡によりa側とb側の表皮細胞の長径の長さを比べると，どのような結果になるか，簡潔に答えよ。

(　　　　　　　　　　　　　　　　　　　　)

図3

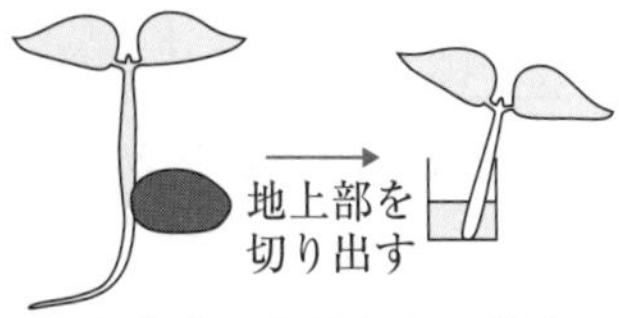

切り出した地上部の培養

(3) 明所で生育させた芽生えの地上部を切り出し，切断面を水につけて，明所で3日間培養した(**図3**)。培養後の茎の下部には根が発生していた。このような根を何とよぶか。

(　　　　　)

(4) (3)のような発根を誘導する植物ホルモンは何か。　(　　　　　)

［大阪公立大－改］

重要 **3** 次の文章を読み，あとの問いに答えなさい。

右の図は，5種類の植物 **a**～**e** について，1日あたりの日照時間をいろいろ変えて栽培したときの花芽形成までに要する日数を示したものである。なお，温度などの栽培条件はすべて同じにした。

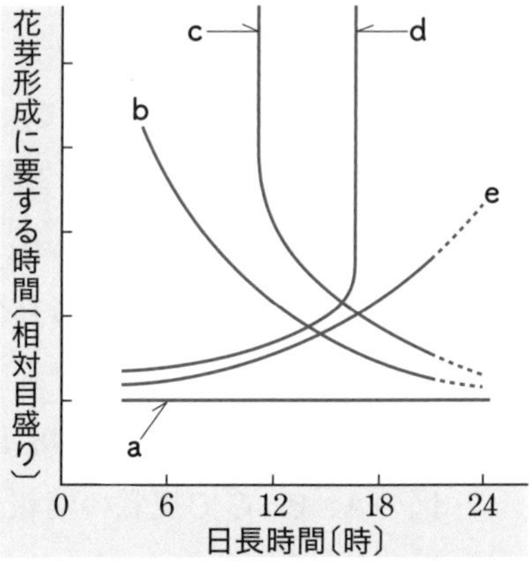

(1) 花芽形成のように，生物が日長の影響を受けて反応する性質を何というか。　(　　　　　)

(2) 植物 **a** および **c** と同じようなグラフを示すタイプの植物は，それぞれ何とよばれるか。

a(　　　　　)　**c**(　　　　　)

(3) 植物 **a** および **d** と同じようなグラフを示すタイプの植物を，次の**ア**～**カ**から2つずつ選べ。

a(　　，　　)　**d**(　　，　　)

ア ホウレンソウ　**イ** キュウリ　**ウ** オナモミ　**エ** アサガオ　**オ** ダイコン　**カ** トマト

(4) 植物体内でつくられ，花芽形成に関与している物質は何とよばれるか。(　　　　　)

(5) **c** や **d** の植物において，(4)の物質の分泌を起こすきっかけとなる光受容タンパク質は何とよばれるか。

(　　　　　)

(6) 植物 **a**～**e** を1日あたりの日長時間を10時間にして栽培した場合，花芽形成が見られるものをすべて選び，早く形成される順に記号で答えよ。　(　　　　　)

記述 (7) 秋に開花するキクを，自然より遅く開花させるにはどのような処理を行えばよいか。簡潔に答えよ。(　　　　　)

記述 (8) 低緯度の熱帯地方に多く生育しているのは，**a**，**c**，**d** のいずれのタイプの植物か。その理由も簡潔に答えよ。

植物(　　　)　理由(　　　　　)

［東京慈恵会医科大－改］

重要 **4** 次の文章を読み，あとの問いに答えなさい。

ヒトの光の受容器である眼では，角膜を通り瞳孔から入った光は水晶体で屈折し，ガラス体を通って網膜に到達して像を結ぶ。眼に入る光の量は(①)の筋肉によって瞳孔の大きさを変えて調節している。また，ₐピントは毛様体によってチン小帯が引かれたりゆるんだりして，水晶体の厚さを変化させることで調節している。網膜には錐体(すいたい)細胞と桿体(かんたい)細胞とよばれる2種類の視細胞が含まれる。ᵦ錐体細胞は明るいところで色の違いを識別するはたらきをになっている。

一方，桿体細胞は色の感覚には関与しないが，光に対する感度が高く，うす暗いところでものを見るときに役立つ。光の刺激によって視細胞で生じた興奮は，(②)を介して大脳に伝えられる。(②)の細胞は，刺激を受けると，c細胞膜にある(③)が開いて(④)が細胞内に流入し，細胞内の電位が一時的に上昇することで活動電位を生じる。その後(③)はすぐに閉じ，d(⑤)が開いて(⑥)が細胞外に流出するため，細胞内の電位はもとに戻る。e細胞内に流入した(④)は，細胞膜にある(⑦)によって外に運び出され，かわりに(⑥)が細胞内にとり込まれることで，細胞内外には常に(④)と(⑥)の濃度差が生じている。

昆虫は，複眼や単眼といった光の受容器をもっている。多くの昆虫には，光刺激のほうに向かっていく正の(⑧)がある。この性質を利用して，夜間の昆虫採集には「ライトトラップ」とよばれる方法がよく用いられる。これは，暗い野外に照明をつけて，そこに集まる昆虫を捕まえる方法である。ライトトラップに用いる照明には，紫外線付近の短い波長の光を多く含むランプが用いられることが多い。これは，f多くの昆虫の視細胞が紫外線に反応する特性をもっているからである。

(1) 文章中の空欄に適語を入れよ。 ①(　　　) ②(　　　)
③(　　　) ④(　　　) ⑤(　　　)
⑥(　　　) ⑦(　　　) ⑧(　　　)

記述 (2) 下線部aについて，遠くを見るときの毛様体，チン小帯，水晶体の挙動について40字以内で答えよ。(　　　)

難問 (3) 下線部bについて，ヒトは錐体細胞によって，ミツバチは複眼の視細胞によって色を識別している。右下の図はヒトの錐体細胞とミツバチの複眼の視細胞の感度と光の波長(色)との関係を示したものである。ヒトの錐体細胞もミツバチの視細胞も，よく反応する光の波長によって3種類に分けられる。図を参考に次の(i)と(ii)に答えよ。

記述 (i) ヒトやミツバチが色を識別するしくみを40字以内で答えよ。
(　　　)

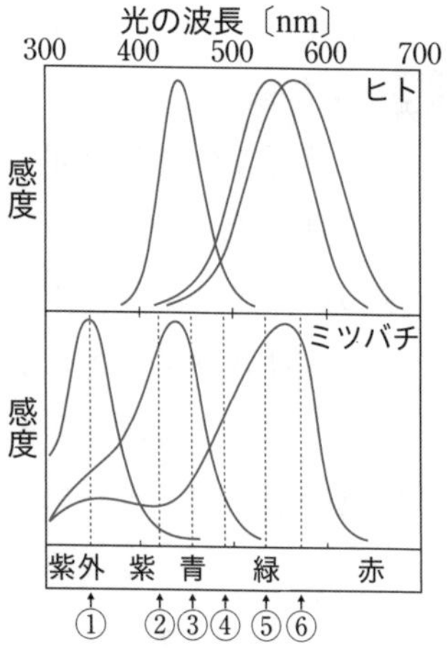

(ii) ミツバチに，図の矢印で示した①～⑥の波長の光のうち2つの波長の光を見せたとき，ミツバチが最も区別しづらいと予想される色の組み合わせは次のア～エのうちどれか答えよ。ただし，光は十分に強いものとする。(　　　)

ア ①と②　**イ** ③と④　**ウ** ④と⑤　**エ** ⑤と⑥

(4) 下線部c～eについて，次の(i)と(ii)に答えよ。

(i) cやdのしくみ，eのしくみをそれぞれ何というか，答えよ。
cやd(　　　) e(　　　)

記述 (ii) eの過程において必要なエネルギーはどのように供給されているか，50字以内で答えよ。
(　　　)

(5) 下線部fについて，このように感覚細胞が受け入れることのできる刺激を一般に何というか，答えよ。(　　　) 〔神戸大－改〕

個体群

STEP 1 基本問題

解答→別冊52ページ

重要 **1** [個体群の成長] 培養液を入れたビーカーにミジンコを放し，一定環境下でその個体数変化を調べた。次の問いに答えなさい。

(1) 右の図の a は，一定の環境下でビーカー内に存在できる個体数の上限値である。この値を何というか。
( )

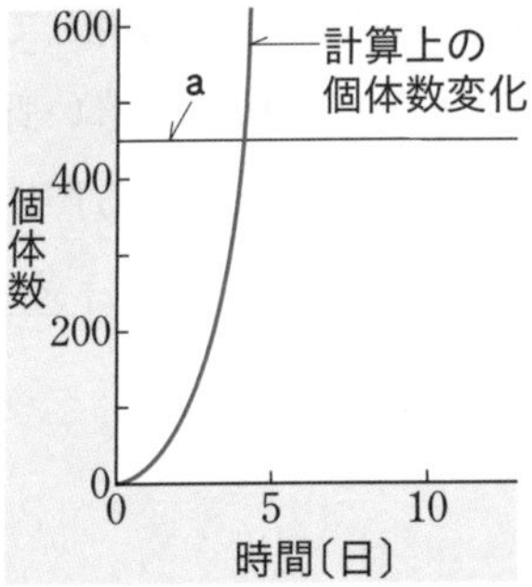

(2) 計算上の個体数変化が右の図のとき，実際の個体数変化を図に描き入れよ。

(3) 右の図のようなグラフを何というか。( )

(4) 計算上の個体数変化と実際の個体数変化が異なるのは，個体数増加につれて個体の発育や生理が変化するためである。このような変化の要因を何というか。 ( )

(5) (4)が個体の形態や行動に影響し，個体群密度の違いによって生じる個体の形質のまとまった変化を何というか。また，個体群密度が小さいときと大きいときの状態をそれぞれ何というか。
変化( ) 小さいとき( ) 大きいとき( )

重要 **2** [生存曲線] 次の文章を読み，あとの問いに答えなさい。

自然界で生まれた卵のすべてが成体まで生き残るわけではなく，多くは環境の変化や天敵による捕食のため，成体になる前に死亡する。生まれた卵の数を一定数に置きかえ，それが時間とともにどれだけ減少するかを示した表を(a)という。右の図は，これをもとに，相対的な年齢を横軸に，同例の個体数を縦軸にとり，グラフで示したものである。このようなグラフを(b)という。

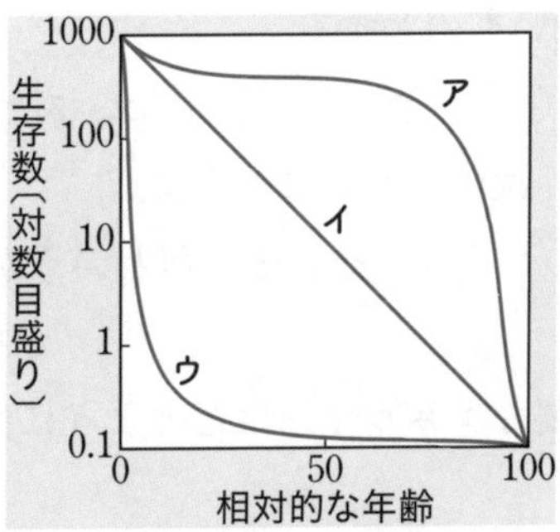

(1) 文章中の空欄に適語を入れよ。
a( ) b( )

記述 (2) 図のア～ウのうち，幼齢時の死亡率が最も低いものを記号で答え，その理由を推測せよ。
記号( ) 理由( )

Guide

確認 個体群の成長

同種生物の集まりを**個体群**といい，個体群を構成する個体数や**個体群密度**(単位空間あたりの個体数)の増加を**個体群の成長**という。個体群の成長は，当初加速度的な増加となるが，やがて増加はゆるやかになり，**環境収容力**を限度に安定する。そのため個体群の成長曲線は，横に引き伸ばしたＳ字状になる。

用語 生命表

ある時点で生まれた卵や子が，成長につれて，どれだけ生き残るかを示した表。

用語 生存曲線

生命表の年齢と生存数の関係をグラフ化したもの。グラフには，**2**の設問の図のように3つの型がある。縦軸を対数目盛りで表すことが多く，この場合**2**のイの型は生涯を通じて死亡率が一定であることを示す。ウの型は初期死亡率が高いことを示し，産卵数が多く，親が子の保護をしない生物に多い。一方，アの型は親の保護があつく，産卵(子)数は少ないのがふつうである。

(3) 図の**ア**～**ウ**のうち，生育環境が変化することで集団の大きさが最も激しく変化すると考えられるものを記号で答えよ。(　　　)

(4) 次の生物を，図の**ア**～**ウ**に分類し，記号で答えよ。

ヨトウガ(　　　)　ミツバチ(　　　)　ツバメ(　　　)

サケ(　　　)　ヒツジ(　　　)　トカゲ(　　　)　〔長崎大－改〕

3 〔**個体群内の相互作用**〕次の文章を読み，あとの問いに答えなさい。

同種生物は，食物や環境が同じため，個体間に激しい(a)が起こる。この関係は互いに不利益なので，これを回避し個体群を安定的に保つはたらきがある。個体間に優位・劣位ができる(b)はその１つで，これによって個体間の不要な争いが回避され，互いの不利益が軽減される。ニワトリの(c)はその一例である。

個体が特定の空間を占有する(d)も(a)を回避するしくみとして重要である。(d)の維持には，①維持の利益が維持に必要なコストを上回る必要がある。

個体群内の個体間に，役割の違いがあることを(e)という。リーダーやボスとよばれる特定の個体が，個体群や群れを統率することもあり，これも(e)の１つといえる。これらのさまざまな関係により，個体群内に複雑な組織化が見られる場合，これを動物の(f)とよぶ。(f)をもつ動物には，哺乳類などの脊椎動物と昆虫類があり，②両者の(f)にはいくつかの違いが見られる。

(1) 文章中の空欄に適語を入れよ。a(　　　)　b(　　　)

c(　　　)　d(　　　)　e(　　　)　f(　　　)

(2) 下線部①について，ある個体群でのdの大きさと利益またはコストの関係を右の図に示した。この個体群について，次の問いに答えよ。

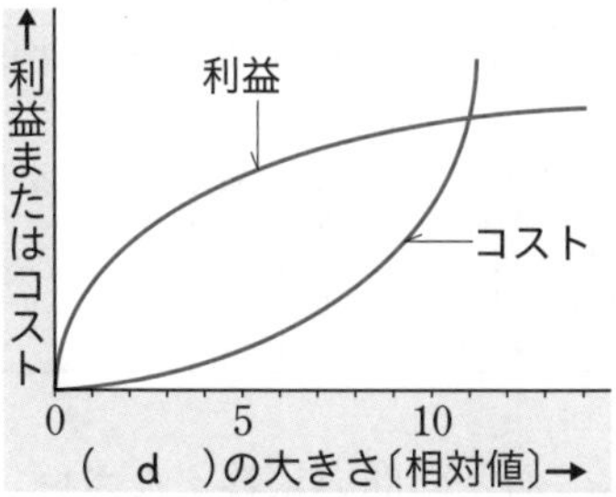

A．dの大きさの範囲は理論上いくらか，3～7のように相対値で答えよ。(　　～　　)

B．最も適当なdの大きさは理論上いくらか，図からおよその値を求め，相対値で答えよ。(　　　)

C．個体群密度が増えたとき，dの大きさはどうなるか。

(　　　)

記述 (3) 下線部②について，脊椎動物のfと昆虫類のfの違いを２つ書け。(　　　　　　)

(　　　　　　)

確認 **個体群内の相互作用**

個体群内にはさまざまな相互作用が存在する。特に，同種の動物は，同じ食物を食べ，同じ場所で生活するため，激しい**種内競争**が起こる。動物個体群内には種内競争を回避するため，さまざまな相互作用が見られる。

▶**順位**…個体群内に優位・劣位の関係ができ，それによって不必要な争いを避ける。ニワトリのつつきの順位などがある。

▶**縄張り**…個体やつがい，群れが一定の行動圏を占有し，同種の他個体を入れない空間のことをいう。**テリトリー**ともよばれる。アユの食物確保の縄張りや多くの動物における繁殖の縄張りが有名である。**マーキング**などによって縄張りを誇示し，不要な争いを避けている。

▶**社会**…哺乳類や鳥類・昆虫類(**社会性昆虫**)では，個体間の分業などを含む複雑な社会が見られる。昆虫の社会では，各個体の役割は固定的で，形態も役割によって異なる。

用語 **群れ**

動物個体群で，統一的な行動をとる同種個体の集まりをいう。種内競争の拡大や感染症の蔓延(まんえん)という問題もあるが，外敵に対する警戒や食物の確保，繁殖行動の容易さから，群れをつくる動物は多い。

STEP 2 標準問題

解答→別冊53ページ

1 [個体数の推定] 次の文章を読み，あとの問いに答えなさい。

池の中の魚の数を調べるために，投網(とあみ)を用いて採集を行った。その結果捕まえた魚の中に，48頭のコイがいた。さらに詳しく調べるために，コイに皮下注射でカラーマークをつけ，池に放流した。数日後再度採集を行ったところ，50頭のコイが採集され，そのうち10頭にマークが認められた。この池に生息するコイの推定個体数を N とすると，次の比例関係がなりたつ。

N :（ ① ）=（ ② ）:（ ③ ）

この式から池の中に生息するコイの個体数 N は（ ④ ）と推定された。

(1) 文章中の空欄①～④にあてはまる数値を入れよ。

(2) このような個体数推定法を何というか。

(3) この推定を行うとき，成り立たなければならない前提がある。次の中から正しいものを3つ選び，記号で答えよ。

ア 放流から2回目の採集までコイの大量死がない。

イ 1回の網に入るコイの数がほぼ一定である。

ウ 池につながる水路から多量のコイが入ってくることが可能。

エ カラーマークによって，コイの行動や生存率が変わらない。

オ 池につながる水路にコイが出ていかない。　［弘前大－改］

1

(1)	①	②
	③	④
(2)		
(3)		

Hints

標識再捕法では，1回目の採取個体数と全個体数の比が，2回目の採取個体のうちの標識個体と全採取個体の比と一致することで個体数を推定する。移動性のある動物で用いられる。一方，移動性のない植物などでは，特定の区画の個体数を調べ，全体の個体数を推定する区画法を用いることが多い。

2 [相変異] 右下の表は，相変異を行うトノサマバッタの孤独相と群生相の個体の形態を比較したものである。次の問いに答えなさい。

(1) 表中の空欄 a，c，e，g に適語を入れよ。

(2) トノサマバッタ以外で相変異が見られる生物を1つあげよ。

	孤独相	群生相
体色	緑色・茶色などの（ a ）	黒色・黄色などの（ b ）
はね	小さい	大きい
後あし	大きく発達	小形で発達せず
胸部背面	丸く盛り上がる	平ら
移動性	（ c ）	（ d ）
集合性	（ e ）	（ f ）
発育・成長	（ g ）	（ h ）

2

(1)	a	
	c	
	e	
	g	
(2)		

重要 **3** [齢構成] 次の文章を読み，あとの問いに答えなさい。

右の表は，ある動物個体群の生命表である。生命表中の生存数の変化をグラフにかいたものを生存曲線という。実際には生存曲線は多様だが，Ⓐ<u>大きく3つの基本形に分類される</u>。通常，生存曲線の縦軸は生存数を対数目盛りで表す。したがって，各齢段階の死亡率

年齢	生存数	死亡数	死亡率(%)
0	904	42	4.6
1	（ a ）	74	（ b ）
2	788	242	（ c ）
3	546	360	65.9
4	186	（ d ）	81.7
5	34	34	100.0
6	0	−	

Hints

密度効果のうち，個体群密度が一定値を超えると，著しい形態や行動などの変化が起こる現象を**相変異**という。群生相では，ほかの生物を驚かせる派手な色彩(警告色)となり，集合性があり，移動性は高くなる。

が一定の場合，グラフの形状は(①)になる。一方，実際の個体群は，いろいろな齢の個体で構成されている。ある時期の個体群を齢ごとの個体数または個体数の割合で示し，それを齢階級別に積み上げたものを(②)という。(②)も，大きくⒷ幼若型，安定型，(③)の3つに分けられ，個体群の将来の動向を予測できる。

(1) 文章中の空欄に適語を入れよ。

(2) 表中の **a** ～ **d** に適当な数値を入れよ。ただし，小数第2位を四捨五入せよ。

記述 (3) 下線部Ⓐで，生存曲線が3つの基本形に分類される背景には，それぞれの生物の生活史に関わる要因が大きく関与している。特に動物に関して考えられる要因を2つ答えよ。

(4) 表の動物と似た生存曲線の動物を次から2つ選び，記号で答えよ。

ア ネコ　**イ** ヒドラ　**ウ** ウグイス　**エ** ウニ　**オ** ヒト　**カ** カキ

記述 (5) 下線部Ⓑの幼若型の(②)を示す個体群の特徴を，その個体群の将来も含めて簡潔に答えよ。　〔北海道大－改〕

4 **［個体群密度と個体重］** 次の文章を読み，あとの問いに答えなさい。

植物は，光合成によって生活し，成長する。農業では水田などに作物を植え，ある期間育てた後に目的の生産物を収穫する。その収穫量を増やすためにいろいろな研究が行われている。収穫量は，作物を育てた期間に植物が蓄えた有機物の量で決まる。そこで，一定面積の畑に，ダイズの種子の数(密度)を変えてまき，その後のダイズの成長と収量について調べた。成長はダイズ1個体の平均の乾燥重量で表し，収量は単位面積あたりの乾燥重量で表した。**図1**と**図2**はその結果である。なお，実験では水は十分に与えている。

図1

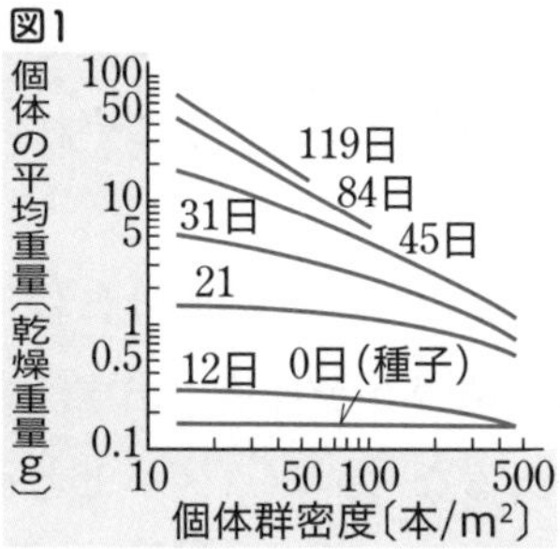

図2

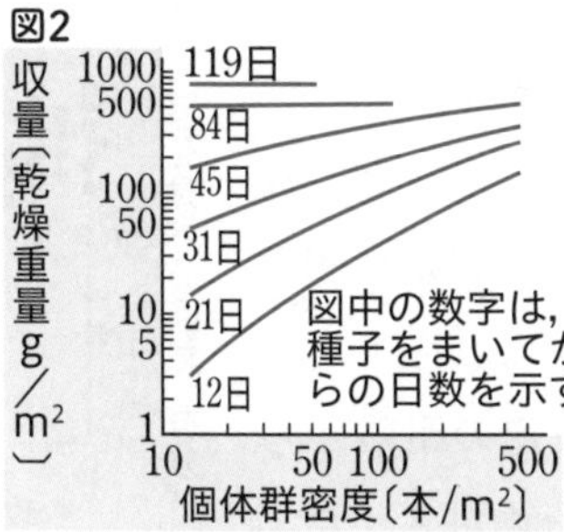

記述 (1) **図1**から，日がたつにつれて密度と個体の成長との関係はどのように変化したか，簡潔に答えよ。

記述 (2) **図2**から，実験開始後，日がたつにつれて密度と収量との関係はどのように変化したか，簡潔に答えよ。

(3) この実験に関する次の文章の空欄に適語を入れよ。

実験は，単位面積あたりの個体群密度をいくら(①)しても，

3

(1)	①		
	②		
	③		
(2)	a	b	
	c	d	
(3)			
(4)			
(5)			

Hints

年齢ピラミッドの解析は，生存曲線の型を考えないと判断を間違えることもある。ヒトのような初期死亡率の低い生物では，年齢ピラミッドが安定型の場合，将来個体数が増える可能性が高い。一方，イワシのような初期死亡率が高い生物では，幼若型でも将来個体数が増加するとは限らない。

Hints

個体群密度を変えて植物の種子をまいても，単位面積あたりの収量は最終的にほぼ同じになる。種内競争の結果，単位面積あたりの，照射される光量と土壌中の養分量によって植物の成長が決まることによる。

そこから得られる収量には(②)があることを示しており，この現象は密度効果の1つである。個体群密度を(①)したとき，1個体あたりの重量が(③)するのは，葉が(④)を得るために広がる空間と，土壌中の(⑤)をめぐる競争が起こるためである。

重要 **5** **[縄張りと群れ]** 次の文章を読み，あとの問いに答えなさい。

動物の個体は，同種の他個体とさまざまな関係をもちながら生活している。縄張りとは，単独または複数の個体が，他個体を排除し占有する区域のことである。さまざまな動物が縄張りをもっており，縄張りの役割もいくつかある。例えば，石の表面のケイ藻を食べるアユは，単独で縄張りを維持し成長する。個体群密度があるレベル以上に高くなると，アユは縄張りを放棄し群れアユとなる。アユは秋になると，河口付近まで下って繁殖する。シオカラトンボの雄は，池などの水辺で同種の雄を排除する縄張りをもち，縄張りを訪れる雌と交尾をする。一方，群れをつくる動物も多い。構成メンバーは，群れをつくることにより効率よく食物を見つけるなどの利益を得る。

(1) 縄張りの防衛には，直接的な攻撃行動のほかにどのような方法があるか，また，その方法をとる動物の名まえを1つずつあげよ。

(2) アユとシオカラトンボの縄張りには，それぞれ何を確保する役割があるか答えよ。

記述 (3) ボウズハゼがすむ河川では，アユは，縄張りに侵入する魚のうち，同種個体とこのハゼのみを縄張りから追い出す。もし，攻撃行動が縄張りの維持に意味があるなら，ボウズハゼとそのほかの魚が食べる食物はどのようなものであると推定されるか，簡潔に答えよ。

記述 (4) 密度があるレベル以上になると，なぜアユは縄張りを放棄するのか，**図1**を参考にし，簡潔に答えよ。

図1

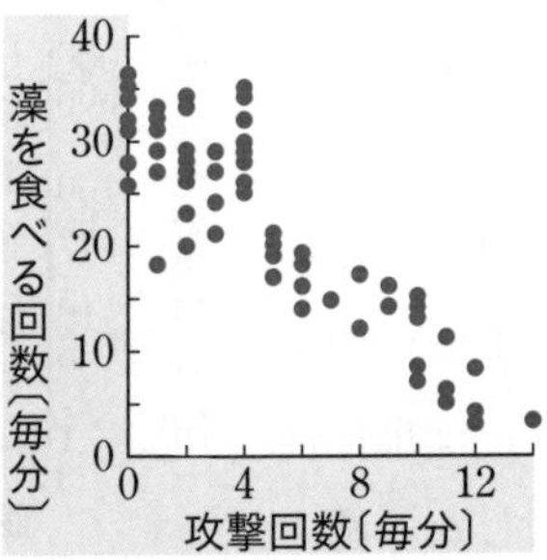

記述 (5) **図2**は，オオタカを一定の距離から放し，モリバトの群れを攻撃させた実験の結果である。

① **図2a**からわかることを簡潔に答えよ。

② **図2b**から考えて，**図2a**の結果になる理由を簡潔に答えよ。

[大阪公立大－改]

図2a

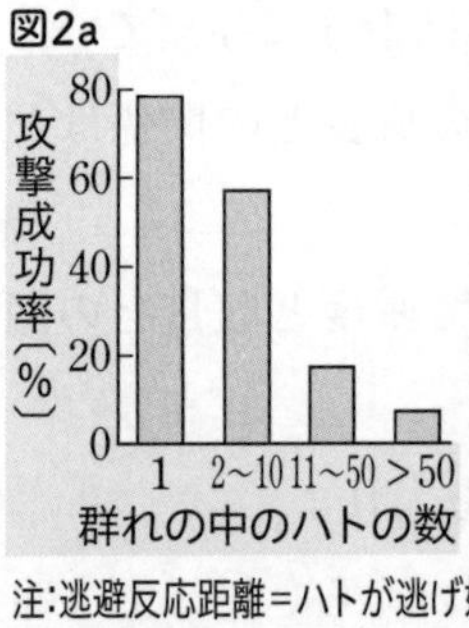

図2b

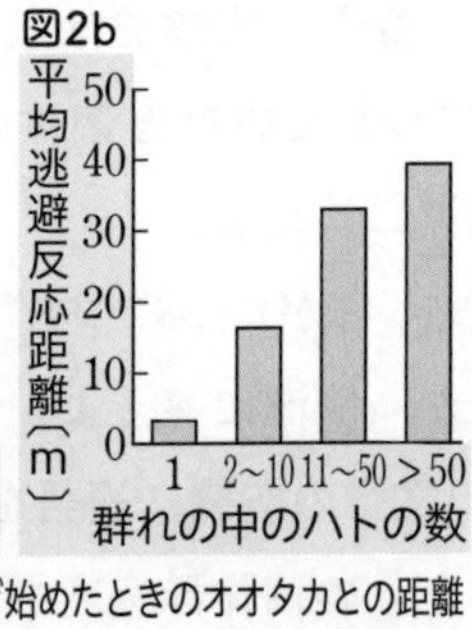

注:逃避反応距離＝ハトが逃げ始めたときのオオタカとの距離

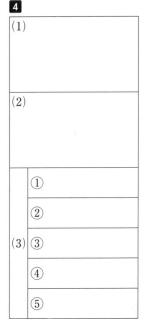

4

(1)		
(2)		
(3)	①	
	②	
	③	
	④	
	⑤	

5

(1)	方法	
	動物	
(2)	アユ	
	トンボ	
(3)	ボウズハゼ	
	ほかの魚	
(4)		
(5)	①	
	②	

6 ［つつきの順位］ ニワトリを群れで飼うと，他個体の後頭部をつつく行動が観察された。右下の表は，８羽のニワトリの群れで，つつく個体とつつかれる個体の関係を調べた結果である。○はつつく行動が見られたこと，空欄はつつく行動が見られなかったことを示す。次の問いに答えなさい。

つつく個体＼つつかれる個体	A	B	C	D	E	F	G	H
A	＼			○	○	○		
B	○	＼	○	○	○	○	○	
C	○		＼	○		○		
D				＼				
E			○	○	＼	○		
F				○		＼		
G	○		○	○	○	○	＼	
H	○	○	○	○	○	○	○	＼

(1) この行動からわかる８個体の順位を例にならって書け。
例：(順位の高いほうから順に)
P→Q→(R，S)→T
(R，S)はRとSの<u>順位が確定できない</u>ことを示す。

(2) (1)の下線部のように順位が確定できない関係を何というか。

記述 (3) このような群れの個体に順位が決まっていることは，個体群にとってどのような意味があると考えられるか，簡潔に答えよ。

7 ［動物の社会］ 動物の社会に関する次の問いに答えなさい。

(1) シロアリやミツバチなどは，同種個体が多数集まったコロニーとよばれる個体群を形成し，発達した社会をもっている。この点から，これらの動物は何とよばれるか。

(2) 右の図は，シロアリの社会を構成する個体である。a～dの個体はそれぞれ何とよばれるか。

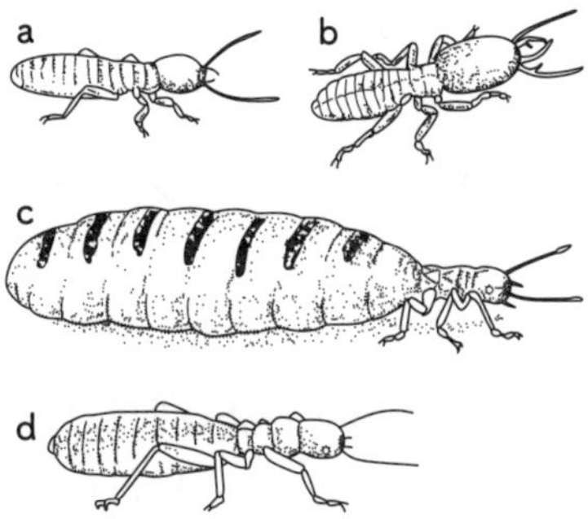

記述 (3) 右の図のように，シロアリの社会では，役割に合わせて，個体間に形態の違いが見られるが，ヒトなどの哺乳類の社会では，役割による形態の違いはない。この点以外で，シロアリの社会と異なる哺乳類の社会の特徴を２つあげよ。

(4) 哺乳類や鳥類の社会では，親以外の個体が子育てに参加することが知られている。このような他者の育児を助ける個体を何というか。

(5) (4)やミツバチのはたらきバチのように，自己の不利益があるなかで，群れの中の他個体の生存や繁殖の手助けをする行動を何というか。

(6) 動物が社会を構成するには，群れの中の個体間でコミュニケーション手段が発達している必要がある。動物のコミュニケーション手段として代表的なものを３つ答えよ。

6
(1)
(2)
(3)

Hints
ニワトリのつつきの順位では，一部の個体間に順位が確定しないことがあり，この関係は３羽の個体間で見られることが多い。**6**のA，C，Eのような関係は三すくみの関係とよばれる。

7
(1)
(2) a / b / c / d
(3)
(4)
(5)
(6)

19 生物群集

STEP 1 基本問題

解答→別冊56ページ

1 ［個体群間の相互作用］右下の表は，生物群集を構成する２種の動物間でのいろいろな相互作用についてまとめたものである。次の問いに答えなさい。

相互作用の型	個体群A	個体群B	動物例A	動物例B
Ⅰ	−	−	①	②
Ⅱ	−	＋	ユキウサギ	オオヤマネコ
Ⅲ	＋	＋	③	④
Ⅳ	＋	±	⑤	⑥
Ⅴ	±	−	⑦	⑧
中立	±	±	⑨	⑩

＋は利益あり，−は害あり，±は利害なしを示す

(1) 個体群A，Bの間の相互作用の型Ⅰ～Ⅴとして，適当なものを次の**ア**～**オ**から選び，それぞれ記号で答えよ。

ア 捕食・被食　**イ** 片害作用　**ウ** 相利共生
エ 競争　**オ** 片利共生

Ⅰ（　）Ⅱ（　）Ⅲ（　）Ⅳ（　）Ⅴ（　）

(2) 各相互作用が見られる動物個体群の例①～⑩として，適当なものを次の**ア**～**シ**から選び，記号で答えよ。

ア キリン　**イ** アオカビ　**ウ** アリ　**エ** サナダムシ
オ サメ　**カ** ダチョウ　**キ** ゾウリムシ　**ク** アブラムシ
ケ コバンザメ　**コ** 肺炎球菌　**サ** ヒト　**シ** ヒメゾウリムシ

①（　）②（　）③（　）④（　）⑤（　）
⑥（　）⑦（　）⑧（　）⑨（　）⑩（　）

(3) 表のⅠ～Ⅴの相互作用の中に，利害関係は同じだが，(1)であげた例にあたらないものが知られている。それはⅠ～Ⅴのいずれか。また，その相互作用は何とよばれるか。

表の番号（　）相互作用の名称（　）

重要 **2** ［生物群集］生物群集に関して，次の問いに答えなさい。

(1) 生物群集を構成する植物群落を調べると，個体数が多く，丈が高かったり，地面を広く覆っていたりする種が見られる。この植物種を何というか。（　）

(2) 生物群集の中には，個体群間に直線的な食う・食われるの関係が見られる。この関係を何というか。（　）

(3) 実際の生物群集では，個体群間の食う・食われるの関係は(2)のように直線的な関係でなく，複雑な網目状である。このような関係を何というか。（　）

Guide

用語 生態的地位と種間競争

生物群集の中で，食物や生活場所・生活時間で決まる各生物の位置を**生態的地位（ニッチ）**という。同じ生態的地位の生物（**生態的同位種**）間では，同じ食物や生活場所をめぐって激しい**種間競争**が起こる。一般に，競争は一方の種がもう一方の種を駆逐するまで続く（**競争的排除**）。勝ち残った種も，その成長や増殖には悪影響を受ける場合がある。生態的地位の近い種（**生態的近位種**）では，食べ物や生活場所・時間を違えて共存することがあり，食べ物を違える場合を**食いわけ**，生活場所を違えることを**すみわけ**という。

確認 捕食と被食

食うもの（**捕食者**）と食われるもの（**被食者**）の相互関係では，捕食者が栄養を獲得し，被食者は傷ついたり，死亡したりする。しかし，捕食者の生活は被食者の栄養に依存しており，捕食者の個体数は被食者の個体数の影響を受ける。ふつう捕食者のグラフがやや後ろにずれた周期的な変動になる。

(4) 生物群集の中で，ある生物が(2)や(3)に占める位置や生活空間や活動時間で決まる位置を何というか。　(　　　　　)

(5) 異なる生物群集内で，同じ(4)を占める種を何というか。
(　　　　　)

(6) 同じ生物群集内で，(4)が同じ，あるいは似た生物がいると生じる関係は何か。　(　　　　　)

(7) (6)の関係は，２つの個体群のいずれにとっても不都合な関係である。そこで，２つの個体群は(4)をずらすことで共存関係になることがある。このときに起こる(4)をずらして共存する関係として適当な語句を２つあげよ。　(　　　　　)(　　　　　)

3 ［生産構造］次の図は，２つの植物群落における高さごとの同化器官（葉）と非同化器官（茎など）の乾燥重量と各高さにおける相対照度を示したものである。あとの問いに答えなさい。

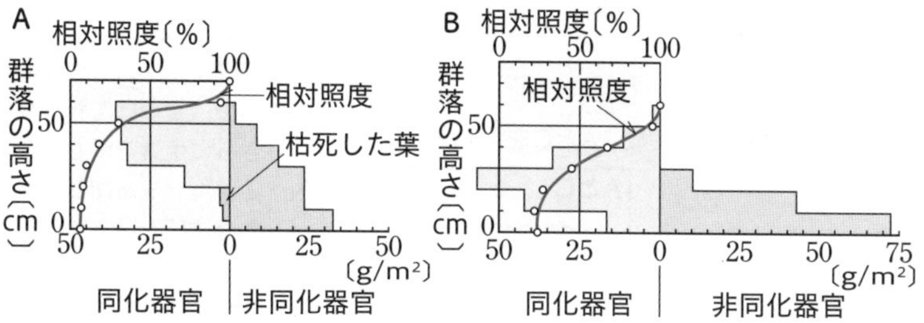

(1) このグラフを何というか。　(　　　　　)

(2) このグラフをつくる調査法を何というか。　(　　　　　)

(3) 図のＡとＢは，典型的な２つの型の植物群落を調べた結果を示している。それぞれの型を何とよぶか。

Ａ(　　　　　)　Ｂ(　　　　　)

(4) 次のうち，Ａの型の植物群落にあてはまるものはどれか，すべて選び，記号で答えよ。　(　　　　　)

ア 樹木を中心とする植物群落。　**イ** 広い葉をもつものが多い。
ウ 葉は茎の比較的低い位置につく。　**エ** 茎や根の重量が多い。
オ 地表は比較的明るい。　**カ** 葉は地面に水平につく。

(5) 次の植物を中心とする植物群落のうち，Ｂの型のグラフになるものをすべて選び，記号で答えよ。　(　　　　　)

ア アカザ　**イ** アカマツ　**ウ** ススキ　**エ** ダイズ
オ チカラシバ　**カ** マダケ　**キ** コムギ

(6) 同じ草丈の植物群落の場合，Ａ，Ｂの２つの型のうち物質生産の効率が高いのはどちらか，記号で答えよ。　(　　　　　)

用語　食物網

生物の食う・食われるの関係を直線状に示したものを**食物連鎖**という。しかし，実際の生物群集には多様な生物が含まれており，１つの生物は複数の生物を捕食し，複数の生物に捕食される。そこで，このような生物群集の食う・食われるの関係は，複雑な網目状になり，これを**食物網**という。

用語　生産構造

植物が光合成で有機物をつくることを**物質生産**といい，その大きさは生物群集全体の規模を決める重要な要素となる。植物個体群や**植物群落**（生物群集の植物部分）の物質生産を考えるとき，その個体群・群落の葉や葉以外の器官の空間的な分布状態，つまり**生産構造**を知ることは重要である。植物個体群や群落を**層別刈取法**で調べ，**3**のように図示したものを**生産構造図**という。生産構造図には，葉が上方に集中して地面に水平に生え，非同化器官の重量が多い**広葉型**と，葉が地表近くから斜めに生え，非同化器官の重量が少ない**イネ科型**がある。広葉型では地表に届く光は少なく，イネ科型では葉が斜行しているため地表近くまで光が届きやすい。広葉型では茎の重量が大きいため，個体群や群落全体で利用できる有機物はイネ科型のほうが多くなる傾向がある。

解答→別冊57ページ

重要 **1** ［種間競争］４種類のゾウリムシA～Dを用いて行った培養実験について，あとの問いに答えなさい。

培養は試験管を用い，食物として酵母と細菌類をそれぞれ一定量，定期的に与えた。

〔実験１〕　A～Dの４種類を，それぞれ単独培養して個体数の変化を調べた。個体数はある時間まで増加し，①一定の数に達したのち安定した(図１)。

〔実験２〕　AとBおよびAとCの２種類ずつをそれぞれ混合培養し，個体数の変化を調べた。どちらも培養数日後までは個体数が増加し，その後，②両種が共存する組み合わせ(図２)と，③一方の種が絶滅する組み合わせ(図３)があった。

図1　A～Dを単独で培養

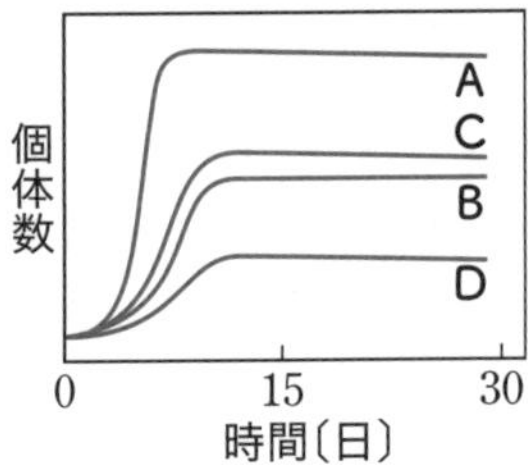

図2　AとBを混合培養

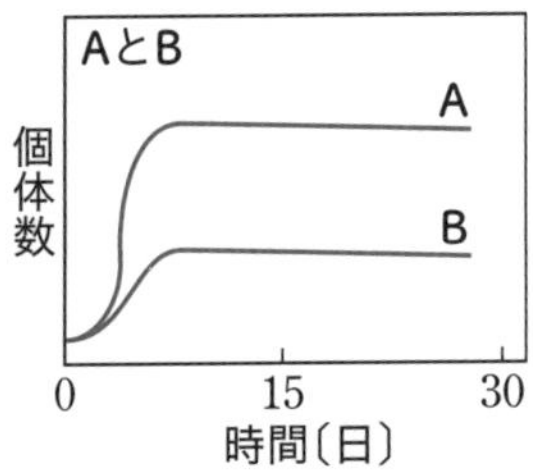

図3　AとCを混合培養

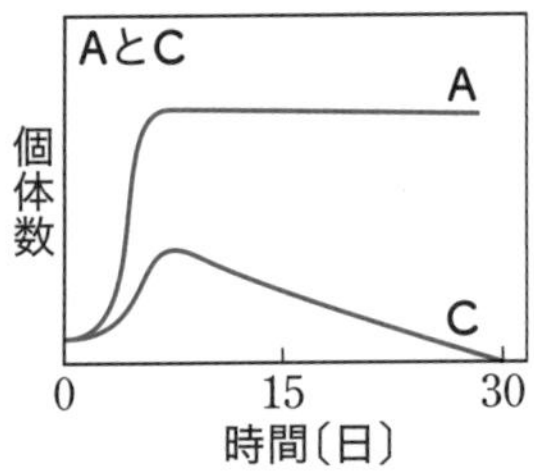

(1) 下線部①について，このときの個体数(密度)を何とよぶか。

記述 (2) 下線部②について，両種は試験管の上下に分かれて生活していた。両種が共存できたのは試験管内での生活場所の違いによると考えられる。それを確かめるには，どんな実験を行えばよいか，簡潔に答えよ。

記述 (3) 下線部③について，Cが絶滅したのは，２種間で種間競争が起こっていたことを示す。この種間競争を引き起こす要因をあげよ。

記述 (4) ある池を調査した結果，AとCはいずれの調査地点でも生息しており，それぞれの種の個体数にも大きな違いはなかった。AとCの混合培養の結果と自然界とでは，起こっている現象が異なっている。この違いについて，考えられる理由を簡潔に答えよ。

［大阪大－改］

1

(1)

(2)

(3)

(4)

Hints

同じゾウリムシの仲間なので，食物は変わらない。さらに生活空間も同じだと，ニッチが同じで生態的同位種ということになる。食物・生活空間のいずれか一方でも違えると，生態的同位種にはならず共存が可能である。しかし，AとBのように生活場所が違うのは，互いに避け合った結果(つまりすみわけ)であって本来は生態的同位種ということもある。これを確かめるには，単独飼育のときに生活場所が違っているかを調べる必要がある。

重要 **2** ［捕食と被食］ある生物群集における捕食者と被食者の個体数の変化を調べたところ，図１のようになった。これについて，次の問いに答えなさい。

図1

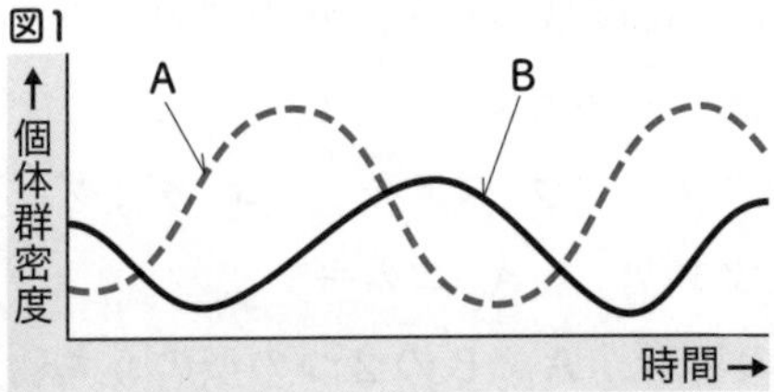

(1) 図１のA，Bのうち，捕食者のグラフはどちらか，記号で答えよ。

Hints

捕食者は被食者の増減よりやや遅れて増減を繰り返す。その結果，**2**の図１のグラフを図２のグラフに置きかえると，円形のグラフになる。

(2) 図1のグラフを，Aの個体群密度を横軸，Bの個体群密度を縦軸のグラフに置き換えたとき，およそのグラフの形を図2に描け。なお，時間の変化は矢印で示すこと。

図2

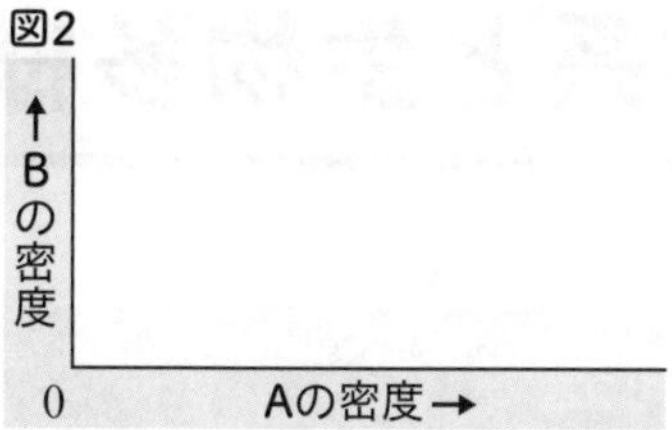

2

(1)	
(2)	図2中に記入。

3 ［潮間帯の生物］次の文章を読み，あとの問いに答えなさい。

ある潮間帯で，肉眼で観察できる生物を調査したところ，約20種の生物が見られた。その中で，ヒトデ，イガイ，カサガイ，および海藻の一種のフノリは個体数が多く，その潮間帯を代表する生物である。この4種の生物のうち，イガイが最も多く優占的であった。これらの生物の生活を観察すると，①ヒトデはイガイとカサガイを捕食していた。カサガイはフノリを主食とし，フノリの生えている場所を移動しながらフノリを食べていた。これらの生物間の捕食関係を図1にまとめた。また，イガイは岩に固着して生活するため，ひとたびイガイが定着すると，カサガイはその場所に近づけず，フノリは生えるスペースを奪われる。

図1

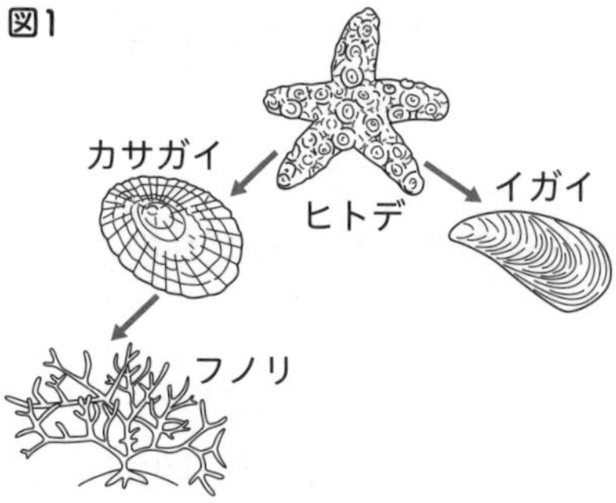

図2

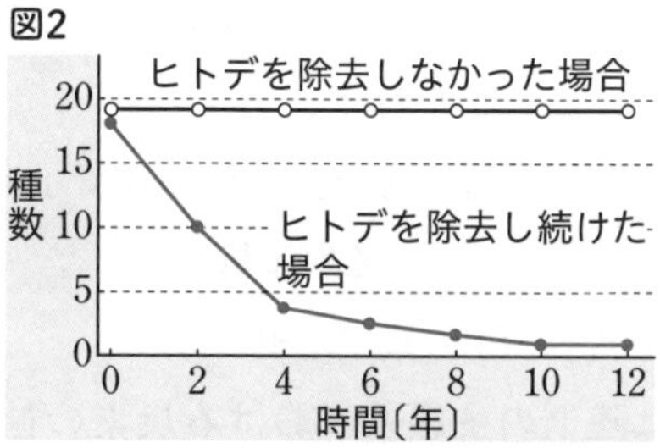

この潮間帯に，一定面積の区域を設け，その区域に生息する生物の中から1種を選んで長期間取り除き続けると，その区域の生物の種数にどのような変化が起こるかを調べた。②最も大きな変化が見られたのは，ヒトデを取り除き続けた場合であった。このヒトデの除去実験で，実験区域に見られる生物の種数は図2のように変化した。

(1) 下線部①について，このような生物間の食べる・食べられるの相互関係を何とよぶか。

記述 (2) 下線部②について，ヒトデを取り除き続けることでどのような変化が起こったと考えられるか。また，その理由を図1の生物相互の関係から簡潔に答えよ。

記述 (3) この潮間帯における生物の種数を考えるうえで，ヒトデはどのような役割をもっているか，考えられることを答えよ。

(4) この実験でのヒトデのような役割を果たす生物を何というか。 ［大阪大－改］

3

(1)		
(2)	変化	
	理由	
(3)		
(4)		

Hints

生物群集から特定の生物がいなくなっても，多くの場合，生物群集はあまり変わらない。複雑な捕食・被食関係，つまり食物網の発達した生物群集では，1種の生物がいなくてもほかの生物がそれにかわり，バランスが保たれていると考えられる。しかし，**3**のヒトデのように，特定の生物がいなくなると，生物群集の構成が劇的に変化することがある。このような生物は，キーストーン種とよばれる。

20 生態系と生物多様性

STEP 1 基本問題

解答 → 別冊58ページ

重要 **1** **［生態系における物質収支］** 生態系における生産者と一次消費者の有機物の収支を示した次の図について，あとの問いに答えなさい。

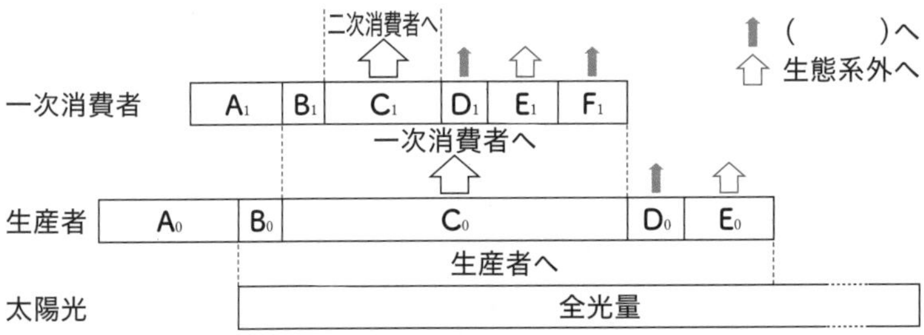

(1) 図中の A～F はそれぞれ次のどれを示したものか，あてはまるものを記号で答えよ。

ア 呼吸量　**イ** 被食量　**ウ** 最初の現存量

エ 枯死量(死滅量)　**オ** 成長量　**カ** 不消化排出量

A(　　) B(　　) C(　　) D(　　) E(　　) F(　　)

(2) 図中の(　　)にあてはまる適語を答えよ。(　　　　)

(3) 生産者の総生産量および純生産量を A_0 ～ E_0 の式で示せ。

総生産量(　　　　)　純生産量(　　　　)

(4) 一次消費者の同化量を A_1 ～ F_1 の式で示せ。(　　　　)

重要 **2** **［炭素の循環］** 次の図は陸上の生態系における炭素の循環の主な経路を示している。あとの問いに答えなさい。

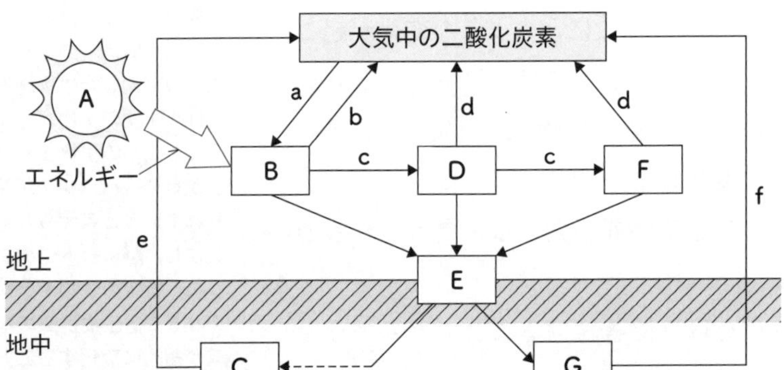

(1) 図中の A～G に適語を入れよ。なお，C は，生物由来の炭素化合物が長い時間地中に蓄積し化学変化を起こしたものである。

A(　　) B(　　) C(　　) D(　　)

E(　　) F(　　) G(　　)

Guide

確認 **生態系と物質生産**

生態系は，さまざまな個体群からなる**生物群集**と，それを取り巻く光・水・大気・土壌などの**非生物的環境**から構成される。生態系を構成する生物は，その役割によって**生産者**と**消費者**に分けられる。また，消費者のうち，有機物の分解に関わる生物を**分解者**とよぶ。生産者は光を利用して光合成を行い，有機物を生産している。生産者による有機物生産を**物質生産**という。生態系に，ある時点で存在する生物体の量を**現存量**といい，生物の重量やエネルギー量で表す。また，生産者が一定期間内に生産する有機物の総量を**総生産量**といい，総生産量から生産者の**呼吸量**を差し引いたものを**純生産量**という。

(2) 図中の矢印 a ～ f は，それぞれどのようなはたらきを表しているか，次から選び，記号で答えよ。ただし，同じ記号を何度選んでもよい。

ア 呼吸　イ 光合成　ウ 燃焼　エ 捕食　オ 腐敗・分解

a(　　)　b(　　)　c(　　)　d(　　)　e(　　)　f(　　)

(3) 近年，大気中の二酸化炭素濃度の増加の原因として，①工場や自動車などからの排出ガスの増加，②森林の減少と砂漠化があげられる。

下線部①，②は図の矢印 a ～ f のどれに最も大きな影響をおよぼしたと考えられるか，記号で答えよ。①(　　)　②(　　)

3 ［窒素同化］次の図は，植物を中心とした窒素の流れを模式的に示したものである。あとの問いに答えなさい。

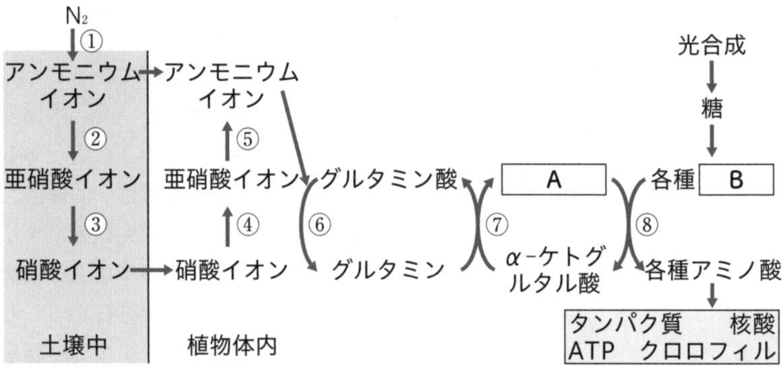

(1) 図中の A，B にあてはまる物質の名称を答えよ。

A(　　　　)　B(　　　　)

(2) 図の①の反応を行う生物名を2つあげよ。

(　　　　，　　　　)

(3) 図の②，③の反応を行う微生物名をそれぞれ答えよ。

②(　　　　)　③(　　　　)

(4) ②，③の微生物を総称して何というか。　(　　　　)

(5) ④，⑤，⑧の反応に関する酵素の名称を答えよ。

④(　　　　)　⑤(　　　　)　⑧(　　　　)

(6) ①の反応およびアンモニウムイオンや硝酸イオンを取り込んでアミノ酸などをつくる植物のはたらきをそれぞれ何というか。

①の反応(　　　　)　植物のはたらき(　　　　)

重要 **4** ［エネルギー効率］ある湖沼の現存量や各エネルギー量を栄養段階ごとに示した。この表について，次の問いに答えなさい。

用語 同化量

消費者である動物の**摂食量**から**不消化排出量**を差し引いたものを**同化量**という。消費者の同化量は，生産者の総生産量に相当し，同化量から動物の呼吸量を差し引いたもの，つまり純生産量に相当する値を**純同化量**とよぶこともある。

用語 硝化

アンモニウムイオン NH_4^+ を酸化して，亜硝酸イオン NO_2^- や硝酸イオン NO_3^- にするはたらきをいう。亜硝酸菌や硝酸菌などの**硝化菌**は，このはたらきで生じたエネルギーを使って炭酸同化をする**化学合成**を行っている。

確認 物質・エネルギーの移動

生態系では，炭素と窒素いずれの元素も，非生物的環境と生物の間を循環する。

(1) 生産者，一次消費者，二次消費者の現存量や総生産量(同化量)を棒グラフにして積み重ねると，いずれもピラミッド形になる。このようなグラフを合わせて何とよぶか。　(　　　　)

栄養段階	現存量	総生産量(同化量)	呼吸量	純生産量
太陽エネルギー	−	500000	−	−
生産者	410	470	100	370
一次消費者	20	62	19	43
二次消費者	6	13	7	6

現存量の単位は g/m^2，ほかの単位は×10kJ/m^2・年

記述 (2) (1)のうち現存量を積み重ねたグラフは，しばしば逆転するという。どのような場合か，簡潔に答えよ。
(　　　　)

(3) 生産者および一次消費者，二次消費者のエネルギー効率はそれぞれ何％になるか，四捨五入して，生産者については小数第2位まで，消費者については小数第1位まで求めよ。
生産者(　　％)　一次消費者(　　％)　二次消費者(　　％)

5 [生物多様性] 生物多様性について，次の問いに答えなさい。

(1) 生物多様性には，①個体群内の多様な遺伝子構成の個体の存在，②生態系での多様な生物個体群の存在，③地球上あるいは各地における多様な生態系の存在の３段階がある。それぞれ何というか。
①(　　　　)
②(　　　　)　③(　　　　)

(2) 自然災害や山火事のような外的要因による生態系の破壊を何というか。　(　　　　)

(3) ある程度の生態系の破壊は，かえって(1)の②の多様性を高めるという説がある。これを何というか。　(　　　　)

6 [生態系] 次の各文に関係する語句をそれぞれ答えなさい。

① 野生生物のうち，個体群の消失が心配される生物種。
② 小さな個体群では，血縁の近い個体どうしの交配確率が上がり，出生率の低下や生存率の低い個体の増加を招く可能性がある。
③ 2015年に国連サミットで採択された持続可能な開発目標の略称。
④ 我々が生態系から受けるさまざまな恩恵。
⑤ 地球全体の平均気温が上昇している現象。
⑥ 人間活動によって持ち込まれて定着した，本来はその地域に生息していなかった生物。

①(　　　　)　②(　　　　)　③(　　　　)
④(　　　　)　⑤(　　　　)　⑥(　　　　)

物質の移動とともに，エネルギーも移動するが，やがて熱エネルギーの形で生態系外に出るため，エネルギーは太陽→生産者→消費者などを流れていき，生態系内にとどまらない。生態系に達する太陽エネルギーに対する，生産者の総生産量の割合を，生産者の**エネルギー効率**，総生産量に対する一次消費者の同化量の割合を，一次消費者のエネルギー効率という。

用語 生物多様性

生物が多様であることを**生物多様性**という。生物多様性には次の３段階がある。
▶**遺伝的多様性**…個体群，つまり同種生物の集まりの中で，多様な遺伝子構成の個体が存在すること。
▶**種多様性**…１つの生態系の中で，多様な個体群，つまり生物種が存在すること。
▶**生態系多様性**…地球上の種種の環境に対応して多様な生態系が存在すること。

用語 攪乱(かくらん)

自然現象や人間の活動が生物群集や生態系に影響を与える現象を**攪乱**という。攪乱によって生態系のバランスが脅かされることもあるが，中規模な攪乱は生物群集内の種多様性を高めることもある(**中規模攪乱説**)。

STEP 2 標準問題

解答→別冊60ページ

重要 **1** ［栄養段階］生物の集団に関する次の文章を読み，あとの問いに答えなさい。

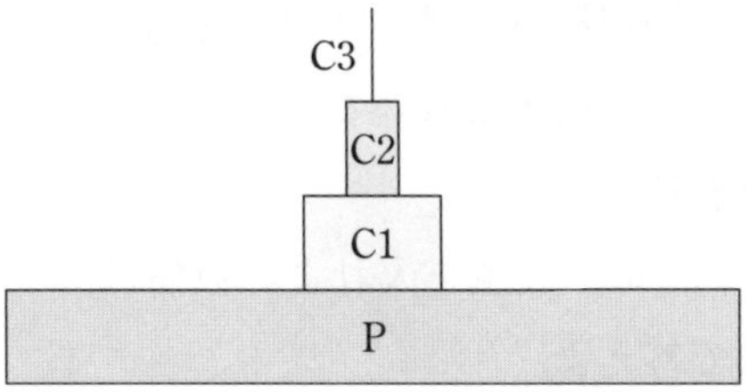

さまざまな生物は，同じ地域にすむほかの生物や非生物的環境との間に複雑な関係を結ぶことによって（ ① ）を形成している。その中で「食うものと食われるもの」の量的な関係を示したものが，上の図の（ ② ）である。図のように，一般的にはⒶ栄養段階が上がるごとに，生物量は減少する傾向がある。したがって，Ⓑ今後，地球上の人口がさらに増加した場合，生じることになる食糧不足を緩和するためには，人類はできるだけ肉食をやめて植物から栄養をとるようにしたほうがよいと考えられる。

(1) 文章中の空欄に適語を入れよ。

(2) 生物の死体を分解する生物のことを分解者とよぶが，図のPおよびC1に属する生物はそれぞれ何とよばれるか，答えよ。

(3) （ ② ）のグラフには，**ア** 個体数，**イ** 生物量（現存量），**ウ** 時間あたりのエネルギー量と3通りのものがある。このうち，安定した生態系で，一般的な下線部Ⓐの傾向が見られないグラフになる可能性があるものをすべて選び，**ア**～**ウ**の記号で答えよ。

記述 (4) 下線部Ⓑのように考えられる理由について，次の語群の語をすべて用い，簡潔に答えよ。 〔語群〕 消費者，エネルギー，効率

［富山大－改］

1

(1)	①	
	②	
(2)	P	
	C1	
(3)		
(4)		

Hints

栄養段階ごとの個体数や生物量，エネルギー量を積み重ねたグラフを生態ピラミッドという。生態ピラミッドには個体数ピラミッド，生物量（現存量）ピラミッド，生産力（生産速度）ピラミッドがある。個体数や寿命の違いなどから，個体数ピラミッドと生物量ピラミッドの量的関係が逆転することはある。しかし，安定した生態系では生産力ピラミッドは逆転しない。

重要 **2** ［現存量と物質生産］次の文章を読み，あとの問いに答えなさい。

右下の表は，陸上における8つの主要なバイオームの平均的な植物現存量と純一次生産量の違いを，表に示したものである。

表中で，単位面積あたりの純一次生産量と現存量が最小のバイオームは（ ① ）で，非常に厳しい気候条件とまばらな植生という特性を示している。一方，単位面積あたりの純一

バイオーム	現存量〔g/m²〕	純一次生産量〔g/m²・年〕	地球上の総面積〔10^6km²〕	植物現存量の総計〔10^{12}kgC〕	純一次生産量の総計〔10^{12}kgC/年〕
熱帯林	38800	2500	17.5	340	21.9
温帯林	26700	1550	10.4	139	8.1
亜寒帯林	8300	380	13.7	57	2.6
硬葉樹林	12000	1000	2.8	17	1.4
サバンナ	5700	1080	27.6	79	14.9
ステップ	750	750	15.0	6	5.6
ツンドラ	650	180	5.6	2	0.5
砂漠	700	250	27.7	10	3.5
合計			120.3	650	58.5

現存量と純一次生産量は乾燥重量で表されており，現存量と純一次生産量の総計は炭素の重量（乾燥重量の 50 %）で表されている。

Hints

2の表では，現存量と純一次生産量は単位面積（1 m²）あたりで示されている。熱帯林などの森林では，樹木が優占種なので，同化器官である葉に対して，非同化器官である茎や根の割合が著しく大きい。

次生産量と現存量が最大のバイオームは(②)である。現存量は1 ha(＝100 m×100 m)あたり(③)トンに達し，(①)の(④)倍もある。また，陸上の総面積の(⑤)％を占める(②)は，純一次生産量では(⑥)％，植物現存量では(⑦)％をも占めている。高温多湿な気候条件で，巨大な樹木と複雑な階層構造をもつこのバイオームの特性が理解できる。

(1) 文章中の空欄に適当な語句や数値を入れよ。数値は，小数第1位を四捨五入して整数で答えよ。

(2) あるバイオームにおいて，単位現存量あたりの年間の純一次生産量は，生態系の生産効率を表している。

① 純一次生産量の最も小さい(Ⓐ)と，最も大きい(Ⓑ)において，現存量1 kgあたりの年間の純一次生産量(g/kg・年)を表から計算し，小数第1位を四捨五入して整数で答えよ。

記述 ② 高温多湿で，物質生産に有利な(Ⓑ)のほうが，この値が小さい理由を，「同化器官」と「非同化器官」の用語を用いて答えよ。

(3) あるバイオームにおいて，現存量を純一次生産量で割った値は，ターンオーバータイム(以後 TOT とする)とよばれる。TOT は，そのバイオームにおいて現存量がどのくらいの時間(年)で入れ替わるかを示している。①TOT が最も小さいバイオームと，②最も大きいバイオームを表から選び，それぞれの TOT 値を求めよ。TOT 値は，小数第1位を四捨五入して整数で答えよ。［岐阜大－改］

3 ［窒素循環］ 次の文章を読み，あとの問いに答えなさい。

窒素は自然界を循環する重要な元素である。大気中には気体の窒素分子(N_2)が78 ％存在するが，動物や多くの植物はこれを直接利用できない。そこで，多くの植物は土壌(どじょう)中の無機窒素化合物を，水とともに根から吸収して利用する。この化合物には，(a)や，(a)から二段階の酸化反応でつくられる(b)がある。しかし，マメ科植物は(c)との共生によって，大気中の N_2 を利用できる。一部の細菌やシアノバクテリアも，大気中の N_2 を生体の構成物質に変えて利用することができる。このはたらきを(d)という。

(1) 文章中の空欄に適語を入れよ。

(2) ある微生物は有機物生産を行う際に，(b)を産生する。この微生物の名称と，この微生物の行う有機物生産の名称を答えよ。

4 ［二酸化炭素の増加］ 次の文章を読み，あとの問いに答えなさい。

人間が多量の(①)を消費した結果，大気中の二酸化炭素濃度は

2

(1)	①	
	②	
	③	
	④	
	⑤	
	⑥	
	⑦	
(2)	①	Ⓐ g/kg・年
		Ⓑ g/kg・年
	②	
(3)	①	バイオーム
		TOT 値
	②	バイオーム
		TOT 値

3

(1)	a	
	b	
	c	
	d	
(2)	微生物	
	有機物生産	

上昇し続けている。

二酸化炭素は，メタンなどとともに(②)ガスとよばれ，地球表面から放散される(③)を吸収する。吸収された(③)は地表を暖めるため，Ⓐ地球温暖化が起こる。各国が協力して地球温暖化などの気候変動を緩和しようと 1992 年に気候変動枠組条約が採択された。1997 年に，その 3 回目の締約国会議が京都で行われ，京都議定書が議決された。気候変動枠組条約と同時に採択された希少種の保護や生態系の保全に関係する国際的な条約は(④)条約で，2010 年 10 月にその 10 回目の締約国会議が名古屋で開催された。(④)の保全には，生態系，(⑤)，遺伝子の 3 つのレベルで考えることが重要である。植物は，(⑥)というはたらきによって大気中の二酸化炭素を固定するため，炭素の貯蔵源としても認められている。

(1) 文章中の空欄に適語を入れよ。

記述 (2) 下線部Ⓐが生物や生態系に与える影響の例を 2 つ答えよ。

［鳥取大－改］

4

(1)	①	
	②	
	③	
	④	
	⑤	
	⑥	
(2)		

5 **［生態系と種の絶滅］** 次の問いに答えなさい。

(1) 生態系と種の絶滅に関する次の文章の空欄に適語を入れよ。

人間は生態系からさまざまな恩恵を受けている。これを(a)という。(a)を持続させるには，その重要な基盤である(b)の維持・保全が重要である。(b)に含まれる個体数が少ないと，(c)の幅が大きくなって，(b)内に有害遺伝子が蓄積されやすくなり，気候変動や攪乱(かくらん)による(d)の可能性が高くなる。

野生生物の生息地で道路建設や宅地開発が進むと，個体群が小さな生息地に分かれる生息地の(e)が起こることがある。(e)でできた小さな個体群は(f)とよばれ，先にあげた有害遺伝子の蓄積のほか，性比のかたよりや近親交配などによって(g)も低下し，個体群として環境の変化や新しい感染症などに対応できにくくなる。こうして，一度個体数が減少した(f)は，(h)に巻き込まれることもある。

人間の活動によって，本来の生息場所から別の場所に移され定着した生物は(i)とよばれる。(i)の中には，移された場所で生態系のバランスに影響を与え，その結果(j)が(d)にいたることもある。

(2) 日本で，①(d)した(j)を 1 つ，②(d)が危惧されている(j)，および③日本の生態系に悪影響を与えるため輸入や移動が厳しく禁止されている(i)をそれぞれ 2 つずつあげよ。

5

(1)	a	
	b	
	c	
	d	
	e	
	f	
	g	
	h	
	i	
	j	
(2)	①	
	②	
	③	

STEP 3 チャレンジ例題 5

解答→別冊62ページ

1 例題チェック ［個体群の成長］

ある動物では，世代あたりの理論上の増殖率が10，つまり n 世代の個体数が10頭のとき，理論上次の $n+1$ 世代の個体数は100頭になる。この動物の実際の増殖率は，理論上の増殖率に対して，その生息場所での「上限の個体数に対する上限個体数とその世代（n 世代）の個体数の差の割合に依存して低下する」という。次の問いに答えなさい。

(1) 次世代（$n+1$ 世代）の個体数を求める式の空欄に入る適語を，下の**ア**～**オ**からそれぞれ選び，記号で答えよ。同じ記号を何度選んでもよい。

$$\text{次世代}(n+1\text{ 世代})\text{の個体数} = (\ \text{a}\ )\times(\ \text{b}\ )\times\frac{(\ \text{c}\ )-(\ \text{d}\ )}{(\ \text{e}\ )}$$

ア 理論上の増殖率　**イ** 第1世代の個体数　**ウ** ある世代（n 世代）の個体数

エ 前世代（$n-1$ 世代）の個体数　**オ** 上限の個体数

(2) 第1世代の個体数が10頭で，この動物が実際の増殖率によって増殖した場合，第4世代の個体数はいくらになるか。ただし，上限の個体数は10000頭であったとする。

［九州大－改］

解法 (1) 設問の文の通りに言葉をあてはめていけばよい。

理論上の次世代の個体数は，［①　　　　　］の個体数×［②　　　　　］となる。これに，［③　　　］の個体数－［ ① ］の個体数を［ ③ ］の個体数で割ったものをかければよい。

a［④　　］ b［⑤　　］ c［⑥　　］ d［⑦　　］ e［⑧　　］

(2) (1)で求めた式を使って，各世代の個体数を求めればよい。

第2世代は $10\times10\times\frac{10000-10}{10000}$ ≒［⑨　　　］となり，第3世代は［ ⑨ ］$\times10\times\frac{10000-[\ ⑨\ ]}{10000}=$［⑩　　　］となる。第4世代の個体数は，［ ⑩ ］$\times10\times\frac{10000-[\ ⑩\ ]}{10000}$ から求めることができる。

第4世代の個体数［⑪　　　　頭］

2 類題 ［生命表］ 右の表はあるアメリカシロヒトリ個体群の生命表である。

発育段階	生存数	死亡数	死亡率
卵	4287	（ a ）	3.1%
ふ化幼虫	4153	746	18.0
初期幼虫	（ b ）	1993	（ c ）
後期幼虫	（ d ）	1405	99.4
さなぎ	9	2	22.2
成　虫	7		

(1) 表の a～d に適当な数値を入れよ。

(2) この個体群で，卵が成虫になるまでの総死亡率は何％になるか。小数第1位まで答えよ。

2

(1)	a	
	b	
	c	
	d	
(2)		%

3 類題 ［齢ごとの生存率］ 年齢ごとの生存率が一定のある生物1000個体を飼育したところ，3年後の生存数が27個体であった。飼育開始から1年後の生存数はいくらであったか。ただし，この生物は3年間全く増殖しなかったものとする。

［大阪医科薬科大－改］

3

個体

4 〈例題チェック〉［標識再捕法］

ある草原内のチョウの個体数を推定するために以下の方法で２回の調査を行った。この調査について，あとの問いに答えなさい。

〔１回目の調査〕 草原内において 50 個体のチョウを捕獲し，各個体に標識をつけ，同じ草原内に戻した。

〔２回目の調査〕 １回目の調査の２日後に，同じ草原内において 120 個体のチョウを捕獲したところ，10 個体に標識が確認できた。

(1) 草原内のチョウの個体数を計算し，数値で答えよ。ただし，１回目と２回目の調査の間に草原内のチョウの個体数に増減はなかったものとする。

(2) １回目と２回目の調査の間に標識が消失した個体がいた場合，推定結果は実際の個体数に比べて，どのような値になると考えられるか，次の**ア**～**ウ**から１つ選び，記号で答えよ。

ア 過大推定になる。　**イ** 過小推定になる。　**ウ** 過大推定にも過小推定にもならない。

(3) 標識再捕法が適用できない生物は次のうちどれか，**ア**～**エ**から１つ選び，記号で答えよ。

ア ネズミ　**イ** カモシカ　**ウ** サワガニ　**エ** フジツボ

［広島大－改］

解法 (1) この草原内のチョウの個体数を x とおくと，[①　　]:x =［②　　］:［③　　］が成り立つ。これを解くことで草原内のチョウの個体数を求めることができる。　個体数[④　　個体]

(2) 標識が消失した個体がいた場合，２回目の調査でチョウを捕獲したときに標識が確認できる個体が[⑤　　　]する。その結果，(1)と同様にして草原内のチョウの個体数を求めると，その値は[④]よりも[⑥　　　　]なる。　[⑦　　]

(3) 標識再捕法では，１回目と２回目の調査の間に，標識個体と未標識個体が[⑧　　　　]ことが必要である。ほとんど移動しない固着生物の場合，２回目の調査で前と[⑨　　　]個体ばかりを捕獲してしまい，標識再捕法が成り立たない。　[⑩　　]

5 〈例題チェック〉［炭素循環］

右の図は，炭素循環の過程を示したもので，**A**～**L**は各過程で吸収や放出される炭素量を示す。次の(1)，(2)に示す炭素量を，**A**～**L**の記号を用いて示しなさい。

(1) 植物による年間純生産量に含まれる炭素量

(2) 植食動物の年間成長量に含まれる炭素量

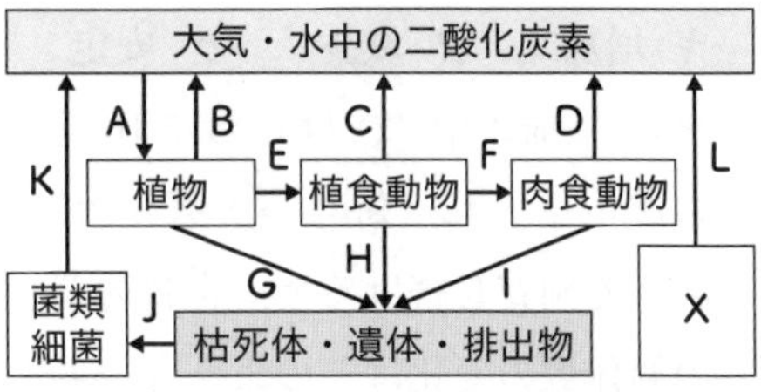

［京都府立大－改］

解法 (1) 純生産量は，図の[①　　]にあたる植物の[②　　　　]から，図の[③　　]にあたる植物の[④　　　　]を引いた値である。　[⑤　　]

(2) 植食動物の同化量は，図の[⑥　　]にあたる[⑦　　　　]から[⑧　　　　]を引いたもので，成長量は同化量からさらに図の[⑨　　]にあたる[④]，図の[⑩　　]にあたる[⑪　　　　]および[⑫　　　　]を引いたものである。図の[⑬　　]は[⑧]と[⑫]の和に相当する。　[⑭　　　　]

STEP 3 チャレンジ問題 5

解答→別冊63ページ

難問 **1** 次の文章を読み，あとの問いに答えなさい。

アズキゾウムシは，成虫がアズキの豆の表面に産卵し，ふ化した幼虫は豆に食い込んで，豆の中で成長し，さなぎになる。やがて，豆の中で羽化した成虫は，種皮に穴をあけて外に脱出する。

アズキの豆20gの入ったペトリ皿を多数用意し，それぞれに，2～800匹のアズキゾウムシの若い成虫を入れ，ふたをして飼育した。ペトリ皿に入れた成虫の個体数(N_0)と，羽化した成虫の個体数(N_1)との関係は，右の図のような曲線になった。

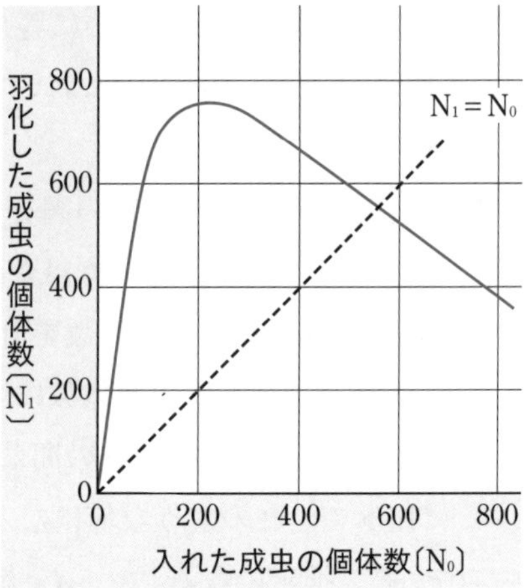

(1) 上の実験で，アズキゾウムシの成虫の個体数増加を制御した機構は何か，次の**ア**～**オ**から最も適当なものを1つ選べ。 (　　)

ア 移動分散　**イ** 成虫の老齢化　**ウ** 天敵　**エ** 縄張り　**オ** 密度効果

(2) 図を見て，次の文章の空欄に入る最も適当なものを，下の**ア**～**ケ**からそれぞれ選べ。ただし，同じ記号を何度選んでもよい。

N_0の個体数が$N_0<200$では，(①)の比はとても大きい値となり，次世代の個体数を(②)させる効率が高い。$200<N_0<550$では，その比は1より(③)が，N_0が大きいほど小さくなり，次世代の個体数を(④)させる効率は低くなる。$550<N_0$では，次世代の個体数は(⑤)する。

①(　　) ②(　　) ③(　　) ④(　　) ⑤(　　)

ア $\frac{N_0}{N_1}$　**イ** $\frac{N_1}{N_0}$　**ウ** $\frac{N_1-N_0}{N_0}$　**エ** 大きい　**オ** 小さい　**カ** 変わらない

キ 増加　**ク** 減少　**ケ** 安定

(3) ペトリ皿の中に，はじめに16匹のアズキゾウムシの成虫を入れ，新しいアズキの豆20gを毎世代供給して飼育し続けると，世代の経過にともなう成虫の個体数の変化はどのような経過をたどると考えられるか，上の図を参考にして，右の図の**ア**～**エ**から最も適当なものを1つ選べ。 (　　)

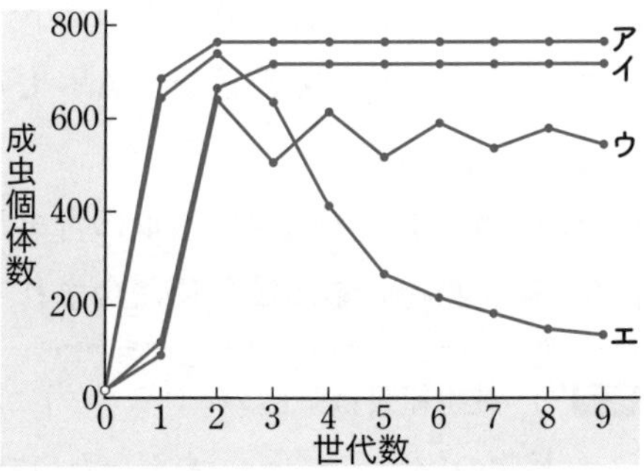

2 溜め池で見られる生物に関する次の文章を読み，あとの問いに答えなさい。

西日本を中心に全国各地にある溜め池は，農業に利用する水を確保するうえで重要な役割を担っている。一方で，フナ類・タナゴ類などの魚類，ヌマエビ類などの甲殻類，ゲンゴロウ類などの水生昆虫をはじめとして，その地域に古くから生息する水生生物の生息地としての役割もある。そのなかには日本固有の淡水魚であるニッポンバラタナゴなどのように絶滅の危機に瀕している種も見られ，そのような生物のことを（ ① ）という。環境省などでは，絶滅の危険性の高さを判定して分類した（ ① ）のリストである（ ② ）を公表している。

現在の溜め池では，もともと生息していなかった外国産の生物も見られるようになった。このような生物のことを外来生物という。a例えば，中国原産の淡水魚のタイリクバラタナゴは外来生物であり，ニッポンバラタナゴに対して，深刻な悪影響を及ぼしている。タイリクバラタナゴはニッポンバラタナゴと交配可能なことが確認されている。

また，北米原産の外来生物で肉食性のオオクチバスは，溜め池に生息する生物に対して，捕食を通じて甚大な被害を与えている。オオクチバスは，生態系に対する影響が特に大きいことから，2005年6月に施行された外来生物法ではb特定外来生物に指定されており，各地で駆除が行われている。オオクチバスのメスは1回の産卵で2万個程度の卵を産むので，繁殖力が非常に高いと言える。

オオクチバスの駆除では，漁具による捕獲や，池の水を抜く池干しが行われているほか，人工的に産卵場所を設けて産卵された卵を除去する人工産卵床が用いられている。また，c繁殖期のオスの胆汁から抽出する性フェロモンを用いたわな(性フェロモントラップ)も開発されている。

(1) 文章中の空欄に適語を入れよ。　①（　　　　）②（　　　　）

記述 (2) 下線部aに関して，タイリクバラタナゴがニッポンバラタナゴに与えると考えられる影響を2つ簡潔に答えよ。

影響1（　　　　）

影響2（　　　　）

(3) 下線部bに関して，オオクチバス以外で特定外来生物に指定されている種を，動物・植物の中からそれぞれ1種ずつ答えよ。

動物（　　　　）植物（　　　　）

記述 (4) 下線部cに関して，オオクチバスの性フェロモントラップでは，メスのみを選択的に捕獲できることが確認されている。その理由を簡潔に説明せよ。また，オオクチバスの駆除において，性フェロモントラップにはどのような利点があると考えられるか，説明せよ。

理由（　　　　）

利点（　　　　）

［岡山大］

3 次の文章を読み，あとの問いに答えなさい。

陸上植物がa土壌から主に吸収する無機窒素化合物は硝酸イオンとアンモニウムイオンである。好気的な土壌では(①)によってアンモニウムイオンは(②)を経て硝酸イオンとなる。植物に吸収された硝酸イオンは酵素1により(③)されて(②)に，さらに酵素2により(③)されてアンモニウムイオンとなる。アンモニウムイオンとグルタミン酸から，グルタミン合成酵素によりグルタミンが合成される。グルタミンと(④)から2分子のグルタミン酸が合成され，(⑤)のはたらきによってグルタミン酸といろいろな有機酸からアミノ酸がつくられていく。その後さまざまなb有機窒素化合物が合成される。

(1) 文章中の空欄に適語を入れよ。

①(　　　　) ②(　　　　) ③(　　　　)
④(　　　　) ⑤(　　　　)

(2) 下線部aについて，土壌に乾土100 gあたり2.8 mgの窒素が含まれており，その窒素の80 %が硝酸イオンであるとする。5 m^2，地表15 cmの土壌から植物に供給されうる硝酸イオンの重さ〔g〕を有効数字2桁で答えよ。土壌の仮比重(土壌1 cm^3に含まれる乾燥重量)は0.8 g/cm^3，原子量はN：14，O：16とする。 (　　　　)

(3) 下線部bについて，植物において合成される有機窒素化合物を次の**ア**～**キ**からすべて選び，記号で答えよ。 (　　　　)

ア 硝酸イオン　**イ** 脂肪　**ウ** グルタミン合成酵素　**エ** クエン酸　**オ** RNA
カ グルコース　**キ** フィトクロム

〔東北大－改〕

4 次の文章を読み，あとの問いに答えなさい。

日本の里山にはホタルが生息している。①ゲンジボタルやヘイケボタルは，幼虫が水中生活をする水生種で，ヒメボタルは幼虫時から林床にすむ陸生種である。水中のホタルの幼虫はカワニナなどを主な食物とし，ヒメボタルの幼虫はカタツムリなどを主な食物としている。カワニナは藻類を，カタツムリは植物を食物としている。②ゲンジボタルは，以前と比べ減少しているといわれており，③ホタルやカワニナを放流し，観光資源としているところもある。

(1) 下線部①の水生種と陸生種のように，生活上の要求が似た近縁種が同じ空間内でそれぞれ異なる生活場所をもつことを何というか。 (　　　　)

(2) 藻類－カワニナ－ホタルのような被食と捕食の関係による一連の生物のつながりを何というか。 (　　　　)

記述 (3) 下線部②のゲンジボタルが減少している原因は環境の変化と関連が深い。ゲンジボタルがすめない環境になった原因について，具体例を答えよ。

(　　　　)

記述 (4) 下線部③のホタルやカワニナの放流には問題点も指摘されている。生態系に関わるその問題点について簡潔に答えよ。

(　　　　)

〔静岡大－改〕

解答・解説

高校 標準問題集 生物

第1章 生物の進化

1 生命の起源と進化

STEP ① 基本問題 p.2～3

1 ①種(しゅ) ②進化 ③系統 ④細胞
⑤DNA ⑥自己複製

2 (1)①46 ②ミラー ③アミノ酸
④熱水噴出孔 ⑤化学進化 ⑥核酸
⑦RNA ⑧DNA ⑨タンパク質
(2)a－ウ b－オ c－イ
d－ア e－カ
(3)ア

3 (1)①ストロマトライト ②酸素
③オゾン層 ④好気性細菌
(2)陸上で生物が生存できる環境になった。
(3)細胞内共生説(共生説)
(4)独自のDNAをもつこと。

解説

1 すべての生物に共通する特徴として，細胞膜によって外界と隔てられた細胞からできていること，生命活動にエネルギーを利用すること，DNAをもち自らと同じ個体をつくる(自己複製する)ことなどがあげられる。化学進化によって地球上に蓄積された有機物から，このような特徴をもった原始生物が誕生したと考えられる。

2 (1)原始生物の誕生の前には，生体を構成するさまざまな有機物の生成が無生物的に起こる必要がある。このような有機物の生成過程を**化学進化**という。海底の**熱水噴出孔**の周辺は，高温高圧で，無生物的な有機物生産も盛んなため，原始生物誕生の場であったと考えられている。

(2)この装置では，左下の水を入れたフラスコが海で，それをバーナーの熱，つまり地熱があたためている。加熱された水から蒸発した水蒸気は，右上の原始大気を入れた容器に入るが，ここでは雷や太陽からの紫外線に見立てた放電が繰り返される。その後，気体は冷やされ，雨に見立てられた水滴となって，やがて左下のフラスコに戻る。

(3)この装置を数日間動かしても，タンパク質や核酸のような複雑な有機物，つまり生体物質はできず，酸素も生じなかった。アミノ酸などの単純な構造の有機物が生成されるだけである。

3 **ミトコンドリア**と**葉緑体**は，それぞれ内部に核内のDNAとは異なる独自のDNAをもつことがわかっている。その結果，細胞の分裂とは別に分裂して増殖することが明らかになっている。このことから，それぞれ**好気性細菌**と**シアノバクテリア**が原始的な真核細胞に共生することによって生じたと考えられている。

STEP ② 標準問題 p.4～5

1 (1)①従属栄養生物 ②独立栄養生物
③シアノバクテリア ④光合成
⑤光合成細菌 ⑥硫化水素 ⑦水
⑧鉄(鉄イオン) ⑨酸化鉄 ⑩鉄鉱石
⑪真核生物 ⑫ミトコンドリア
⑬葉緑体
(2)同じ量の有機物を分解して，より多くのエネルギーを獲得できる。
別解 同じ量の有機物を分解して，より多くのATPが合成できる。

2 (1)A－マーグリス B－DNA
(2)独自のリボソームやtRNAをもち，タンパク質合成ができる。

3 (1)①コ ②エ ③イ ④キ ⑤ア
⑥オ ⑦カ ⑧ケ ⑨ウ
(2)ストロマトライト
(3)細胞内共生説(共生説)
(4)オゾン層

解説

1 (1)設問の図のAの時期に出現する初期生物は，**従属栄養生物**(現在の**嫌気性細菌**)であると考えられてきたが，二酸化炭素などの多い酸化型の大気中では，多量の有機物の蓄積が認められないこともあって，初期から何らかの有機物生産が可能であった**独立栄養生物**(**化学合成細菌**)も存在していたとの説が強くなってきている。約27億年前頃，水を電子供与体とする，酸素発生型光合成を行う原核生物，つまり現在の**シアノバクテリア**が出現した。しかし，それに先立つAの

ひっぱると，はずして使えます。

時期に，硫化水素などを電子供与体とする，酸素を生じないタイプの光合成を行う**光合成細菌**は出現していたと考えられている。初期のシアノバクテリアが放出した酸素は，当時地表に豊富だった鉄の酸化に使われたが，生じた酸化鉄は地層中に蓄積して現在の鉄鉱石(縞状鉄鉱床)となった。

海水中の鉄分が少なくなると，水中の酸素濃度が増加した。その結果，酸素を有機物分解に利用する**好気性細菌**が出現した。また，嫌気性の原核生物が，好気性細菌やシアノバクテリアをとり込んで，それが**ミトコンドリア**や**葉緑体**などの細胞小器官となって，**真核生物**が出現した。

(2) 酸素を使わずに有機物を分解する代謝は不完全で，生じるエネルギーも少なく，ATPも少ししか合成できない。これに対して，呼吸では，酸素を使って有機物を完全に分解するため，多量のエネルギーが放出され，ATPも多く合成できる。例えば，アルコール発酵や乳酸発酵ではグルコース1分子あたり2分子のATPしかできないが，呼吸では最大38分子のATPがつくられる。

2 (1)・(2) 原核生物から真核生物への進化におけるミトコンドリアや葉緑体の誕生については，好気性細菌やシアノバクテリアが別の原核生物の細胞内に共生したとする**細胞内共生説**(**共生説**)が有力である。ミトコンドリアや葉緑体では，少量ながら独自のDNAが存在し，独自のmRNAをつくり，独自のリボソームに独自のtRNAがアミノ酸を運んできて，独自のタンパク質をつくる。これは，これらの構造が別の細胞に由来する証拠として重要である。

3 最も古い生物痕跡はグリーンランドの約40億年前の地層から発見されており，その頃には既に原始的な生命体が存在していたと推測されている。それ以降さまざまな生物が出現していくことになるが，度々大きな絶滅があり，そのときに大きく生物種が入れ替わっている。有名なのはペルム紀末の大絶滅，白亜紀末の恐竜の絶滅などがある。

2 生殖と減数分裂

STEP ① 基本問題 p.6～7

1 (1) ① **分裂** ② **受精** ③ **出芽** ④ **接合** ⑤ **栄養生殖**
(2) ① **ミドリムシ** ② **ヒト** ③ **酵母** ④ **クラミドモナス** ⑤ **サツマイモ**
(3) ②，④
(4) 有利な点－**増殖が容易である。**
不利な点－**生じる子の遺伝子構成が同じなので，環境の変化などに弱い。**

2 (1) **46〔本〕**
(2) **A－常染色体　B－性染色体**
(3) **a－X染色体　b－Y染色体**
(4) **相同染色体**
(5) **雄ヘテロ(の)XY(型)** (6) **伴性遺伝**

3 (1) **(ア)→イ→オ→ク→キ→エ→ウ→ケ→カ**
(2) **a－イ　b－ク　c－エ**
(3) ① **対合** ② **二価染色体** ③ **半分になる。**
(4) **染色体の一部が交換される乗換えが起こる。**

解説

1 (1)・(2) ①親個体が，ほぼ同形同大の2つ以上の子個体になる増殖法を**分裂**という。ゾウリムシのほか，ミドリムシなどの単細胞生物の多くやミズクラゲの幼生期の増殖で観察される。

②**雌性配偶子**である**卵**と**雄性配偶子**である**精子**が合体する**受精**を示している。受精はほとんどの種子植物，動物で行われており，ヒト以外にウニ，イモリなどを書いても正解である。

③動物のヒドラの体側に小さな膨らみができ，これが新個体となる増殖法で，**出芽**とよばれる。出芽の例としては，単細胞生物である**酵母**が有名である。

④アオミドロは一見多細胞生物に見えるが，単細胞の藻類が糸状に群体を形成したものである。アオミドロでは，その細胞2つが合体して**接合子**をつくり，これが新しい個体になる**接合**という増え方を行っている。接合で増えるものには，アオミドロやホシミドロのように体細胞が接合するもののほか，単細胞緑藻類のクラミドモナスのように同じ形・大きさの配偶子が合体する**同形配偶子接合**，多細胞緑藻類のミルのように大

きさの異なる2つの配偶子が合体する**異形配偶子接合**がある。
⑤ジャガイモが「いも」で増えるようすを示している。このような植物の非生殖器官(栄養器官という)によって新個体ができる増え方を**栄養生殖**という。ジャガイモの「いも」は地下茎が栄養生殖を行うもので**塊茎**(かいけい)とよばれる。サツマイモの**塊根**(根が「いも」になる),タマネギの**りん茎**(葉の集合体が新個体を形成)などもこの例である。
(3)・(4) ①・③・⑤親個体のからだの一部が分かれて新個体になる生殖法をまとめて**無性生殖**という。無性生殖では,体細胞がそのまま新個体を形成するため,増殖が容易である。しかし,その遺伝子は親個体と同一で,多数の個体ができても,同じ形質になるため,環境の変化などに対応しにくい。
②・④基本的に2つの配偶子が形成され,それが合体して接合子あるいは受精卵となる生殖法で,**有性生殖**とよばれる。アオミドロでは,体細胞が接合するが,接合する体細胞自体が1つの配偶子と考えられている。有性生殖では,配偶子形成の際に起こる**減数分裂**やその後の2つの細胞の合体の際に,いろいろな遺伝子構成の接合子・受精卵ができる。その結果,生じる子の遺伝的多様性が大きく,環境の急変などが起こっても子が生き残る可能性が高くなる。一方,配偶子形成・2つの細胞の合体と複雑な過程が必要なため,増殖速度は遅い。

2 ヒトの体細胞の染色体数は図で数えれば46本とわかるが,そのうち44本は**常染色体**とよばれ,男女に共通の染色体である。体細胞には,同じ形・大きさの常染色体が2本ずつ含まれており,これらを**相同染色体**という。ヒトの性染色体には,男女で数の異なる**X染色体**と男性にしかない**Y染色体**があり,このような性決定の様式を**雄ヘテロのXY型**という。X染色体上の遺伝子による遺伝は,男女に伝わるが,X染色体を2本もつ女性と,1本しかもたない男性ではその現れ方が異なる。このような遺伝を**伴性遺伝**という。

3 (1)・(2) **ア**は分裂前の間期,**イ**は減数分裂の第一分裂前期,**ウ**は第二分裂後期,**エ**は第二分裂中期,**オ**は第一分裂中期,**カ**は分裂終了後,**キ**は第一分裂終期と第二分裂前期を合わせた時期,**ク**は第一分裂後期,**ケ**は第二分裂終期を示している。
(3) 減数第一分裂前の間期(S期)にDNAが複製され,第一分裂前期の後半に,2本の染色分体となった相同染色体が接着し,染色分体4本からなる**二価染色体**が形成される。この相同染色体の接着を**対合**という。この結果,実際の染色体数=染色体の種類数は変わっていないが,見かけの染色体数はふつうの体細胞の半分になる。
(4) 接着している相同染色体の間で,染色体の一部が交換される**乗換え**(交さ)が起こる。乗換えが起こっている染色体の部位を**キアズマ**という。

> **ここに注意** 染色体の乗換えによって,相同染色体間で遺伝子の一部が交換される(遺伝子の組換え)ことになる。この現象が,生じる生殖細胞の遺伝的多様性をさらに高めることになっている。

STEP 2 標準問題 p.8〜9

1 (1) a,d
(2) a−オ　b−ア　c−エ
d−イ　e−ウ　f−カ
(3) イ　(4) イ,オ,カ

2 (1) イ　(2) ウ,カ　(3) 相同染色体
(4) a,f　(5) A+X,A

3 (1) a−ヒストン　b−ヌクレオソーム
c−クロマチン繊維　d−動原体
(2) 紡錘糸(ぼうすいし)と結合する。
(3) 二価染色体を形成していない。

4 (1) ① 体細胞分裂　② DNAの複製
③ 減数分裂
(2) a,b,c,e,f,g
(3) ① 配偶子　② 受精(接合)
(4) h　(5) イ

解説

1 (1) a,dは有性生殖,b,c,eは無性生殖である。fの胞子生殖では,胞子形成のときに減数分裂が起こるため,胞子から生じる子の遺伝子構成は親と同じではない。また,コケやシダの胞子形成は,植物の一生の中で,染色体数が$2n$の**複相**の時期から,nの**単相**の時期への変換点であり,単なる「生殖」という言葉では扱いにくいので,現在では胞子生殖は無性生殖に数えないことが多い。
(2) **ウ**のオニユリは,栄養生殖のほか受精によっても子孫を残し,**ア**,**エ**,**カ**も,無性生殖のほかに接合を行うことが知られている。しかし,**ア**の酵母はふつう出芽で増え,**ウ**のオニユリは**りん茎**(球根)や**むかご**による栄養生殖を行う。一般に,ミドリムシは分裂で,シイタケは胞子で増える。

(3) 無性生殖は，配偶子によらない生殖法で，親個体と生じる新個体の遺伝子構成は変わらない。したがって，ヒドラは出芽で増えるが，生じる新個体は親個体と全く同じ遺伝子をもっている。

(4) **ア**：生殖細胞は，細胞自体が新個体形成の起点となる細胞の総称で，精子や卵などの配偶子のほか，胞子生殖でできる胞子も生殖細胞に含まれる。ただし，接合子(受精卵)は生殖細胞に含まれない。
イ・エ：無性生殖は減数分裂や配偶子の合体などの複雑な過程を経ないので，短時間に多くの子をつくりやすい。しかし，子は遺伝的に親と同一で，変化の大きな環境下では子孫が残りにくい。
ウ：胞子は一般に減数分裂によって形成されるので，その遺伝子は親個体と同じではない。
オ：タマネギはりん茎という葉の集合体で栄養生殖を行う。りん茎は葉の変化した栄養器官である。
カ：動物はふつう精子と卵の受精で子孫を増やす。植物の中でも，コケ植物とシダ植物はその一生の中で必ず卵と精子をつくり，種子植物でも，裸子植物のイチョウとソテツには精子がある。

2 (1)・(3)・(4) 図では**e**，**g**の大きくて「へ」の字型の染色体と，**c**，**h**のやや小さい「へ」の字型の染色体，**b**，**d**の短く丸い染色体は雄にも同じように存在する。このような同じ形，同じ大きさの染色体どうしを**相同染色体**という。一方，**a**，**f**の染色体は，雄には1本しかない。また，雌にはない染色体を雄がもっているわけでもない。つまり，**a**，**f**がヒトのX染色体に相当する**性染色体**で，Y染色体はない。このような雄が性染色体を1本しかもたない性決定の様式を雄ヘテロのXO型，またはXO型という。

(2) 性決定の様式は，**ア**，**オ**は雄ヘテロのXY型，**イ**，**キ**は雌ヘテロのZW型，**ウ**，**カ**が雄ヘテロのXO型，**エ**が雌ヘテロのZO型である。

(5) 常染色体の1組をAで，性染色体はそれぞれ染色体の記号で遺伝子構成を表すことがある。図の動物の雌の染色体構成は2A＋XXと表され，雄は2A＋Xと表される。雄がつくる精子は，必ず常染色体1組(A)をもらうが，性染色体についてはX染色体をもらうものともらわないものができる。

> **ここに注意** XO型のOは，あてはまる性染色体がないことを示す。したがって，配偶子の一方はA＋Xとなるが，もう一方は性染色体をもたない配偶子となる。A＋Oとは書かない。

3 (1)・(2) 真核細胞では，DNAが**ヒストン**とよばれるタンパク質に巻きついて，**ヌクレオソーム**を形成している。細胞分裂の前期には，このヌクレオソームが規則的に積み重なって**クロマチン繊維**をつくり，さらに何重にも折りたたまれて，太く短いひも状の染色体となる。また，このときの染色体には**動原体**とよばれるややくびれた部位ができ，ここに**紡錘糸**が結合して**紡錘体**が形成される。

(3) 体細胞分裂では，間期に複製されて太くなった相同染色体の対合は起こらないが，減数分裂では，2つの相同染色体が対合して**二価染色体**が形成される。

4 (1)・(2) 図は体細胞分裂1回の後，減数分裂が起こり，さらに受精または接合が起こって，受精卵または接合子が形成されるまでの過程のDNA量の変化を示している。**d**は体細胞分裂の分裂期，**h**は減数分裂期を示しており，それ以外はいずれも間期ということになる。間期のうち，DNA量の倍加が起こっている**b**と**f**がDNA合成期(S期)になる。

(3) **i**の時期は減数分裂終了後の時期である。植物では，減数分裂の後，染色体数nの状態で体細胞分裂をするが，その前にDNAの複製を行う。しかし，それにあたるDNA量の変化は描かれていない。したがって，図は動物のもので，減数分裂で染色体数nの卵や精子などの配偶子がつくられ(**i**)，それが受精して染色体数が$2n$の体細胞(**j**)になる。

(4) 染色体数の半減は減数第一分裂で起こる。

(5) 減数分裂の観察は，ムラサキツユクサのつぼみの葯(やく)の中の細胞，バッタの雄の精巣などが適している。

3 遺伝子の独立と連鎖

STEP ① 基本問題 p.10～11

1 (1) **(右図)**
(2) **丸形・黄色**
(3) (左から順に)
1，1，1，1
(4) **9：3：3：1**

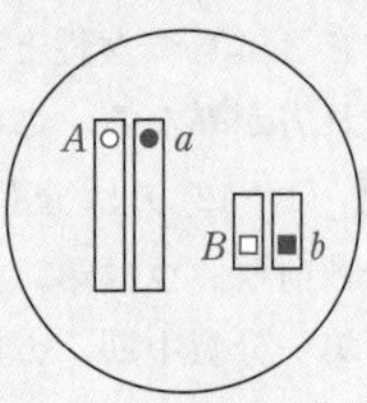

2 (1) **(右図)** (2) **[*AB*]**
(3) (左から順に)
1，0，0，1
(4) **3：0：0：1**
(5) **2：1：1：0**

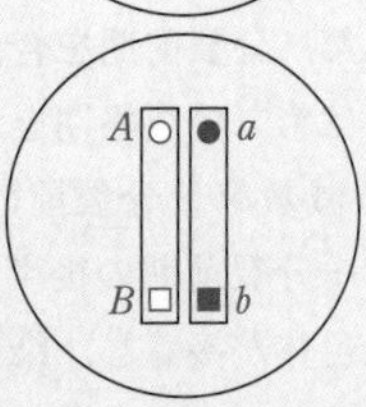

3 (1)①9：3：3：1　②3：0：0：1
(2)① 連鎖　② 対合　③ 乗換え
④・⑤ Bl, bL（順不同可）
(3) 12.5〔%〕 (4) 検定交雑
(5) 177：15：15：49

解説

1 (1)・(2) 配偶子形成の際，親個体のもつ相同染色体の一方が子に伝えられる。その結果, F_1 には, 丸形・黄色の純系の親から遺伝子 A を含む長い染色体 1 本と遺伝子 B を含む短い染色体 1 本が，しわ形・緑色の純系の親からは遺伝子 a を含む長い染色体と遺伝子 b を含む短い染色体が伝えられる。その結果，F_1 の遺伝子型は $AaBb$ となり, 表現型は顕性形質である丸形・黄色になる。

(3) F_1 の配偶子にも，親個体のもつ相同染色体の一方ずつが伝えられる。また，長い染色体と短い染色体の間には特別な関係はない。結果的に生じる配偶子の遺伝子型は，考えられるすべての組み合わせのものが同じ確率で生じることになる。この場合は,
$AB:Ab:aB:ab = 1:1:1:1$ となる。

(4) 配偶子の遺伝子型の組み合わせが(3)のようであると，F_1 の自家受精で生じる F_2 は次のようになる。

	AB	Ab	aB	ab
AB	$AABB$	$AABb$	$AaBB$	$AaBb$
Ab	$AABb$	$AAbb$	$AaBb$	$Aabb$
aB	$AaBB$	$AaBb$	$aaBB$	$aaBb$
ab	$AaBb$	$Aabb$	$aaBb$	$aabb$

2 (1)・(2) 配偶子形成の際，親個体のもつ相同染色体の一方が伝えられる。その結果，F_1 には，[AB]の親から遺伝子 A と B を含む染色体 1 本が，[ab]の親から遺伝子 a と b を含む染色体 1 本が伝えられ，遺伝子型は $AaBb$，表現型は[AB]になる。

(3) **完全連鎖**の場合, 同じ染色体上の遺伝子はいっしょに配偶子に伝えられる。結果的に，F_1 のつくる配偶子の染色体は，遺伝子 A と B をもつものか，遺伝子 a と b をもつものである。

(4) F_1 の配偶子の遺伝子型の分離比が $AB:ab = 1:1$ なので，F_1 の自家受精で生じる F_2 は右の表のようになり，表現型の分離比は，[AB]：[ab]＝3：1

	AB	ab
AB	$AABB$	$AaBb$
ab	$AaBb$	$aabb$

(5) 遺伝子型が $AAbb$ と $aaBB$ の両親の間にできる F_1 は，遺伝子型が $AaBb$ となるが，同じ染色体上にある遺伝子の組み合わせは，A と b あるいは a と B となる。その結果，F_1 の配偶子の遺伝子型の分離比は $Ab:aB = 1:1$ となる。
よって，F_1 の自家受精で生じる F_2 は右の表のようになり，その表現型の分離比は,
[AB]：[Ab]：[aB]＝2：1：1

	Ab	aB
Ab	$AAbb$	$AaBb$
aB	$AaBb$	$aaBB$

3 (1) この交配実験での親で，紫花・長花粉の品種の遺伝子型は $BBLL$，赤花・丸花粉の遺伝子型は $bbll$ である。生じる F_1 の遺伝子型は $BbLl$ である。

独立の場合，F_1 の配偶子の遺伝子型の分離比は $BL:Bl:bL:bl = 1:1:1:1$ となり，F_1 の自家受精で生じる F_2 の表現型の分離比は，**1**の(4)と同様に，
［紫・長］：［紫・丸］：［赤・長］：［赤・丸］＝9：3：3：1
となる。

完全連鎖の場合，F_1 の配偶子の遺伝子型の分離比は $BL:bl = 1:1$ となり，F_2 の表現型の分離比は，**2**の(4)と同様に，［紫・長］：［赤・丸］＝3：1 となる。

(2) 実際の実験結果が(1)のいずれとも一致しないのは，この 2 組の対立遺伝子が同じ染色体上に連鎖しているものの，**不完全連鎖**とよばれる状態にあることによる。減数第一分裂前期末に対合した相同染色体間では，その一部を互いに交換する**乗換え**が起こっており，F_1 の配偶子に，BL と bl のほか，Bl や bL といった完全連鎖では生じない遺伝子型が少量生じている。

(3)・(4) F_1 を潜性ホモの個体(表現型［赤・丸］，遺伝子型 $bbll$)と交配すると，F_1 の配偶子の遺伝子型の分離比がそのまま生じる子の表現型の分離比として現れる。したがって，組換え価は,

$$\frac{1+1}{7+1+1+7}\times 100 = 12.5〔\%〕$$

(5) (3)より，F_1 の配偶子の遺伝子型の分離比は,
$BL:Bl:bL:bl = 7:1:1:7$ となり，F_1 の自家受精でできる F_2 の表現型の分離比は，理論上，［紫・長］：［紫・丸］：［赤・長］：［赤・丸］＝177：15：15：49
となる。

	$7BL$	$1Bl$	$1bL$	$7bl$
$7BL$	$49BBLL$	$7BBLl$	$7BbLL$	$49BbLl$
$1Bl$	$7BBLl$	$1BBll$	$1BbLl$	$7Bbll$
$1bL$	$7BbLL$	$1BbLl$	$1bbLL$	$7bbLl$
$7bl$	$49BbLl$	$7Bbll$	$7bbLl$	$49bbll$

STEP ② 標準問題 p.12～13

1 (1) ① $RrYy$

② $RY:Ry:rY:ry$ = 1:1:1:1

③ (a:b:c:d =) 9:3:3:1

④ a－$RRYY$, $RRYy$, $RrYY$, $RrYy$

b－$RRyy$, $Rryy$

⑤ 25%

(2) ① $aabb$ ② $aaBb$ ③ $AaBB$

2 (1) Ⅰ－ア，ア Ⅱ－ウ，ウ

Ⅳ－ア，カ Ⅴ－ウ，ケ

(2) Ⅱ－完全連鎖 Ⅳ－独立

Ⅴ－不完全連鎖

(3) Ⅳ－50% Ⅴ－25% Ⅵ－12.5%

(4) $[AB]:[Ab]:[aB]:[ab]$

＝41:7:7:9

3 (1) 独立の法則 (2) 17% (3) (下図)

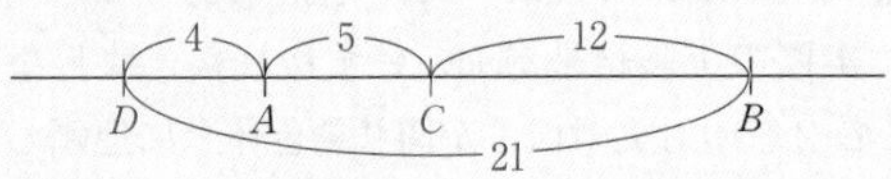

解説

1 (1) メンデルの**分離の法則**により，遺伝子型 $RRYY$ の親がつくる配偶子の遺伝子型は RY，$rryy$ の親がつくる配偶子は ry になる。結果的に F_1 の遺伝子型は $RrYy$ となる。そして，F_1 の配偶子は，メンデルの**独立の法則**から遺伝子型 RY，Ry，rY，ry のものが同数ずつできる。その結果，F_2 は右の表のようになり，遺伝子型 $RRYY$，$RRYy$，$RrYY$，$RrYy$ は丸・黄，$RRyy$ と $Rryy$ は丸・緑，$rrYY$ と $rrYy$ はしわ・黄，$rryy$ はしわ・緑になる。なお，注目する形質について，同じ遺伝子を2つもつ個体を**ホモ接合体**といい，表中で両方の形質について，ホモ接合体にあたるのは，$RRYY$，$RRyy$，$rrYY$，$rryy$ の4つである。

	RY	Ry	rY	ry
RY	$RRYY$	$RRYy$	$RrYY$	$RrYy$
Ry	$RRYy$	$RRyy$	$RrYy$	$Rryy$
rY	$RrYY$	$RrYy$	$rrYY$	$rrYy$
ry	$RrYy$	$Rryy$	$rrYy$	$rryy$

(2) $A\cdot a$ と $B\cdot b$ の遺伝子型の組み合わせとして考えられるものが9通りある。これについて順次検討すれば解答は出てくる。しかし，2組の対立遺伝子はそれぞれ独立だから，$A\cdot a$ と $B\cdot b$ を分けて考えるほうがはやい。例えば，②について，くびれとさやの色を分けて考える。$AaBb$ と②の間にできる子のくびれなしとくびれありの比率は1:1であり，緑色と黄色の比率は3:1である。Aa と交配して子の表現型の分離比が1:1になるのは aa で，Bb と交配して子の表現型の分離比が3:1になるのは Bb である。したがって，②は $aaBb$ となる。①，③も同様に考えればよい。

2 (1)・(2) Ⅰ，Ⅱは，$[AB]$どうしの交配である。$[AB]$には，遺伝子型に $AABB$，$AABb$，$AaBB$，$AaBb$ の4種類が考えられるが，いずれの交配でも$[ab]$つまり遺伝子型 $aabb$ の個体が生じているので，親はどちらも遺伝子型 $AaBb$ どうしであることがわかる。Ⅰのように，遺伝子型 $AaBb$ どうしの交配で子の表現型の分離比が9:3:3:1になるのは，両遺伝子が**独立の関係**にあることを示しており，染色体上の遺伝子の位置関係は**ア**になる。一方，Ⅱのように$[AB]:[ab]$＝3:1になるのは，A と B，a と b がそれぞれ**完全連鎖**であることを示しており，**ウ**がこれにあたる。Ⅳ，Ⅴは$[AB]$と$[ab]$の交配である。$[ab]$の遺伝子型は $aabb$ しかなく，子に4種類の形質が生じていることから，$[AB]$の遺伝子型は $AaBb$ となる。Ⅳで4種類の子が均等に生じているので，2つの遺伝子は**独立の関係**にあることがわかり，Ⅳの親は**ア**と**カ**ということになる。一方，Ⅴのように，割合が3:1:1:3になっているのは，A と B，a と b が連鎖しており，一部で遺伝子の組換えが起こっていること，つまり**不完全連鎖**であることを示している。したがって，Ⅴの親は**ウ**と**ケ**ということになる。

(3) Ⅳは独立の関係で，その場合2つの遺伝子がいっしょに伝えられる確率と，分離して伝えられる確率が半々となるため，その組換え価は50%である。Ⅴは $AaBb$ の**検定交雑**を示している。検定交雑の結果から組換え価を求めるには，4つの数の比のうちの少ないもの2つの和を4つの数の和で割り，それに100をかければよく，この場合 $\frac{2}{8}\times100=25$〔%〕となる。Ⅵは，両親の表現型が$[AB]$であるのに，生じる子に$[ab]$があるので，両親の遺伝子型はともに $AaBb$ といえる。このような F_2 の表現型の分離比から組換え価を求めることは通常行わない。実験誤差によって，組換え価の計算が困難なことによる。しかし，このような出題では，ふつう F_2 の分離比は，理論値になっていることが多い。その場合 F_1 の配偶子の遺伝子型の分離比が $n:1:1:n$ であれば，生じる$[ab]$が n^2 になるはずである。$[ab]$が49であることから $n=7$ と考え，その F_2 を求めて確かめると次の表のようになり，その表現型の分離比が与えられた結果と一致する。

	$7AB$	$1Ab$	$1aB$	$7ab$
$7AB$	$49AABB$	$7AABb$	$7AaBB$	$49AaBb$
$1Ab$	$7AABb$	$1AAbb$	$1AaBb$	$7Aabb$
$1aB$	$7AaBB$	$1AaBb$	$1aaBB$	$7aaBb$
$7ab$	$49AaBb$	$7Aabb$	$7aaBb$	$49aabb$

(4) Ⅴの親の[AB]個体の遺伝子型は$AaBb$で，生じる配偶子の遺伝子型の分離比は，$AB:Ab:aB:ab=3:1:1:3$なので，下の表のF_2の遺伝子型からF_2の表現型の分離比を求めればよい。

	$3AB$	$1Ab$	$1aB$	$3ab$
$3AB$	$9AABB$	$3AABb$	$3AaBB$	$9AaBb$
$1Ab$	$3AABb$	$1AAbb$	$1AaBb$	$3Aabb$
$1aB$	$3AaBB$	$1AaBb$	$1aaBB$	$3aaBb$
$3ab$	$9AaBb$	$3Aabb$	$3aaBb$	$9aabb$

3 (1) 異なる染色体上の遺伝子は，互いに独立の関係にある。一方，同じ染色体上の遺伝子は相ともなって遺伝する。これを**連鎖**という。連鎖しているときには，メンデルの独立の法則は成立しない。

(2) 実験は，F_1と潜性ホモの変異体の交配で，検定交雑である。検定交雑の結果から組換え価を求めるには，個体数が少ないもの２つの和を，全部の個体数で割って100をかければよく，この場合，

$$\frac{206+185}{965+944+206+185}\times100=\frac{391}{2300}\times100=17〔\%〕$$

より，組換え価が17%であることがわかる。

(3) ２つの遺伝子間の距離に対応する$A-B$間の組換え価が17%，$A-C$間が5%，$B-C$間が12%なので，Aの右5%の位置に遺伝子Cが存在することになる。また，$A-D$間の組換え価が4%で，$B-D$間が21%であることから，遺伝子Dの位置はAの左4%の位置にあることになる。

4 進化のしくみ

STEP ① 基本問題 p.14～15

1 (1) **a－生殖　b－欠失　c－転座**
d－逆位　e－異数体　f－倍数体
(2) 名称－**環境変異**　特徴－**遺伝しない。**
(3) 名称－**ヘモグロビン**
はたらき－**酸素の運搬**

2 ① **e－ウ**　② **b－イ**
③ **c－ア**　④ **a－キ**

3 (1) ① **突然変異**
(2) ② **自然選択**　③ **遺伝的浮動**
(3) ④ **隔離**　⑤ **種個体群**　⑥ **種分化**

4 (1) **進化**
(2) **個体数が十分に多い。突然変異が起こらない。形質間で自然選択がはたらかない。ほかの集団との間で移出・移入が起こらない。**
別解 **集団内で自由に交配をする。**
(3) ① p **－ 0.8**　q **－ 0.2**
② **赤花－320〔個体〕**
ピンク花－160〔個体〕　白花－20〔個体〕

解説

1 (1) 突然変異はDNAの塩基配列の変化で，体細胞に生じてもその個体以外には伝わらないが，生殖細胞に生じた突然変異は子孫に影響を与える。突然変異の中には，染色体の形や数が変化するものがあり，**染色体突然変異**といわれる。染色体突然変異には，染色体の一部が失われる**欠失**，別の染色体に移動する**転座**，染色体構造の一部が逆向きにつながる**逆位**，同じ構造が繰り返される**重複**がある。また，染色体の数の変化としては，１ないし２本程度の増減が見られる**異数体**と，本来$2n$の染色体数がnであったり，$3n$, $4n$であったりと変化する**倍数体**がある。$2n$の個体，つまり２倍体は倍数体ではない。突然変異は人為的にも起こすことができ，それにはコルヒチンなどの化学物質を使う方法，紫外線や放射線を照射する方法などがある。

(2) DNAの変化をともなう突然変異に対し，DNAの変化をともなわない形質の変異を**環境変異**という。環境変異のうち，生後の生活や生息環境の影響でできた形質を**獲得形質**という。

(3) 鎌状（かまじょう）赤血球貧血症は，赤血球が鎌状に変形し，酸素の運搬能力が低下して貧血症状となる病気で，ヘモグロビンβ鎖の突然変異で起こることが知られている。この病気のヒトのヘモグロビンβ鎖は，６番目のアミノ酸がグルタミン酸からバリンに変異しており，この変異はDNAのこの部位の塩基配列がCTCからCACに変わったことによって起こる。

2 よく使う器官は発達し，使わない器官は退化するという**用不用説**は，**ラマルク**が最初に提唱した進化説で，獲得形質の遺伝が否定されている現在では否定されている。

ド＝フリースはオオマツヨイグサの研究から**突然変**

異を発見し，突然変異によって進化が起こると考えた。

ダーウィンは，同種生物間の変異の多さに着目し，その中で環境に適したものが生き残るという**自然選択**が進化の要因となる**自然選択説**を提唱した。

木村資生（きむらもとお）は，突然変異の中に環境に対して有利でも不利でもないものが多く存在し，これらは自然選択されないことから，種の遺伝的多様性が高まることに注目した。彼は，このような中立的な遺伝子変化の蓄積と偶然に起こる集団内の遺伝子頻度の変化(**遺伝的浮動**)によっても進化が起こると考えた。

ワーグナーや**ロマーニズ**は，地理的あるいは生殖的にほかの集団と隔離されることで遺伝的な変異が進み，種分化が起こるという**隔離説**を提唱した。

ベーツソンは遺伝子の**連鎖**と**組換え**の発見者であり，**モーガン**は組換え価から染色体上の遺伝子の位置を決め，最初の**染色体地図**を作製した。

3 現在では，進化のきっかけは遺伝子の突然変異によると考えられている。突然変異で生じた形質のうち，環境により適応したものは残り，環境に適応しなかったものは残らない。このような自然選択によって進化の方向が決まる。一方，突然変異の多くは直接形質に影響を与えない。形質に影響を与える突然変異の中にも，その形質が自然選択の対象とならない中立的なものも少なくない。このような，自然選択の対象とならない遺伝子変化は，種個体群の中に蓄積し，それが自然選択とは無関係な偶然による遺伝的浮動によって進化の方向を決める。また，地理的，時間的，季節的などのさまざまな要因により種個体群が繁殖不可能な小集団に分断されると，それぞれの小集団の中で別の遺伝子変化が蓄積し，やがて複数の種に分化していくと考えられている。

4 (2) **ハーディ・ワインベルグの法則**は，集団遺伝学の基本法則の1つである。この法則は，ある条件を満たす生物集団の対立遺伝子について，世代を超えて遺伝子頻度が変わらないというものである。ハーディ・ワインベルグの法則が成立する集団では，自由な交配で有性生殖が行われることが前提となっており，それ以外に次の4つの条件を満たす必要があるとされる。

①集団の大きさが十分に大きく，遺伝的浮動の影響を無視できる。

②突然変異による遺伝子構成の変化が起こらない。

③個体間で生存力や繁殖力に差がなく，注目する形質間での自然選択が見られない。

④ほかの集団への移出やほかの集団からの遺伝子の流入が起こらない。

しかし，実際には突然変異は常に起こっており，完全に自由な交配が起こっているわけではない。集団の大きさは変動して，遺伝的浮動は常に起こっている。したがって，実際には条件を満たす集団は存在せず，遺伝子頻度は世代ごとに変化しているといえる。

(3) この花畑の1000個体のもつ遺伝子 R と r の数を考えると，総数は2000 で，R は $650\times2+300=1600$，r は $300+50\times2=400$ となる。遺伝子 R の頻度 $p=\frac{1600}{2000}=0.8$，遺伝子 r の頻度 $q=\frac{400}{2000}=0.2$ となる。

遺伝子の頻度が p，q $(p+q=1)$ の集団で自由交配を行うと，生じる子の集団の遺伝子型の頻度は，$(pR+qr)^2=p^2RR+2pqRr+q^2rr$ の式で示される。この設問では $(0.8R+0.2r)^2=0.64RR+2\times0.16Rr+0.04rr$ となり，子集団の遺伝子型の頻度は，赤花 RR が64%，ピンク花 Rr が32%，白花 rr が4%となる。集団全体で500個体なので，それぞれの色の花の数が計算できる。

> **ここに注意** この設問での親集団の遺伝子型の頻度は RR が65%，Rr が30%，rr が5%で，(3)で示した子集団の遺伝子型の頻度とは一致しない。ハーディ・ワインベルグの法則は遺伝子の頻度に関する法則なので，このように必ずしも実際の集団で遺伝子型の頻度が理論通りになっているとは限らない。

STEP 2 標準問題 p.16～17

1 (1)① **ダーウィン** ② **種の起源**

(2) **個体変異，生存競争(種内競争)，適者生存**

(3) **食べられる食物や生活環境が異なるため，島ごとに異なる変異が進み，種の分化が起こった。**

(4) **生物集団が小さく，島ごとで異なる突然変異と自然選択が起こり，遺伝的浮動も大きいので種の分化による固有種が生まれやすいから。**

2 (1)① **大進化** ② **小進化**

③ **工業暗化** ④ **突然変異**

(2) **a－暗色型 b－明色型 c－明色型 d－暗色型 e－B**

(3) **樹皮の色の違いで，工業地帯では明色型，田園地帯では暗色型が捕食者に食べられやすいから。**

3 (1) 記号 − **ア**

理由 − **適応的な変異は，比較的速やかに集団全体の個体の形質となるから。**

(2) **中立的な変異の集団内への定着は偶然によるため。**

4 a − $q^2 + 2qr$　b − $2pq$

c − 0.30　d − 0.15

解説

1 (1)・(2) ダーウィンはその著書『**種の起源**』で，進化に関する**自然選択説**を唱えた。彼の説の前提は，生物が多くの卵や子を産むのに，世代を超えて個体数はあまり変わらない。つまり一部の個体しか生き残らないことになる。同種生物の個体間にはさまざまな個体変異があるが，同種生物は同じ生態的地位をもつので，種内で激しい生存競争(**種内競争**)が起こる。その結果，より環境に適応した形質の個体のみが生き残る(**適者生存**)。これが原因となって進化が起こるというのが彼の考えである。

(3) 中米エクアドルの西方約 1000 km の位置にあるガラパゴス諸島は，数十の島からなる小群島で，ダーウィンフィンチとよばれる小形の野鳥が生息する。ダーウィンは，ダーウィンフィンチが島ごとに約 20 種類に種が分化していること，島ごとにこの鳥の食物や生息環境が異なることを発見し，彼の進化説確立のヒントを得たといわれている。

(4) ガラパゴス諸島のような海洋島では，生息できる生物の数に限りがあり，小規模な個体群しか生じない。また，島ごとに環境が異なるため，各島でそれぞれの小集団が受ける自然選択の方向にも違いがある。さらに各小集団で生じた突然変異が，その集団内のみに蓄積される。また，小集団であるため遺伝的浮動も大きい。そこで比較的はやい時間で生殖が不可能になる程度の変異，つまり種の分化が進行することになる。その結果，海洋島の固有種の割合は隔離が起こりにくい地域と比べて格段に高くなる。

2 (1) 水中生活から陸上生活への変化のような，種の分化以上の大きな時間スケールで生じる進化を**大進化**，種の形成にいたらないような，小さな時間スケールで生じる集団内での DNA の変化を**小進化**という。イギリスでのオオシモフリエダシャクの工業暗化は，小進化の一例である。オオシモフリエダシャクは，はねが白っぽい霜降り模様の明色型だったが，数百年前に突然変異ではねの色の黒い暗色型が出現した。しかし，18 世紀末に産業革命が起こるまでは，暗色型はあまり見られなかった。

(2)・(3) ケトルウェルの実験では，それぞれの地点での再捕獲率を比べた。場所 A で標識したのは，明色型と暗色型がおよそ 1：1 であったのが，再捕獲ではおよそ 2：1 と暗色型の割合が減少している。また，場所 B で標識したのは，明色型と暗色型がおよそ 2：5 であったのが，再捕獲ではおよそ 1：5 と明色型の割合が減少している。割合が減少したのは，鳥類などの捕食者に見つかって食べられたものが多かったことを示唆している。地衣類やコケ植物が付着すると樹皮は白っぽくなり，明色型はそれに紛れて，鳥などに発見されにくくなる。一方，工業地帯のように煤煙(ばいえん)で樹皮が黒っぽくなると，暗色型のほうが鳥などに見つかりにくくなる。その結果，工業地帯と田園地帯で捕食者による捕食という淘汰(とうた)圧が異なり，田園地帯では明色型が，工業地帯では暗色型が生き残る確率が高くなるため，再捕獲率が高くなると考えられる。

3 (1) 適応的な突然変異とは，より環境に適した形質を産む突然変異のことで，同じような環境が続く限り，その遺伝子頻度は急速に高まる。そして自然選択によって，集団内からその形質をもたない個体は速やかにいなくなり，遺伝子頻度は 1 になる。

(2) 中立的な突然変異では，従来からの遺伝子と，新しく突然変異で生じた遺伝子の間に有利・不利の関係はない。そこで新たな変異が定着するか消滅するか，あるいは従来の遺伝子と適度な割合で共存するかは偶然によって決まり，その間の遺伝的浮動の過程が図の**イ**～**エ**の形で示されている。

4 遺伝子 A，B，O の遺伝子頻度を p，q，r とすると，この国の人の ABO 式血液型の遺伝子型頻度は，$(pA+qB+rO)^2=p^2AA+q^2BB+r^2OO+2pqAB+2prAO+2qrBO$ となり，A 型つまり遺伝子型 AA と AO の遺伝子型頻度の和は，p^2+2pr，B 型つまり遺伝子型 BB と BO の遺伝子型頻度の和は，q^2+2qr，AB 型つまり遺伝子型 AB の遺伝子型頻度は $2pq$，O 型つまり遺伝子型 OO の遺伝子型頻度は r^2 となる。設問より，$r^2=0.3025$ となるが，これから求められる $r=0.55$ は設問中に示されている。A 型の遺伝子型頻度より，$p^2+2pr=0.42$ で，$r=0.55$ であるから，$p^2+1.1p-0.42=0$ の 2 次方程式で求められる。この式は，$(p-0.3)(p+1.4)=0$ と変形できるので，

$p=0.3$ または $p=-1.4$ となるが，$0<p<1$ であるので，$p=0.3$ となる。$p+q+r=1$ であるから，$q=1-0.55-0.3=0.15$ となる。

5 生物の系統と進化

STEP 1 基本問題 p.18～20

1 (1) **リンネ** (2) **ラテン語** (3) **二名法**
(4) ① **属名** ② **種小名**
③ **命名者(命名者名)**
(5) **和名**
(6) **両種の雑種をつくり，この雑種に繁殖能力があるかどうかを調べる。**

2 (1) 相同－**ウ，エ，キ**
相似－**ア，イ，オ，カ**
(2) **海洋で遊泳するという同じ環境と生活に適応した結果，外形が同じようになった。**

3 (1) **A－細菌(バクテリア)**
B－アーキア(古細菌) **C－真核生物**
(2) **ウーズ**
(3) **a－界** **b－門** **c－綱**
d－目 **e－科** **f－属**
(4) ① **なし** ② **なし** ③ **エステル脂質**
④ **エーテル脂質** ⑤ **なし** ⑥ **あり**

4 (1) **C，Q**
(2) **光合成などの炭酸同化をしない従属栄養生物で，細胞壁の成分も植物とは異なるから。**
(3) **D・E－担子菌，子のう菌**(順不同可)
(4) ① **G** ② **a－K** **b－O** **c－N**
(5) 裸子植物－**胚珠がむき出しになっている。**
被子植物－**胚珠が子房に包まれている。**

5 (1) **オ，ク** (2) **ウ，キ**
(3) ① **ウ** ② **ア** (4) **ア**

解説

1 (1)～(4) スウェーデンの植物研究者**リンネ**は1735年『**自然の体系**』を著し，近代分類学を始めるとともに，1753年には**二名法**による学名の表記法を確立した。生物の種の学名は，ラテン語の名詞形で著す**属名**と，ラテン語の形容詞形で著す**種小名**よりなり，その後に**命名者名**を表記するのが一般的である(命名者名は略すことも多い)。

(5) 学名は世界共通の生物名であるが，標準的な日本名は**和名**(**標準和名**)とよばれる。

(6) イノシシとブタは同種生物といわれる。これはイノシシとブタの雑種としてイノブタが生まれ，そのイノブタが，イノブタどうし，イノブタとブタ，イノブタとイノシシのいずれの場合も子をつくることができることによる。ウマとロバにおいて，その雑種であるラバが一代限りで子孫を残せないことから別種とされるのと好対照になっている。なお，日本本土の在来イノシシは *Sus scrofa leucomystax*，家畜として飼育されるブタは *Sus scrofa domesticus* と表記され，別の亜種であると考えられている。

2 (1) **相同**(**器官**)は，形態や機能は異なるが基本構造や発生起源が同じもので，共通の祖先をもつ証拠とされる。一方，**相似**(**器官**)は，形態や機能は似ているが基本構造や発生起源が異なるもので，似た環境やはたらきに対する収束進化(**収れん**)の1つとされる。

ア：ジャガイモの芋は地下茎が変化したもの，サツマイモの芋は根が変化したもので起源が異なる。

イ：タコの眼は表皮が落ち込んでできた器官で，神経管の一部から生じた眼杯と表皮の相互作用でできたもので，ヒトなどの脊椎動物の眼とは発生起源が異なる。

ウ・エ：イヌの前肢とクジラの胸びれ，ハトやコウモリの翼は代表的な相同器官の例である。

オ：コイのえらとアカガイのえらはともに呼吸器官だが，コイは内胚葉性，アカガイは外胚葉性で起源が異なる。

カ：昆虫のはねとニワトリの翼は代表的な相似器官の例である。

キ：硬骨魚類のうきぶくろと陸生脊椎動物の肺は，内胚葉性の消化管から分枝したもので，原始的な肺を起源とした相同器官である。

(2) 硬骨魚類のマグロ，ハ虫類に属する魚竜，哺乳類のイルカは，異なる系統の動物であるが，いずれも海洋での高速遊泳生活に適応した結果，似た外形をもつようになったと考えられており，収束進化(収れん)の代表例として知られている。

3 (1)・(2) 近年，細胞レベルや分子レベルの研究が進み，単純に見える原核生物にきわめて大きな多様性が見られることがわかってきた。1990年アメリカの**ウーズ**らは，原核生物を**細菌**(**バクテリア**)と**アーキア**(**古細菌**)の2つに分け，これに**真核生物**を加えた3つのグループに分ける**3ドメイン説**を提唱した。この説によると，真核生物は，細菌よりもアーキアのほうにより近縁であるとされている。

(3) 生物の分類は，古くから動物と植物の2つの界に分ける方法が用いられ，20世紀後半になって，界を5つに分ける**五界説**が重視された。**界**は，生物の大きな分類階級で，現在ではドメインの1段階下の分類階級として扱われている。界と種の間には，**門・綱・目・科・属**の分類階級がある。例えば，ネコは，真核生物ドメイン，動物界，脊索動物門(脊椎動物門)，哺乳綱，食肉目，ネコ科，ネコ属，ネコと分類される。

(4) 細菌，アーキアの原核生物と真核生物は核膜の有無で分類され，原核生物には核膜や細胞小器官がない。真核生物のDNAは，ヒストンとよばれる塩基性のタンパク質に巻きつく形で核内に存在する。細菌にはヒストンがなく，DNAはむき出し状態だが，アーキアでは真核生物のようにヒストンをもつ。一方，細胞膜の成分として，真核生物と細菌は**エステル脂質**をもつが，アーキアは**エーテル脂質**である。このようにみると，真核生物は，細菌とアーキアの中間的な性質のように見えるが，リボソームを構成するRNAの組成などからアーキアのほうがより近縁であることがわかってきた。また，真核生物の細胞小器官で細胞内共生説から起源が異なるとされるミトコンドリアや葉緑体は細菌の近縁といわれている。

4 (1) クロロフィルaとbをともにもつ生物としては，植物界に含まれる陸上植物のすべて，緑藻類，シャジクモ類，ミドリムシ類があげられるが，シャジクモ類とミドリムシ類は表にはない。維管束は種子植物とシダ植物にのみ見られ，両者を合わせて**維管束植物**ということも多い。

(2)・(3) 菌類は20世紀半ばまで植物に分類する研究者が多かった。その理由として，運動性がないことと細胞壁が存在することがあげられていた。しかし，従属栄養の菌類を，独立栄養の植物に分類する問題点が指摘され，細胞壁の成分や構造の違いなどから，植物と動物のどちらでもない別のグループと考える説が強くなっていった。菌類は，有性生殖の様式により，クモノスカビなどの接合菌類，アカパンカビなどの子のう菌類，マツタケやシイタケなどの担子菌類，グロムス菌類，ツボカビ類に分類される。

(4) 外骨格をもつ動物としては，節足動物があり，棘(きょく)皮(ひ)動物の表面には，石灰質の殻をもつものが多い。環形動物はからだが多数の体節に分かれている。また，節足動物は硬い外骨格をもつからだが複数の体節に分かれるとともに，脚にも節が見られる。プラナリアはからだが扁平(へんぺい)な扁形動物で，イソギンチャクは中胚葉の発達しない二胚葉性の刺胞動物，ナマコはウニやヒトデとともに棘皮動物に分類される。

(5) 維管束植物のうち，種子を形成するものを種子植物という。種子は胚珠の発達したもので，裸子植物では胚珠がむき出しだが，被子植物では胚珠は子房に包まれている。子房はふつう果実になる。

5 (1)・(2)・(4) (1)の選択肢のうち，**エ**の乳で子を育てるのは，哺乳類共通の特徴である。哺乳類の中で，カモノハシなどの単孔類には胎盤がなく，カンガルーなどの有袋類では胎盤が発達していないので，**カ**の胎盤の発達は，真獣類(有胎盤類)の特徴である。霊長類は，真獣類のなかの樹上生活に適応した動物群で，木の枝などをつかむように，親指と他の指が向き合う**拇(ぼ)指(し)対向性**をもち，木から木に飛び移りやすいよう，両目が頭部前面に集中して立体視の範囲が広くなっている。**イ**の尾がないは，ヒトを含む**類人猿**の特徴で，ヒト科では**直立二足歩行**が可能になり，そのため頭骨から脊髄の出口である**大後頭孔**が頭部の真下にできている。種としてのヒトの特徴として，あごが退化しておとがいが形成され，目の上の**眼窩上隆起**(がんかじょうりゅうき)が小さいことなどがあげられる。

(3) 約700万年前に出現した，**サヘラントロプス**などの初期人類ののち，**アウストラロピテクス類**が現れたが，その脳容積は類人猿のゴリラと変わらなかった。約200万年前に，最初のヒト属の**ホモ・エレクトス**が現れた。脳容積はゴリラの2倍を超え，多様な環境に順応して分布を広げた。その後，**ネアンデルタール人**が現れ，やがて20万年前にヒト，つまり**ホモ・サピエンス**が現れたとするのが従来の説で，本設問はこれに従っている。現在では，ネアンデルタール人の出現はヒトとあまり変わらず，その前に**ホモ・ハイデルベルゲンシス**などの旧人の時代があったとされている。

STEP ② 標準問題 p.21～23

1 a－人為分類　b－自然分類(系統分類)
c－種　d－属　e－科　f－学名
g－二名　h－リンネ　i－属名
j－種小名　k－系統　l－系統樹

2 (1) a－0.76　b－1.51　c－3.67
(2) 654万年前(652万年前)
(3) 大後頭孔が真下に向かって開き，直立二足歩行に適した形態になっている。

3 (1)①ウ ②ア ③イ ④オ ⑤エ
⑥カ ⑦キ ⑧ケ ⑨ク
(2)④，⑤，⑥，⑦，⑧，⑨
(3)被子植物
(4)⑥，⑦，⑧，⑨
(5)ソテツ(イチョウ)
(6)⑧は葉が平行脈で，維管束が分散し，形成層がない。⑨は葉が網状脈で，維管束が環状に配置し，形成層がある。

4 (1)A−コ B−エ C−ウ D−ス
E−ク F−カ G−オ H−ケ
(2)①イ ②オ ③ク ④エ
⑤キ ⑥ア

5 (1)ア (2)ウ (3)樹上生活
(4)a−ソ b−イ c−オ d−ス
e−キ f−ア g−ケ h−サ
i−ク j−ア

解説

1 益虫・害虫という分類や，野菜・家畜などの分類は，人間の生活を基準とした生物の分類で**人為分類**とよばれる。これに対して，科学的な分類として進化にもとづく類縁関係で分類する，**自然分類**あるいは**系統分類**がある。しかし，実際には進化過程が完全に解明されたわけではないので，現時点では自然分類に近い人為分類が行われている。スウェーデンの**リンネ**は分類学の父とよばれ，ラテン語による**二名法**で生物名を表す**学名**のルールをつくったり，属・科などの分類階級を使って分類する方法を提唱したりした。しかし，リンネの時代には進化説は生まれておらず，種の定義は現在とは違っていた。生物の進化にもとづく類縁関係を**系統**とよび，系統を図示したものを，樹木の枝分かれのようすに似ることから**系統樹**とよぶ。

2 (1) Hints にも書いたように，ヒトとゴリラの間の遺伝子の変異は1.51%であるが，これは共通の祖先から枝分かれした後，それぞれの枝で変異が起こった結果であり，各枝での変異は(偶然に同じ変異が起こる確率は0と考えられるので)，その値の半分の0.755%となる。オランウータンとヒト・ゴリラとの変異は，$(2.98+3.04)\div 2=3.01$〔%〕で，各枝ではその半分ずつ，つまり1.505%ずつ変異が起こったと考えられる。同様に，アカゲザルと3種類の類人猿との間の変異は，$(7.51+7.39+7.10)\div 3=7.333\cdots$〔%〕となり，各枝ではその半分ずつ，つまり3.666…%の変異が起こったと考えられる。

(2) オランウータンとヒト・ゴリラが1300万年前に分岐し，それぞれの枝での変異が(1)の**b**の答え1.51%と考えると，1%の変異に $1300\div 1.51 \fallingdotseq 860.9$〔万年〕かかる。ヒトとゴリラの間の変異が0.76%なので，$860.9\times 0.76 \fallingdotseq 654.3$〔万年前〕と計算できる。

四捨五入しない実際の値を考えると，オランウータンとヒト・ゴリラの変異は1.505%で，ヒトとゴリラの変異も0.755%である。この値で計算すると，652.2万年前となり，652万年前でも正解とする。

(3) **大後頭孔**は頭骨から脊髄が出る穴である。ゴリラでは大後頭孔が頭骨の後方にあり，その出口もやや斜め後方に開口している。これは頭部がからだの斜め前方についていることを示しており，二足歩行をする際にバランスが崩れやすい。これに対して，ヒトでは，大後頭孔が頭骨の中央寄りで真下に開口している。その結果，首は頭の真下につき，その下に胴部がある。頭部は前方に突出せず，頭部の重みを脊椎が真下から支える形になっている。この形態は完全な直立二足歩行を可能にするとともに，脳容積の増大にも耐えうる構造となっている。

3 (1)〜(5) 現在の分類学では，陸上植物のみが植物で，水中でくらす光合成生物は多細胞体であっても原生生物に分類する。クロロフィルaしかもたない生物としては**シアノバクテリア**と**紅藻類**があるが，シアノバクテリアは原核生物である。クロロフィルaとbをもつ水生生物は，選択肢中では**緑藻類**のみで，クロロフィルaとcをもつ生物も，選択肢中では**褐藻類**のみである。陸上生活をする植物のうち，維管束をもたないものとして**コケ植物**がある。維管束をもつ維管束植物には，前葉体をつくる**シダ植物**と種子で増える**種子植物**がある。運動性の配偶子とは**精子**のことで，コケ植物やシダ植物には一般的に見られ，種子植物の中でも，裸子植物に属する**ソテツ**と**イチョウ**だけが精子をつくる。精子をつくらない種子植物は精細胞が受精に関わるが，胚珠が子房に包まれていない(子房がない)**裸子植物**と，胚珠が子房に包まれている**被子植物**に分かれる。被子植物には，子葉が1枚の**単子葉類**と2枚の**双子葉類**がある。

(6) 単子葉類は子葉が1枚の被子植物だが，葉脈は平行脈で，根はひげ根，茎には維管束が散在し，形成層がないため肥大成長しない。一方，双子葉類は子葉が2枚の被子植物だが，葉脈は網状脈で，根は主根と側根をもち，茎にある維管束は環状に配置し，木部と師部の間に形成層があって肥大成長できる。

4 (1) 動物の分類はおよそ次のように行われている。

胚葉の分化なし………………………海綿動物
二胚葉性(放射相称)…………………刺胞動物
三胚葉性(左右相称)……
　口と肛門の区別なし…………………扁形(へんけい)動物
　口と肛門の区別あり……
　　原口→口…節足動物・線形動物・環形動物・軟体動物など
　　原口→肛門…棘皮(きょくひ)動物・脊椎動物など

なお，原口が口になる旧口動物のうち，軟体動物と環形動物は**トロコフォア**とよばれる幼生期をもち，あわせて**冠輪動物**ともいわれる。これに対して節足動物や線形動物はトロコフォア幼生期をもたず，脱皮して成長することから，**脱皮動物**とよばれる。また，原口が肛門になる新口動物のうち，棘皮動物はからだが相同の5つの部位からできており，**五放射相称**である。

(2) **刺胞動物**には，クラゲ，イソギンチャク，サンゴ，ヒドラなどがある。**節足動物**には，昆虫類のほか甲殻類やクモ類，ムカデ類などがある。**軟体動物**には，二枚貝類と巻き貝類のほかタコやイカなどの頭足類がある。**環形動物**は，大きくミミズ，ゴカイ，ヒルの仲間に分けられる。**棘皮動物**には，ウニ，ナマコ，ヒトデの仲間がいる。**脊椎動物**には，魚類・両生類・ハ虫類・鳥類・哺乳類がある。なお，ナメクジウオは原索動物(脊椎動物に近縁)，ツボワムシは輪形動物(からだがトロコフォア幼生に似ているので，冠輪動物に属する)，ヒラムシはプラナリアに近い海産の扁形動物である。

5 (1) 哺乳類には，カモノハシなどの単孔類とカンガルーなどの有袋類，ヒトを含む真獣類(有胎盤類)がある。単孔類は，卵を産んで，ふ化した子を乳で育てる最も原始的な哺乳類で，初期の哺乳類は単孔類のようにハ虫類と哺乳類の特徴を合わせもっていたと考えられる。

(2)・(3) 中生代の間に，哺乳類の中に発達した胎盤をもつ真獣類が現れた。このうち，現在のモグラに似た原始食虫類というグループが，新生代になってさまざまな環境に進出して，急速に適応放散したなかで，樹上生活を始めたものが**霊長類**である。

(4) ヒトとゴリラを比較してみよう。ゴリラの脳容積は最大で500 mLにすぎないが，ヒトでは平均して1500 mLの脳容積がある。目の上にある頭蓋骨の隆起(**眼窩(がんか)上隆起**)は，ゴリラではきわめて顕著だが，ヒトではほとんど見られない。**大後頭孔**は，頭蓋骨の下部にある穴で，ここから脊髄が出る。ゴリラでは，この穴が斜め後ろに向かって開口するが，**直立二足歩行**をするヒトでは，真下に向かって開口している。顔の前面にあたる上下のあごの骨は，ゴリラではやや前方に突出するが，ヒトでは前に突出しないで平らである。**犬歯**はゴリラでは鋭く発達しているが，ヒトでは小さく発達していない。**おとがい**は下あごに見られるくぼみで，ゴリラには全く見られず，ヒトには見られるため，ヒトはややしゃくれたあごになる。ゴリラは四足歩行のため，前肢と後肢の長さはあまり変わらないが，ヒトでは腕はあしより短く，膝を地面につけないと四足歩行できないほどである。ヒトの**骨盤**は，上半身の重量を支える必要からじょうぶで横広になっている。また，足の裏の**つちふまず**はゴリラには見られない。

STEP 3 チャレンジ例題 1

p.24～26

1 ① オゾン層　② 紫外線　③ 昆虫類
④ 両生類　⑤ 重力　⑥ オゾン層
⑦ 昆虫類　⑧ 重力

2 受精に水を必要としないという利点。

3 ① 46　② 44　③ 常染色体　④ 2
⑤ 性染色体　⑥ 46　⑦ 22　⑧ 1

4 2^{13} 通り(8192通り)

5 (1) ① ア　② 黄色　③ 3：1　④ 潜性
⑤ イ
(2) ⑥ Aa　⑦ 1：1
⑧ 黄色：黒色＝1：1

6 28.6〔%〕

7 (1) ① 0.75　② 0.25　③ 0.5625
④ 0.375　⑤ 0.0625　⑥ 6〔%〕
(2) ⑦ aa　⑧ 1.50　⑨ 0.80　⑩ 0.20
⑪ 80〔%〕　⑫ 20〔%〕

8 ① 緑藻類　② シャジクモ類　③ 配偶体
④ 胞子体　⑤ 精子　⑥ 種子植物
⑦ 維管束植物　⑧ 維管束　⑨ 胞子
⑩ 種子　⑪ 子房　⑫ b　⑬ e　⑭ c

9 ① 子のう　② 担子　③ 接合
④ 菌糸　⑤ アメーバ
⑥・⑦ 細胞性粘，変形(順不同可)

解説

1 陸上に生物が進出したのは，約4億5千万年前のことといわれる。藻類の繁栄によって水中や大気中の酸素濃度が高まり，やがて酸素は大気上層に達して太陽からの強い紫外線によってオゾン O_3 に変化して，成層圏に**オゾン層**が形成された。オゾン層は太陽からの有害な紫外線を遮(さえぎ)ることで，地表に降り注ぐ有害な**紫外線**が激減し，やがて生物の陸上への進出を可能にした。最初の陸上生物は**コケ植物**と考えられるが，古生物学上の証拠はない。古生代のシルル紀に入ると**シダ植物**が出現し，最初の陸上動物と考えられる**昆虫類**が現れた。デボン紀になると，脊椎動物の**両生類**が現れた。陸上への生物の進出には，重力および乾燥に耐えられるからだが必要である。しかし，コケ植物の受精には水が必要なこと，両生類では受精も胚発生も水中で行うことなど，十分には陸上生活に適した形態にはなっていない。

2 生物の陸上への進出で最も重要なことは，乾燥と重力に耐えられる構造の獲得である。種子植物では，イチョウとソテツを除き，受精は胚のう中の卵細胞と花粉が成長してできた花粉管中の精細胞で行われる。精子は受精の際に水中を泳いで卵に達する必要があり，受精に水を必要とする。これに対して精細胞は運動能力がなく，花粉管の伸長によって卵細胞まで運ばれるので，受精に水を必要としない。花粉は風によって運ばれたり，動物によって運ばれたりするため，受粉にもふつうは水を必要としない。

3 ヒトの体細胞の染色体数は一般に $2n=46$ と示される。この状態の細胞・からだは**二倍体**とよばれる。ヒトの染色体は，44本の常染色体と2本の性染色体からなる。常染色体は22種類あり，相同染色体を2本ずつもっている。さらに女性は，X染色体とよばれる性染色体を2本，男性はX染色体とY染色体を1本ずつもっている。卵や精子は，減数分裂によって染色体数が半減し，常染色体22種類1本ずつと，性染色体を1本もっている。この状態の細胞を**一倍体**あるいは**半数体**という。

4 $2n=2$ の生物(実在しない)では，減数分裂によって，母細胞のもつ2本の染色体のうち一方をもつ配偶子ができるので，配偶子のもつ染色体は2通りあることになる。$2n=4$ の生物では，染色体は2本ずつの相同染色体が2組で構成され，減数分裂ではそれぞれ相同染色体のうちいずれか片方をもらうことになる。配偶子のもつ染色体の組み合わせは，$2\times2=2^2=4$〔通り〕ある。$2n=6$ の生物では，染色体は2本ずつの相同染色体が3組で構成され，減数分裂ではそれぞれ相同染色体のうちいずれか片方をもらうことになる。配偶子のもつ染色体の組み合わせは，$2\times2\times2=2^3=8$〔通り〕ある。このように，染色体数 $2n$ 本の生物の配偶子に見られる染色体の組み合わせは，2^n 通りある。設問の $2n=26$ の生物の場合，配偶子の染色体の組み合わせは $2^{13}(=8192)$ 通りある。

5 (1) **ア**は題意に一致しない。A が a に対して顕性であれば aa のみが黒色となり，**ウ**だと黒色個体は生まれない。また，**エ**だと黄色個体は AA だけで，黄色個体どうしからは黒色個体は生まれない。結果的に，親の黄色個体の遺伝子型は Aa で，次代の遺伝子型の分離比は $AA:Aa:aa=1:2:1$ となる。しかし，遺伝子型 AA の個体は死亡して生まれてこないので，生まれてくる子の表現型の分離比は，黄色：黒色＝2：1となる。

(2) 黄色個体の遺伝子型は Aa で，黒色個体の遺伝子型は aa になる。次代の遺伝子型の分離比は，$Aa:aa=1:1$ となり，黄色：黒色＝1：1となる。

6 組換え価は，原則として F_1 の検定交雑の結果から考える。F_1 と[白・短]の個体との交配が検定交雑に相当し，その分離比から，

$$組換え価=\frac{21+23}{56+21+23+54}\times100\fallingdotseq28.6〔\%〕$$

となる。なお，この場合，赤花の遺伝子を A，白花の遺伝子を a，長おしべの遺伝子を B，短おしべの遺伝子を b とすると，F_1 の配偶子の遺伝子型の分離比はおよそ $AB:Ab:aB:ab=5:2:2:5$ となり，F_1 の自家受精でできる F_2 は下の表のようになる。

	5*AB*	2*Ab*	2*aB*	5*ab*
5*AB*	25*AABB*	10*AABb*	10*AaBB*	25*AaBb*
2*Ab*	10*AABb*	4*AAbb*	4*AaBb*	10*Aabb*
2*aB*	10*AaBB*	4*AaBb*	4*aaBB*	10*aaBb*
5*ab*	25*AaBb*	10*Aabb*	10*aaBb*	25*aabb*

7 (1) 顕性の遺伝子 A の頻度が75%，潜性の遺伝子 a の頻度が25%とあるので，それぞれの頻度を p，q $(p+q=1)$ で表すと，$p=0.75$，$q=0.25$ となる。この集団の理論上の遺伝子型頻度は，$(pA+qa)^2$ の展開式，$p^2AA+2pqAa+q^2aa$ で示されるので，遺伝子型 AA の遺伝子型頻度は，$p^2=0.75^2=0.5625$，遺伝子型 Aa の遺伝子型頻度は，$2pq=2\times0.75\times0.25=0.375$，遺伝子型 aa の遺伝子型頻度は，$q^2=0.25^2=0.0625$ になる。このうち遺伝子型 aa のみが表現型「はね無し」になるので，その比率は $6.25\fallingdotseq6$〔%〕

(2) ハーディ・ワインベルグの法則がなりたつ集団では，世代を超えて遺伝子頻度は変わらないので，設問の集団の誕生時の遺伝子 A の遺伝子頻度は 0.75，遺伝子 a の遺伝子頻度は 0.25 である。そして，(1)より，遺伝子型頻度は AA が 56.25％，Aa が 37.5％，aa が 6.25％である。「はね無し」つまり遺伝子型 aa の個体がすべて捕食されると，残った個体は $AA : Aa = 56.25 : 37.5$ で，遺伝子 A の頻度が，$0.5625 \times 2 + 0.375 = 1.50$，$a$ の頻度が 0.375 となる。しかし，これでは両者の頻度の合計が 1 になっていないので，遺伝子頻度の和を 1 となるように補正すると，遺伝子 A の遺伝子頻度が，$1.50 \div (1.50 + 0.375) = 0.80$，遺伝子 a の遺伝子頻度が，$0.375 \div (1.50 + 0.375) = 0.20$ となる。

8 現在の分類学では，植物界は陸上植物つまりコケ植物，シダ植物，種子植物に限定されている。酸素発生型光合成を行う生物は，約 27 億年前に出現した原核生物のシアノバクテリアから始まるが，陸上植物の直接の祖先は，**緑藻類**に近い**シャジクモ類**とよばれる淡水生の生物であったと考えられている。それ以前の原生生物である，多細胞性藻類(紅藻・褐藻・緑藻など)の時点でも，染色体数 n の時期に体細胞分裂をして，配偶体を形成する性質は獲得されていた。シャジクモ類から陸上植物にいたる過程(図のA)で植物が獲得した形質の1つは，遊泳性の雄性配偶子である精子と運動性をもたない雌性配偶子である卵の受精という受精形態である。主に風散布性の胞子によって繁殖するのも，植物にのみ見られる形質といえる。シダ植物と種子植物には道管・仮道管や師管などからなる維管束系が見られるので，**維管束植物**と総称される。コケ植物には維管束はない。種子は休眠を行う幼植物で，乾燥や寒冷に耐えるじょうぶな種皮をもつ。裸子植物と被子植物は合わせて**種子植物**とよばれ，染色体数 $2n$ の時期のはやい段階で種子をつくる。また，裸子植物の胚珠(将来種子になる部分)は子房に包まれずむき出しだが，被子植物の胚珠は子房に包まれている。

9 キイロタマホコリカビなどの**細胞性粘菌**や，ムラサキホコリカビなどの**変形菌**のような，アメーバ状の単細胞生活をする時期のある生物は，現在では菌類ではなく原生生物に分類されている。胞子が発芽してできた糸状の菌糸が成長していく菌類には，アカパンカビなどの**子のう菌類**，シイタケ・マツタケなどの**担子菌類**，ケカビやクモノスカビなど接合胞子をつくる**接合菌類**がある。

STEP 3 チャレンジ問題 1

p.27～31

1 (1) a－サ　b－ス　c－シ　d－イ
e－エ　f－コ　g－カ　h－ク
i－ア　j－キ　k－オ　l－ケ
m－ウ
(2) ア，エ，カ
(3) 昆虫のからだに付着する虫媒花の花粉に対し，風媒花の花粉は多量につくられて大気中に直接放出されるから。

2 (1) a・b－卵，精子(順不同可)
(2) ① 相同染色体　② 動原体
③ 二価染色体　④(下図)

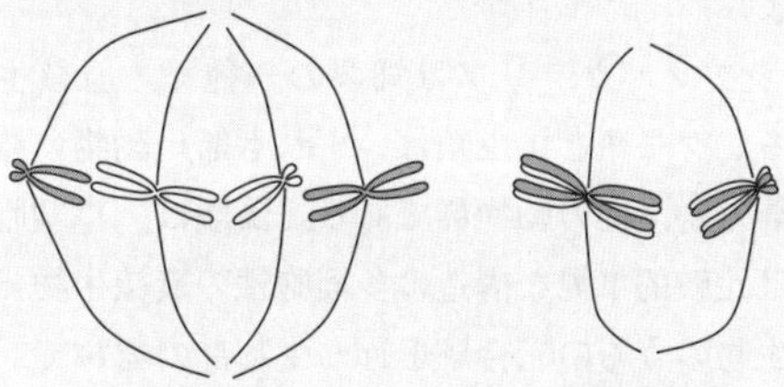

(3) 娘(むすめ)細胞には相同染色体の一方しか配分されず，配分される染色体が娘細胞によって異なるため。

3 (1)① j　② l　(2) キ　(3) 1：4
(4) 72〔%〕

4 (1) イ　(2) 1000 万〔年〕
(3) 3 億 5000 万〔年前〕

5 (1)① 種の起源　② 自然選択　③ 捕食
(2) ウ
(3) 予測－長くなっていた。
理由－後脚が長く，はやく走ることができる個体のみが生き残ったから。

6 (1) イ，エ　(2) ウ
(3) 数値－イ　考察－Ⅱ

解説

1 (1) 原始生物は，海洋中で無機物から無生物的に生じた有機物がもととなり形づくられた。この有機物の生成過程を**化学進化**という。最初の生物は嫌気性単細胞の原核生物で，従属栄養生物か独立栄養生物かについては意見が分かれている。酸素発生型光合成をするシアノバクテリアの出現によって，酸素 O_2 が蓄積し始め，その結果として好気性生物の出現や真核生物化・多細胞生物化が起こった。古生代に入ると藻類の繁栄が進み，酸素濃度が高まった。また，三葉虫などの硬い殻をもった動物も増え，これらが示準化石となって残ったため，地質年代が決められた。古生代のカンブリア紀末には酸素の蓄積によって，成層圏にオゾン層が形成され，陸上での生物の生存が可能になった。原始的なシダ植物，昆虫類や両生類などが初期の陸上生物の代表である。現在の生物相を見ると，動物では昆虫類，植物では種子植物，特に被子植物の種類が多い。被子植物には目立つ花をつけ，昆虫によって花粉を媒介してもらう虫媒花が繁栄しており，虫媒花と花粉を媒介する昆虫との関係は相互依存的で，いわゆる**相利共生**の関係にある。虫媒花と昆虫は，互いの生存と繁殖を相手の種に依存しあいながら進化してきたと考えられており，このような進化の過程を**共進化**とよぶ。

(2) シアノバクテリアは細菌の一種で，原核生物に属する。クモ類と昆虫類はいずれも節足動物に属する生物群だが，別の動物群である。藻類は，単細胞性あるいは比較的単純な構造の多細胞性の真核生物である原生生物のうちの光合成を行う生物群の総称で，原核生物であるシアノバクテリアは含まない。裸子植物・被子植物は種子植物に属する生物群で，シダ植物と種子植物は，ともに維管束をもつ植物群であるため，維管束植物と総称されることもあるが，種子形成の有無によって別の生物群として扱われることも多い。

(3) 虫媒花の花粉は，昆虫のからだに付着することでめしべに運ばれるので，大気中に放散されることはほとんどない。これに対して風媒花の花粉は，大気中に放散され，風によって移動してめしべに達するので，受粉効率が悪いため，多量の花粉が生産される。また，大気中を拡散して移動するため，私たちの呼吸器の中にも入り込みやすい。したがって，それを異物として排除する免疫機構にも作用しやすく，免疫反応が過敏になることで花粉症が引き起こされる。

2 (1) 細胞分裂にはふつうの細胞をつくる**体細胞分裂**と，卵や精子・胞子などの生殖細胞をつくる**減数分裂**がある。

(2) 図のⅠとⅠ′のような，同形同大の染色体を**相同染色体**という。また，染色体のくびれている部分は**動原体**といい，紡錘糸(ぼうすいし)の結合する部位である。④で体細胞分裂を描く際には，各染色体が同じ平面にあること，紡錘糸と染色体の動原体部がつながっていることが重要である。また，減数分裂の場合，相同染色体が動原体の位置を同じにして対合した**二価染色体**を描くことが重要である。

(3) 減数分裂で生じる娘細胞は，その染色体数が母細胞の半分になる。減数第一分裂で対合した相同染色体のうち，一方しか娘細胞に伝わらないので，その伝わり方が娘細胞によって異なることに触れる。対合した相同染色体間で乗換えが起こり，娘細胞に伝わる遺伝子の組み合わせがさらに複雑になっていることまでは触れる必要はないだろう。

3 (1) 遺伝子 M と N を合わせもてば赤花，遺伝子 M をもち nn だと黄花，mm であれば NN，Nn，nn いずれでも白花になり，QQ と Qq は長花粉，qq は丸花粉になる。実験Ⅰでは純系の［黄花・丸花粉］の遺伝子型は $MMnnqq$ で，純系の［白花・長花粉］の遺伝子型は，生じる個体が赤花であることから，$mmNNQQ$ である。生じる個体つまり F_1 の遺伝子型は $MmNnQq$ である。実験Ⅱは，生じる F_1 が［黄花・長花粉］になるので，両親は $MMnnQQ$ と $mmnnqq$ である。結果的に実験Ⅳは $MmNnQq$ と $mmnnqq$ の交配つまり**検定交雑**になっている。［黄花・長花粉］には，$MMnnQQ$，$MMnnQq$，$MmnnQQ$，$MmnnQq$ の4つの遺伝子型があり得るが，検定交雑では顕性ホモの遺伝子型の子はできないので，②は $MmnnQq$ しかない。

(2) 実験Ⅳの結果の表を見ると，$MmNnQq : MmNnqq : MmnnQq : Mmnnqq : (mmNnQq + mmnnQq) : (mmNnqq + mmnnqq) = 1:4:1:4:8:2$ になっている。このことから，設問中の下線部Ⓐがつくる配偶子の遺伝子型で，$MN : Mn = 1:1$ となる。独立・完全連鎖・不完全連鎖いずれでも下線部Ⓐの配偶子の MN と mn，Mn と mN の割合はそれぞれ同じになるはずなので，F_1 の配偶子の遺伝子型の分離比は，$MN : Mn : mN : mn = 1:1:1:1$ となり，両遺伝子は独立の関係，つまり，異なる染色体上にあることがわかる。また，実験結果の表から，下線部Ⓐの配偶子の遺伝子型で，$MQ : Mq : mQ : mq = 2:8:8:2 = 1:4:4:1$ となっていることから，M と q，m と Q が同じ染色体上に連鎖しており，組換え価20％で遺伝子の組換えが起こっていることがわかる。なお，$M(m)$ と $N(n)$ が異なる染色体上にあり，$M(m)$ と $Q(q)$ が同じ染色体上にある以上，$N(n)$ と $Q(q)$ も異なる染色体上にあるとしか考えられない。

(3) 実験Ⅳで得られる［黄花・長花粉］の子の遺伝子型は $MmnnQq$ で，一方の親が潜性ホモであったことから，この場合 M と Q，m と q が連鎖している。そこで生じる配偶子の遺伝子型は，$MnQ : Mnq : mnQ : mnq = 4:1:1:4$ になる。下線部Ⓒは遺伝子型が $mmNNqq$ で，生じる配偶子の遺伝子型は mNq のみである。生じる子の遺伝子型の分離比は，

$MmNnQq$：$MmNnqq$：$mmNnQq$：$mmNnqq$ = 4：1：1：4 で，［赤花・長花粉］：［赤花・丸花粉］：［白花・長花粉］：［白花・丸花粉］= 4：1：1：4

(4) 実験Ⅳの［黄花・長花粉］と下線部Ⓑの遺伝子型はいずれも $MmnnQq$ である。$N(n)$ は両方潜性なので考えなくてよい。M と Q，m と q が連鎖しており，その組換え価は 20% なので，生じる子の表現型の分離比は，［黄花・長花粉］：［黄花・丸花粉］：［白花・長花粉］：［白花・丸花粉］= 66：9：9：16 になる。この中の白花は $mmQQ$，$mmQq$，$mmqq$ で，花粉の形だけを考えれば，QQ：Qq：qq = 1：8：16 である。QQ の自家受精で生じる子はすべて［長花粉］，Qq の自家受精で生じる子は［長花粉］：［丸花粉］= 3：1，qq の自家受精で生じる子はすべて［丸花粉］になる。これを親の数の比に合わせると，生じた個体全体の数の比は，［長花粉］：［丸花粉］= 1×4＋8×3：8×1＋16×4＝28：72 となる。

4 (1) 表を見ると，動物**C**とほかの動物との違いは 65，75，71 と，動物**A**，**B**，**D**間の違いより明らかに大きい。つまり，**C**はほかの動物とはやくから枝分かれをして，独自の進化を遂げたと考えられる。選択肢の中でそのような分子系統樹になっているのは，**イ**と**オ**のみである。次に**C**を除いて考えると，**B**は**A**，**D**いずれに対しても 40 を超える変異数を示しており，**A**－**D**間の変異数は 26 とほかとは明らかに小さい。このことは，3 種の生物の間で，まず**B**が分岐し，その後**A**と**D**で分岐が起こったことを示している。そのような分子系統樹になっているのは**イ**だけである。

(2) **A**と**D**の分岐が起こったのが約 1 億 3 千万年前とすると，それから後のそれぞれ独自の進化過程で，26 のアミノ酸配列の変異が起こったと考える。ただ，重要なのは「それぞれ」の生物で独自の変異が起こったのであるから，**A**，**D**それぞれの遺伝子では 26 の半分，つまり 13 ずつの変異が起こったと考えることである。1 億 3 千万年で 13 の変異であるから 1 つの変異が起こるのに要する平均時間は，1 億 3 千万 ÷ 13＝1000 万ということになる。なお，**A**，**D**の遺伝子で同じ変異が起こったり，変異によってもとの配列に戻ったりという変化は，とても低い確率なので考慮しない。

(3) 動物**C**が動物**A**，**B**，**D**の祖先と枝分かれした時期を答えればよい。**C**と**A**，**B**，**D**の変異は 65，75，71 でその平均は約 70.3 である。それぞれのアミノ酸配列の変異数はその半分で，1 変異に要する時間が，(2)より 1000 万年である。したがって，(70.3 ÷ 2)×1000 万＝35150 万年 となり，およそ 3 億 5000 万年前ということができる。

ここに注意 ちなみに，設問の動物**A**は哺乳類の真獣類に属するウシ，**B**は哺乳類の単孔類に属するカモノハシ，**C**は硬骨魚類のコイ，**D**は哺乳類の有袋類に属するカンガルーである。

5 (1) ダーウィンは若い頃のビーグル号での航海の過程で，ガラパゴス諸島でのゾウガメやダーウィンフィンチの研究を通して，環境に適応した個体が生き残ることで進化が起こるという考えにいたり，1859 年にその著書**『種の起源』**で**自然選択**による進化の考えを提唱した。空欄③については，トカゲ**B**の雄がトカゲ**A**に食べられたと考えるのが妥当であろう。

(2) **ア**の小笠原(おがさわら)諸島のウシガエルは，**外来生物**が生態系に影響を与えている例である。

イの喫煙による肺がん患者の子が肺がんになる率が高い理由は，受動喫煙による発症と，肺がんを起こしやすい遺伝形質の遺伝の可能性が考えられるが，いずれも進化とは結びつかない。

エのカエルの例は，単に気候による成長の差である。つまり，昨年は水温が低く 7 月の時点でおたまじゃくしだったが，今年は水温が高くて 7 月にはカエルにまで育っていたものと考えられる。

ウはダーウィン自身が研究したもので，小さな島からなるガラパゴス諸島で，島ごとに食物や環境が異なっていた結果，島ごとで変異が蓄積して種の分化が起こり，多様なフィンチが誕生したという進化の結果と考えられる。

(3) トカゲ**B**の雄がトカゲ**A**の食物として捕食される。当然その際に，トカゲ**B**の雄は逃げようとする。後脚が長く，逃げあしの速い個体は，捕食からまぬがれて生き残ることができるので，生き残った個体は後脚が長い個体が多くなると考えられる。

6 (1) 拇指(ぼし)対向性と眼が前方についているという特徴は樹上生活に伴い獲得した形質であり，直立二足歩行を行わない霊長類にも共通して見られる。大後頭孔は二足歩行を行う中で重い頭部を垂直に支えるために真下を向くようになった。また，骨盤が幅広く上下に短くなったことは，直立二足歩行に伴う衝撃を和らげるためである。

(2) 互いに異なっているアミノ酸の割合が小さいほど，共通祖先から分岐してから時間が経過していないと考えられる。よって，表内の最小の値であるゴリラとチンパンジーの分岐が一番最近に起こった出来事である。したがって，**イ**，**エ**，**オ**は誤り。次に，チンパンジーとゴリラの共通祖先とオランウータンの違いを求めると，チンパンジーとオランウータンの違い(1.93％)とゴリラとオランウータンの違い(1.77％)の平均から1.85％となる。この値とオランウータンとニホンザルの違い(4.85％)を比較すると，チンパンジーやゴリラの共通祖先のほうが異なっているアミノ酸の割合が少ない。よって，オランウータンとチンパンジーやゴリラの共通祖先が分岐してからの時間より，オランウータンとニホンザルが分岐してからの時間のほうが長いと言える。したがって，**ウ**が正解となる。

(3) ヒトとチンパンジーの間のアミノ酸配列の違いをx％とすると，

	アミノ酸配列の違い	分岐した年代
チンパンジー－オランウータン	1.93％	1300 万年前
ヒト－チンパンジー	x ％	600 万年前

上の表より，

1.93％：1300 万年＝x ％：600 万年　x ≒ 0.89〔％〕

実際に調べた値が予測値よりも小さくなったことから，ヒトとチンパンジーにおいて分岐後の遺伝子Aに生じる変化速度が小さくなったことが考えられる。

Ⅰ：ヒトの集団内で新たに生じた対立遺伝子は，チンパンジーの遺伝子Aの塩基配列とは共通していないと考えられる。よって，この異なる遺伝子配列をもつ対立遺伝子の頻度が上がると，遺伝子Aに生じる変化速度はむしろ大きくなるため，誤り。

Ⅱ：重要度が高いタンパク質Aの機能が損なわれるような突然変異はその個体にとって不利にはたらくため，そのような突然変異が生じた個体は自然選択により排除されやすい。よって，ヒトでは遺伝子Aの変化速度は小さくなると考えられるため，正しい。

Ⅲ：医療の発達により，タンパク質Aの機能を損なっても生存に影響しにくくなると，遺伝子Aに生じた変異は子孫に受け継がれやすくなる。その場合，遺伝子Aの変化速度は小さくならないと考えられるため，誤り。

第２章　生命現象と物質

6　細胞と物質

STEP ①　基本問題　p.32～34

1 ①生体膜　②リン脂質　③親水
④疎水　⑤タンパク質
⑥流動モザイクモデル　⑦疎水
⑧選択的透過性　⑨エンドサイトーシス
⑩エキソサイトーシス

2 ①ゴルジ体　②核小体　③細胞壁
④葉緑体　⑤小胞体　⑥リボソーム
⑦液胞　⑧ミトコンドリア
⑨染色体　⑩中心体　⑪細胞膜

3 ①20　②アミノ酸　③アミノ
④カルボキシ　⑤水　⑥ペプチド
⑦一次　⑧二次　⑨αヘリックス
⑩βシート　⑪三次　⑫四次
⑬フォールディング

4 (1) 基質
(2) A－酵素－基質複合体　B－活性部位
(3) タンパク質　(4) 補酵素
(5) 物質－阻害物質
影響－酵素による反応の進行が遅くなる。

5 (1) a－ミオシン　b－キネシン
c－ダイニン
(2) モータータンパク質
(3) タンパク質－免疫グロブリン(抗体)
d－可変部　e－定常部
(4) 体内に侵入した特定の抗原と結合する部位。
(5) イオンチャネル　(6) シグナル分子

解説

1 生体膜の主成分である**リン脂質**は，1分子のグリセリンに2分子の脂肪酸と1分子のリン酸が結合してできており，分子中に水をはじく性質(**疎水性**)の部分と，水になじみやすい性質(**親水性**)の部分をもつ。
生体膜は，厚さが5～6nmでリン脂質の疎水性部分が向き合った**二重層**になっており，さまざまなタンパク質がモザイク状に分布している。また，物質の出入りを調節することで，細胞内や細胞小器官内の状態を安定に保っている。リン脂質とタンパク質は生体膜中を水平方向に自由に移動したり回転したりすることができる。

細胞膜が陥入して小胞を形成し，これによって物質を取り込む現象を**エンドサイトーシス**という。一方，内部の物質を細胞外へ放出する現象は**エキソサイトーシス**とよばれる。

2 真核細胞の基本構造は，はたらきや成分も含めて確認の必要がある。

①の**ゴルジ体**は分泌(ぶんぴ)に関する細胞小器官で，動物で発達する。核の中には②の**核小体**とそれ以外の⑨の部分(**染色体**)があり，②には主にRNAが，⑨にはDNAとタンパク質が含まれる。③の**細胞壁**はセルロースを主成分とし，ペクチンなどを含む植物の構造物で，⑪の**細胞膜**は主にリン脂質とタンパク質からなる。④の**葉緑体**は植物細胞に見られる光合成の場で，植物細胞では，老廃物や貯蔵物質をためる⑦の**液胞**も発達する。一方，⑩の**中心体**は微小管でできており，植物細胞にはあまり見られず，細胞分裂に関与する。⑤の**小胞体**やそれに付着する⑥の**リボソーム**は動物にも植物にもあり，⑥はタンパク質合成の場として，⑧の**ミトコンドリア**も呼吸の場として重要である。

3 20種類のアミノ酸のうち，ヒトが体内で合成できないアミノ酸を**必須アミノ酸**という。多数のアミノ酸がつながったものを**ポリペプチド**といい，ペプチド結合で鎖状につながった部分を主鎖という。タンパク質の**二次構造**ではポリペプチドの間の**水素結合**により安定化されている。また，**三次構造**ではシステインの側鎖の間につくられる**ジスルフィド結合**(**S－S結合**)などによって安定化されることもある。タンパク質が立体構造を形成する過程を**フォールディング**といい，水中では立体構造が最も安定した構造になる。一方，加熱したりpHを変えたりすると立体構造が壊れることがある。タンパク質の立体構造が壊れ，性質が変わることを**変性**という。

4 酵素はタンパク質などからなる複雑な構造の物質で，設問の図の物質aやcのように酵素とその構造が合わない物質は結合できない。このように，酵素が特定の物質(**基質**)としか結合しない性質を**基質特異性**という。図のAのように酵素と基質が結合したものを**酵素－基質複合体**といい，酵素と基質が結合する，酵素の重要な部位を**活性部位**という。基質ではないが，酵素の活性部位と「鍵と鍵穴の関係」にある構造をもつ物質は，酵素と結合することがある。このような物質は酵素と結合することで，基質と酵素の結合を阻害し，酵素の反応速度を低下させるため，**阻害物質**とよばれる。基質に似た阻害物質が酵素と結合して起こる阻害作用を，**競争的阻害**という。酵素の主成分はタンパク質だが，タンパク質以外の成分を**補助因子**といい，そのうち低分子の有機物を**補酵素**という。

5 (1)・(2) **アクチン**は，筋収縮の際にはたらくタンパク質として知られているが，アクチンおよびアクチンなどでできた繊維状構造である**アクチンフィラメント**は，細胞中に存在して細胞の形や細胞小器官を支える細胞骨格として重要である。アクチンフィラメント上には**ミオシン**分子が付着しており，ミオシンはATPを分解してそのエネルギーでアクチンフィラメント上を移動し，細胞内での物質や細胞小器官の移動を行う。ミオシンのような，細胞骨格上を移動して物質や細胞小器官を運ぶタンパク質を，**モータータンパク質**という。細胞内には，チューブリンというタンパク質でできた微小管も多く存在し，細胞骨格としてはたらいている。**キネシン**や**ダイニン**は微小管上を移動するモータータンパク質で，ATPのエネルギーを使って，キネシンは微小管の＋端側に，ダイニンは－端側に移動する性質をもつ。

(3)・(4) **図3**は抗体分子の構造を示しており，抗体は**免疫グロブリン**とよばれるタンパク質である。免疫グロブリンは，H鎖とL鎖の2種類のポリペプチド鎖が2本ずつ結合して，全体としてY字形からT字形の構造をしている。H鎖・L鎖の先端部dは抗体ごとに構造が異なる**可変部**で，特定の抗原と特異的に結合する。一方，図のeの部位は基本的にどの抗体分子も同じ構造をしており，**定常部**といわれる。

(5)・(6) **図4**は，細胞膜内にあるタンパク質で，エネルギーを使わずにイオンを透過させていることから，**イオンチャネル**ということになる。イオンチャネルは，特定のイオンをよく通すタンパク質で，常に開いていて必要なときに閉じるものと，その逆にふだんは閉じていて必要なときに開くものがある。この開閉には，電気的な性質などの物理的なしくみで起こるものと，図のように特定の化学物質が結合するという化学的なしくみで起こるものがある。後者の場合，イオンチャネルに結合する物質は細胞間の情報伝達物質としてはたらく物質であるため，**シグナル分子**とよばれる。シグナル分子は，基質などとともに，タンパク質に特異的に結合する物質として**リガンド**と総称される。

ここに注意 細胞膜のはたらきで，ATPのエネルギーを使って物質を運ぶ能動輸送の例として，ナトリウムポンプも重要である。ナトリウムポンプは，ナトリウム－カリウムATPアーゼという酵素がその役割を担っている。

STEP ② 標準問題 p.35～37

1 (1) **a－ウ　b－ア　c－キ　d－カ　e－イ　f－エ**

(2) ① **(下図)**　② **限界原形質分離**

③ **植物細胞には全透性の細胞壁があり，細胞の膨張が抑えられるため。**

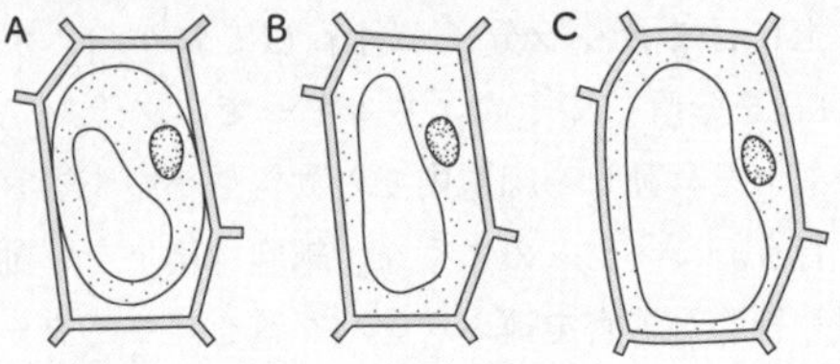

2 (1) ① **リン脂質**　② **細胞骨格**

(2) **ア，ウ，エ**

(3) **イ，ウ，エ，オ**

(4) **脂質**

3 (1) **(下図)**　(2) **最適温度**

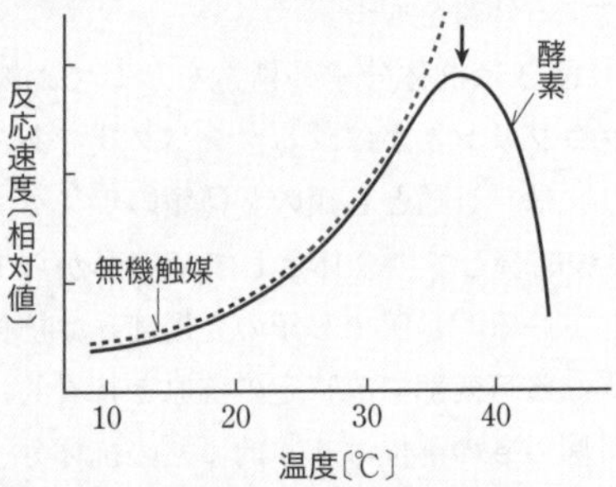

(3) **熱による変性で，主成分であるタンパク質の立体構造が変わり，酵素としての機能が低下するため。**

(4) **最適pH**

(5) **a－エ　b－ア　c－ウ**

4 (1) **a－③　b－①　c－④　d－③　e－④　f－①　g－④　h－②　i－②**

(2) **d，h，i**

(3) **f，h**

(4) ① **イ**　② **カ**　③ **オ**　④ **ウ**

解説

1 (1) 濃度の異なる2つの溶液が接しているとき，溶媒も溶質も，分子やイオンが運動を起こしている。その結果，両者はやがて濃度が同じになるよう混じり合う。これが**拡散**である。一方，濃度の異なる2つの溶液の間に，溶媒は通すが溶質は通さない半透膜があると，溶質は移動できないので，溶媒だけが移動する。溶媒の量は，溶質の濃度が高い側で少なくなるので，溶質の濃度が低いほうから高いほうへ溶媒が移動することになる。結果的に溶液の濃度が濃い側の溶液の体積が増加し，その増加をもとに戻すために，濃い溶液側に加わる圧力の大きさを**浸透圧**という。浸透圧は溶液の濃度に比例する。

(2) 図のBが最も標準的な細胞の状態であり，一般に**限界原形質分離**とよばれる。植物細胞と断ってあるので，①では液胞や細胞壁を描くこと。図のAは，細胞の体積(横軸)が標準1.0より小さくなっていることを示しているので**原形質分離**の状態を描く。これに対して図のCは，植物細胞を浸透圧0の蒸留水に浸けたときの状態である。細胞内のほうが濃度が濃い状態なので，浸透により溶媒である水が細胞内に浸透する。細胞内に水が浸透すると，細胞内にはある程度の浸透圧があり，細胞外の浸透圧は0になる。したがって，細胞壁をもたない動物細胞では水の浸透が止まらず，やがて細胞は破裂する。赤血球の場合，この現象を**溶血**とよんでいる。しかし，植物細胞では浸透現象に関わらない細胞壁があるため，膨張によって変形させられた細胞壁がもとの状態に戻ろうとして膨圧がはたらき浸透が抑えられる。このため，一般に植物細胞が破裂することはない。

2 (2) **イ**：小胞体は1枚の生体膜で包まれている。**オ**：滑面小胞体はカルシウムイオンを貯蔵し，細胞内のカルシウムイオン濃度の調節を行う。

(3) **ア**：固定結合にはたらく細胞骨格は，アクチンフィラメントと中間径フィラメントである。

(4) 脂質のうちリン脂質は生体膜の成分となっているため，真核細胞では多く含まれる。

3 (1) 無機触媒は一般に金属などの低分子物質で，熱変性しない。熱によって活性が失われない無機触媒では，反応速度は温度とともに加速度的に上昇する。

(2)・(3) 酵素は，タンパク質を主成分とする高分子有機化合物である。その立体構造は，温度上昇とともに不安定化しやすいため，ある温度(ふつうは40℃以上)になると，酵素の立体構造が変化する変性が起こり，基質との結合が起こりにくくなって，酵素の機能が低下する。酵素活性は，変性が起こり始める温度よりやや低い温度で最も高まることになり，この温度を**最適温度**という。酵素に変性を起こすような高温が長い時間続くと，酵素の活性部位の立体構造が不可逆的に変化して，酵素による反応が停止する。これは**失活**とよばれる。

(4) 酵素タンパク質はアミノ酸でできており，その側鎖には水中で電離してH^{+}やOH^{-}を生じる部位が少なくない。そこで，酵素を構成するタンパク質のアミノ酸組成などによって，酵素ごとに基質と結合しやすいpHがほぼ決まっており，これを**最適pH**という。酵素は，その機能する環境で最も効率よく触媒作用をするものが多く，だ液に含まれる**アミラーゼ**は口腔(こうくう)内のほぼ中性の環境，胃液に含まれる**ペプシン**は胃酸が分泌されたとても強い酸性の環境，すい液に含まれる**トリプシン**は弱アルカリ性の小腸の環境で最もよくはたらく。

ここに注意 植物アミラーゼは，デンプンをマルトースに分解するだ液やすい液のアミラーゼと異なり，デンプンをグルコースにまで分解する酵素で，その構造もアミノ酸組成も全く異なる。植物アミラーゼはふつうpH 5前後を最適pHとするものが多い。

4 (1)〜(3) b：**チューブリン**は，微小管の構成単位で，微小管は，細胞の形や細胞小器官を支える細胞骨格の1つである。

f：**アクチン**は，アクチンフィラメントの構成単位で，マイクロフィラメントともよばれる細胞骨格の一種を構成する。このほかに，繊維状のタンパク質からなる，中間径フィラメントとよばれる細胞骨格も知られている。

h：**ミオシン**は，ミオシンフィラメントの構成単位で，アクチンフィラメントとともに**筋原繊維**を構成することで有名だが，ミオシン分子自体はATPアーゼ活性をもち，ATP分解のエネルギーで，物質や細胞小器官を積んでアクチンフィラメント上を移動する**モータータンパク質**として知られている。

i：**ダイニン**も繊毛や鞭毛(べんもう)の運動に関わるタンパク質として知られているが，ATPアーゼ活性をもち，微小管上を移動するモータータンパク質である。

a：**アクアポリン**は細胞膜にあるタンパク質で，水だけを**受動輸送**で透過するチャネルの1つである。

d：**ナトリウムポンプ**も細胞膜にあるタンパク質だが，ATPアーゼ活性をもっており，能動的にNa^+やK^+を運搬する。

c：**インスリン**は血糖値を低下させるホルモンである。

e：**フィブリン**は血液凝固を起こす血しょうタンパク質である。

g：**インターロイキン**はリンパ球の活性化を誘導する**サイトカイン**である。

c，e，gは，いずれも細胞外で一定のはたらきを行うタンパク質である。

(4) 細胞は生命活動の基本単位であり，細胞膜でほかの細胞と区切られているが，多細胞生物ではさまざまな細胞間結合によって，有機的に結びつき合っている。**カドヘリン**は細胞どうしを**細胞接着**させるタンパク質で，アクチンフィラメントと結合して接着結合を，中間径フィラメントと結合して**デスモソーム**という細胞間結合を形成している。脊椎動物の獲得免疫の中で，自己と非自己の識別に利用されるタンパク質として，**MHC抗原**(**主要組織適合抗原**)があり，ヒトでは**HLA**(**ヒト白血球型抗原**)とよばれている。血液凝固は，血しょう中で**フィブリノーゲン**というタンパク質から**フィブリン**が形成されることによって起こるが，この反応は，血しょう中の**プロトロンビン**がさまざまな血液凝固因子によって変化した，**トロンビン**とよばれる酵素のはたらきによって起こる。細胞内で高分子物質や細胞小器官の移動をになうモータータンパク質として，**ミオシン**，**キネシン**，**ダイニン**がある。キネシンとダイニンは微小管上を移動するモータータンパク質であるが，移動する方向性に違いがある。

7 呼吸と発酵

STEP ① 基本問題 p.38〜39

1 (1) 代謝 (2) a－同化 b－異化
(3) 炭酸同化 (4) 光合成 (5) 呼吸
(6) ATP(アデノシン三リン酸)

2 (1) A－解糖系 B－クエン酸回路
C－電子伝達系
(2) a－カ b－イ c－エ
d－ウ e－オ
(3) ① 2 ② 2 ③ 34
(4) A－細胞質基質(サイトゾル)
B－ミトコンドリア(のマトリックス)
C－ミトコンドリア(の内膜)

3 (1) 有機物が無酸素条件下で分解され，その過程でATPが生成されるはたらき。
(2) A－ア B－ウ (3) A－エ B－イ
(4) C－イ ①エ ②キ
(5) a－2 b－2 (6) B (7) 解糖

解説

1 (1)・(2) 生物が行う化学反応全体を**代謝**という。代謝には，無機物を有機物に変えたり，有機物をより複雑な有機物に変えたりする合成反応(**同化**)と，有機物を無機物に変えたり，複雑な有機物を単純な有機物に変えたりする分解反応(**異化**)がある。

(3)・(4) 同化のうち，二酸化炭素から糖などの有機物をつくるはたらきを**炭酸同化**といい，炭酸同化には，光エネルギーを利用する**光合成**と，無機物の酸化エネルギーを利用する**化学合成**がある。

(5) 異化のうち，酸素を使って有機物を無機物にまで分解する反応を**呼吸**，酸素を使わずに有機物を不完全に分解する(有機物が残る)反応を**発酵**という。

(6) 同化も異化もエネルギーの出入りをともなう。異化は一般的にエネルギー放出反応で，呼吸では，生じたエネルギーによって**ATP(アデノシン三リン酸)**が合成され，生命活動のエネルギーとして利用される。光合成などの同化は，全体で見るとエネルギー吸収反応だが，その過程の中にはATP合成が含まれる。生物の行う活動に必要なエネルギーは，これらの過程でつくられるATPによってなかだちされている。

2 (1)・(2) グルコースを呼吸基質とする呼吸の過程は，1分子のグルコースが2分子の**ピルビン酸**に分解される**解糖系**，ピルビン酸が分解されて多数のH^+が生じる**クエン酸回路**，解糖系やクエン酸回路でできたH^+からとれた電子の受け渡しの中でたくさんのATPがつくられる**電子伝達系**の3つの過程に分けられる。ピルビン酸が分解されるクエン酸回路では，まず，ピルビン酸からH^+や二酸化炭素がとれて**アセチルCoA(活性酢酸)**ができ，これが**オキサロ酢酸**と結合して**クエン酸**となる。クエン酸は順次酸化され，やがてもとのオキサロ酢酸に戻る環状の反応経路をたどるが，その過程の中間物質である**α－ケトグルタル酸**は**窒素同化**など，ほかの代謝の過程でも重要な物質である。

(3) 呼吸の各過程では，エネルギー物質ATPが合成される。グルコース1分子あたり，解糖系で正味2分子，クエン酸回路で2分子，電子伝達系で最大34分子の合計最大38分子ができることになる。

(4) 解糖系は，細胞質基質(サイトゾル)にある酵素のはたらきで起こり，酸素を必要としない。クエン酸回路は，**ミトコンドリア**の**マトリックス**で起こり，直接酸素を必要としないが，酸素がないと反応は停止する。電子伝達系は，ミトコンドリアの**内膜**で起こり，特に内膜がひだ状に落ちこんだ**クリステ**には，関係する**シトクロム**という物質がたくさん分布する。電子伝達系では，最終的にH^+と電子，酸素が反応して水がつくられる過程があるため，酸素が必要となる。

3 (1) 従来，酸素を使った有機物の完全な分解反応を**好気呼吸**，酸素を使わない不完全な分解反応を**嫌気呼吸**とよんできたが，現在では前者を**呼吸**，後者を**発酵**とよぶ。

(2)〜(5) 発酵には，グルコース$C_6H_{12}O_6$をエタノールC_2H_6Oにまで分解する**アルコール発酵**と，乳酸$C_3H_6O_3$にまで分解する**乳酸発酵**があり，前者ではグルコース1分子あたり2分子の二酸化炭素が生じる。アルコール発酵は**酵母**が，乳酸発酵は**乳酸菌**が行う反応で，いずれの反応も1分子のグルコースが2分子のピルビン酸になるまでの解糖系の過程は共通で，呼吸の第1段階の解糖系とも同じ反応である。また，グルコース1分子あたり正味2分子のATPができるという点でも共通性がある。

(6)・(7) 運動時の筋肉の細胞など，一時的に酸素が欠乏するような動物細胞では，乳酸発酵と全く同じ発酵を行うことができる。筋肉の行う乳酸発酵は，**解糖**とよばれる。

STEP 2 標準問題 p.40〜41

1 (1) a－4　b－筋肉　c－水素
(2) A－ピルビン酸
B－アセチルCoA(活性酢酸)
(3) ③，④　(4) マトリックス
(5) 無酸素状態(5文字)
(6) $C_6H_{12}O_6+6O_2+6H_2O \longrightarrow 6CO_2+12H_2O$

2 (1) キューネ発酵管
(2) 反応で生じる気体を集め，その体積をはかるため。
(3) 二酸化炭素　(4) エタノール
(5) $C_6H_{12}O_6 \longrightarrow 2C_2H_5OH+2CO_2$
(6) 水酸化ナトリウム
(7) ① 呼吸　② ミトコンドリア

3 (1) 生じた二酸化炭素を吸収する。(14字)
(2) コムギ－0.99　ヒマ－0.70
(3) コムギ－炭水化物　ヒマ－脂肪
(4) ア
(5) 草食動物→雑食動物→肉食動物

解説

1 (1) 解糖系ではグルコース1分子あたり2分子のATPがつくられるが，実際の反応ではまず2分子のATPが消費されて，その後，4分子のATPがつくられる。**グリコーゲン**は肝臓や筋肉中に蓄えられる多糖類だが，肝臓で起こるのは呼吸のみで，発酵は起こらない。①の**解糖系**および③→④の**クエン酸回路**では，合計 24 原子の水素がつくられ，NAD^+ や FAD などの補酵素(水素受容体)と結合して，やがて電子伝達系を経て ATP 合成に利用される。
(2)・(3) グルコースから解糖系(①)を経て生成される物質Aは，**ピルビン酸**である。③の過程では，ピルビン酸から，グルコース1分子あたりに換算して2分子の二酸化炭素と4原子の水素がとれて，**アセチル CoA(活性酢酸)**ができる。④の過程では，グルコース1分子あたりに換算して，4分子の二酸化炭素が発生，16 原子の水素が遊離する。
(4) ①の解糖系や①→②の乳酸発酵は**細胞質基質**で，③→④はミトコンドリアの**マトリックス**で起こる。
(5) ピルビン酸が乳酸になる反応は，無酸素状態でのみ起こる。
(6) 呼吸の過程は，$C_6H_{12}O_6+6O_2 \longrightarrow 6CO_2+6H_2O$ と表すこともあるが，生物学では反応前の水分子と反応後に生じる水分子は別のものであることを強調するため，解答のように表記するのが一般的である。
2 (1)～(3)・(7) この設問の**キューネ発酵管**や脱水素酵素の実験で使う**ツンベルク管**などの教科書にも出てくる実験装置の名称は覚えておきたい。キューネ発酵管は，図の右側が開管の球部，左側が閉管部になっている。酵母は，空気に接する開管側では呼吸を行って盛んに増殖し，外気に触れない閉管側では**アルコール発酵**を行う。その結果，アルコール発酵で生じた二酸化炭素が閉管部にたまっていくことになる。また，呼吸を行っている酵母では，発酵を行っているものと比べ，ミトコンドリアが著しく発達する。
(4) アルコール発酵では，グルコースからエタノールと二酸化炭素がつくられる。
(5) $C_6H_{12}O_6 \longrightarrow 2C_2H_6O+2CO_2$ でもよい。
(6) 水酸化ナトリウムは二酸化炭素とよく反応して，$2NaOH+CO_2 \longrightarrow Na_2CO_3+H_2O$ となり，二酸化炭素が吸収される。発酵管の球部に指をあてると，気体がなくなる分だけ陰圧(大気圧よりも低い圧力)になり，指が吸いつけられる。水酸化カリウムを用いてもよい。
3 (1)・(2) 呼吸商の実験問題はよく出題される。実験では図の実験装置が2つ用いられ，三角フラスコ内の小さいビーカーに，一方には水酸化カリウム溶液を，一方には水を加える。水酸化カリウム溶液を加えた装置では，$2KOH+CO_2 \longrightarrow K_2CO_3+H_2O$ という反応が起こるため，呼吸で生じた CO_2 は装置内から失われる。その結果，呼吸で消費した酸素の分だけ装置内の気体の体積が減少する。一方，水だけを入れた装置では，消費した酸素と生じた二酸化炭素の体積の差の分だけしか体積は減少しない。つまり，水酸化カリウム溶液の装置での減少量は消費した O_2 量を，水の装置での減少量は (O_2-CO_2) の量を表す。**呼吸商**は $\frac{CO_2}{O_2}$ の値である。コムギの場合，消費した O_2 量は 99.8，生じた CO_2 量は 99.8－1.4 で表されるので，呼吸商は $\frac{98.4}{99.8} \fallingdotseq 0.99$ となる。ヒマについても同様の計算をすればよい。
(3) 呼吸商の値は，酸素を用いた呼吸の場合，炭水化物で 1.0，タンパク質でおよそ 0.8，脂肪でおよそ 0.7 となる。この値は覚えておくとともに，化学反応式をもとに計算できるようになっておきたい。
(4) 炭水化物は，$C_m(H_2O)_n$ の式で示される化合物である。脂肪は，グリセリン $C_3H_8O_3$ 1分子に3分子の脂肪酸が結合したもので，脂肪酸は，炭化水素の一端に $-COOH$ が結合したものである。結果的に脂肪は炭水化物と比べCやHの数の多少ではなく，数の割合が高く，分解には多くの酸素を必要とする。
(5) 植物は，セルロースを主成分とする細胞壁をもち，貯蔵物質としてデンプンをつくることが多い。結果的に植物を食べる草食動物は，炭水化物を多く摂取することになるので，呼吸商は1に近い。これに対して肉食動物は，炭水化物の含有量が少なく，脂肪を貯蔵物質とすることが多い。結果的に肉食動物の呼吸商は1より低く 0.7 に近い値になることが多い。雑食動物は，植物・動物のどちらもえさとするため，呼吸商は両者の中間の値になる。

8 光合成

STEP ① 基本問題 p.42～43

1 (1) A－外膜　B－内膜　C－チラコイド
D－DNA　E－グラナ　F－ストロマ
(2) Ⅰ－クロロフィルb
Ⅱ－クロロフィルa　場所－C
(3) Ⅰ・Ⅱ－吸収スペクトル
光合成速度－作用スペクトル
2 (1) ① チラコイド　② ストロマ
③ 光化学反応
(2) X－電子　Y－NADPH
(3) 光リン酸化

3 (1) a－光化学系Ⅱ　b－電子伝達系
c－光化学系Ⅰ　d－カルビン回路
(2) $NADP^+$　(3) チラコイド
(4) ① ケ　② コ　③ イ　④ ア　⑤ キ
⑥ カ　⑦ サ　⑧ ウ
(5) $6CO_2+12H_2O \longrightarrow C_6H_{12}O_6+6O_2+6H_2O$

解説

1 (1) **葉緑体**は，核やミトコンドリアと同様に，外膜と内膜の二重膜で包まれている。内膜の内側には扁平(へんぺい)な袋でできた**チラコイド**が多数見られ，それ以外の部分を**ストロマ**という。チラコイドは，多数が積み重なった構造をしていることが多く，この積み重なった構造を**グラナ**という。ストロマ中に見られる物質Dは，同化デンプンと葉緑体DNAの可能性がある。光合成の結果できる同化デンプンは粒状をしており，葉緑体DNAは輪ゴムを丸めたような環状構造をしているので(ミトコンドリアDNAも同じ)，DはDNAである。
(2)・(3) 光合成色素はチラコイドの膜上に分布する。光合成色素には**クロロフィルa**，**b**のほか，**カロテン**，**キサントフィル**があるが，図2のⅠ・Ⅱの**吸収スペクトル**のように，吸収の極大部が青紫と赤色の領域にあるのはクロロフィルである。a，bのクロロフィルどうしを比較すると，aの吸収の極大部のほうが，より紫外線，赤外線側にかたよる傾向が見られる。なお，図の光合成曲線は，アオサという緑藻類にさまざまな波長の光をあてて光合成速度を比較したもので，**作用スペクトル**とよばれる。

2 (1)・(2) 葉緑体のチラコイド膜には，**光化学系Ⅰ**と**光化学系Ⅱ**の2つの光化学系がある。光化学系Ⅱには，H_2Oが分解してO_2とH^+を生じたときの電子が渡される。電子は，さらに光化学系Ⅰに渡され，最終的には$NADP^+$に渡されてH^+とともに**NADPH**が合成される。電子の流れから見ると光化学系Ⅱから光化学系Ⅰに流れることになる。
(3) 光化学系での電子伝達に伴い，チラコイド膜の外側から内側にH^+が輸送され，濃度勾配が形成される。チラコイド内ではH^+の濃度が高まり，濃度勾配に従って，チラコイドの外側にH^+が流れ出そうとする。このようなH^+の流れのエネルギーを利用し，チラコイド膜にあるATP合成酵素がADPをリン酸化してATPを生成することを**光リン酸化**という。

3 光合成の反応は，ふつう4つの段階に分けられる。第一の段階は光合成色素による光エネルギーの吸収で，**光化学反応**とよばれる。光化学反応には2段階あって，図の左側(反応a)のクロロフィルが行う，光エネルギーの吸収を**光化学系Ⅱ**，図の右側(反応c)のクロロフィルが行う，光エネルギーの吸収を**光化学系Ⅰ**という。第二の段階は水の分解反応で**ヒル反応**とよばれる。水は酸素分子O_2とH^+と電子に分けられ，余分な酸素は細胞外に排出される。H^+と電子は，やがて$NADP^+$と結合して，$NADPH・H^+$となって第四段階に利用される。また，第二段階で生じた電子は，第三段階である**電子伝達系**に利用され，ATPが生成される。第二段階と第三段階でつくられた$NADPH・H^+$とATPは第四段階である**カルビン回路**で二酸化炭素の還元に使われ，炭水化物が合成される。光合成の第一段階～第三段階はチラコイド内で起こり，第四段階のみがストロマで起こる。

STEP ② 標準問題 p.44～45

1 (1) A－イ　B－ウ　C－オ　D－カ
(2) オ　(3) イ　(4) ① 黄色　② 緑色
(5) A－0.95　D－0.4

2 (1) a－チラコイド　b－光化学系Ⅱ
c－光化学系Ⅰ
d－クロロフィル(光合成色素)
e－水　f－水素　g－電子伝達系
h－ストロマ　i－ATP合成酵素
(2) カルビン回路
(3) ① イ，ウ
② CO_2がないのでアの反応が止まり，PGAからRuBPまでの変化のみが起こったから。

3 ① 3　② C_3　③ 葉肉　④ C_4
⑤ 高　⑥ 夜間　⑦ CAM

解説

1 (1)・(2)・(4) 光合成色素の分離は出題頻度の高い実験で，**ペーパークロマトグラフィー**はその中でも最も一般的な方法で，その手順は，①抽出溶媒による光合成色素の抽出，②展開溶媒を用いたろ紙上での展開になる。光合成色素のほとんどが水に溶けにくい物質なので，このとき用いる抽出溶媒・展開溶媒は有機溶媒を使う。また，ペーパークロマトグラフィーの場合，Hintsでもあげたように，光合成色素は溶媒の先端(溶媒前線)に近いほうから，**カロテン**，**キサントフィル**，**クロロフィルa**，**クロロフィルb**の順になる。キサントフィルは黄色，クロロフィルbは緑色である。

(3)・(5) **Rf 値**とは，調べたい物質をつけた原点から溶媒前線までの距離に対する，各物質の移動距離の割合を示したもので，展開した素材，展開溶媒の種類，物質の種類によって，厳密に決まっている。スポット**C**の場合，Rf 値は，$\frac{c}{L}$になる。また，スポット**A**の Rf 値は $\frac{19}{20}$，スポット**D**の Rf 値は $\frac{8.0}{20}$ になる。

2 (1) チラコイド膜には光化学系Ⅰと光化学系Ⅱという光活性をもつ部位があって，それぞれクロロフィル a などの光合成色素が存在する。光化学系Ⅱで光合成色素に吸収されたエネルギーは，水の分解に使われる。生じた電子は，電子伝達系でそのエネルギーを徐々に奪われ，そのエネルギーで水素イオン(H^+)がストロマからチラコイド内に移動する。濃度勾配によって H^+ がストロマに戻る過程で ATP がつくられる。光化学系Ⅰでは，H^+，電子が補酵素 $NADP^+$ と結合して，NADPH ができる。

(2) チラコイドでの反応で生じた ATP や NADPH によって，二酸化炭素を還元して炭水化物をつくる過程を**カルビン回路**という。

(3) ① **図 2** の **A** では，暗黒下において光合成のチラコイドでの反応が止まる。その結果，NADPH や ATP ができず，**ア**の反応だけが起こるので，PGA が増え，RuBP が減る。

② **図 2** の **B** では CO_2 がなくなるため，**ア**の反応が停止し，その結果，RuBP が蓄積する。PGA は**ウ→イ**を経て RuBP になるため減少する。

STEP 3 チャレンジ例題 2 p.46 ～ 47

1 ① 1　② 77　③ 55　④ 50　⑤ 0.71

2 1.33

3 (1) ① 青　② 赤　③ 緑

(2) ④ 同位体

⑤・⑥ $H_2{}^{18}O$，$C^{16}O_2$（順不同可）

⑦・⑧ $H_2{}^{16}O$，$C^{18}O_2$（順不同可）

(3) ⑨ 光化学系Ⅱ　⑩ 電子伝達系

⑪ チラコイド膜の内側　⑫ ストロマ

4 (1) A－ア　B－オ　C－エ　(2) イ

5 ① 失活　② 補酵素　③ b

④ a，c，e　⑤ ア，オ，カ

解説

1 題意に従って化学反応式をつくることができるかがポイントになる。呼吸基質がトリアシルグリセロール $C_{55}H_{100}O_6$ なので，まずこれが1分子分解されると考える。そうすると，CO_2 は 55 分子，H_2O は 50 分子できることになる。そのためには，$55 \times 2 + 50 = 160$〔原子〕の酸素が必要となるが，トリアシルグリセロールには 6 原子しか酸素が含まれていない。したがって，$(160 - 6) \div 2 = 77$〔個〕の酸素分子が必要となる。このように考えてできた反応式の係数は分子数の関係を示しており，気体の場合は，分子数の関係＝体積の関係 である。呼吸商は，吸収した酸素の体積に対する排出した二酸化炭素の体積の割合であり，この場合 $55 \div 77 \fallingdotseq 0.714\cdots$

2 呼吸の反応を表す式は，

$C_6H_{12}O_6+6O_2+6H_2O \longrightarrow 6CO_2+12H_2O$ であり，

アルコール発酵の反応を表す式は，

$C_6H_{12}O_6 \longrightarrow 2C_2H_6O+2CO_2$

である。同量のグルコースが，呼吸とアルコール発酵で使われるということは，グルコース $C_6H_{12}O_6$ 1分子ずつが上記の 2 つの反応で使われたことに相当し，この場合，呼吸では 6 分子の O_2 が消費され，6 分子の CO_2 が生じる。アルコール発酵では O_2 消費はなく，2 分子の CO_2 ができる。合わせると 6 分子の O_2 を消費し，8 分子の CO_2 が生じるので，呼吸商は $8 \div 6 \fallingdotseq 1.333\cdots$

3 (1) 植物の葉は緑色に見える。我々の視覚は反射光を認識するため，植物の葉は緑色の光を利用していないとわかる。

(2) 発生する酸素が何に由来するかを調べるときには，化学的な性質はほとんど変わらず，質量のみが異なる同位体を用いることによって，何由来の酸素であるかを区別することができる。

4 (1) 実験 **A** のアルコールで抽出した光合成色素の 75％程度がクロロフィル a で，残りの大部分がクロロフィル b である。波長ごと(つまり色ごと)の吸収率の違いを比較したものを**吸収スペクトル**という。実験 **B** はベンソンの実験で，この実験から光合成に光を必要とする反応と，光が関係せず二酸化炭素が関与する反応があり，前者が先に起こることが示唆された。実験 **C** はカルビンとベンソンの実験とよばれ，$^{14}CO_2$ を用いた実験によりストロマでの反応過程を解明した。

(2) カルビン回路では，気孔からとり込まれた CO_2 は炭素数 5 つのリブロースビスリン酸(RuBP)と反応して，炭素数 3 つのホスホグリセリン酸(PGA) 2 分子になる。

5 初期の研究者であるブフナーは，アルコール発酵を1つの酵素によるはたらきと考え，チマーゼと名づけた。現在では，アルコール発酵に関与する酵素は12種類あることがわかっており，その中に補酵素を含むものがある。酵素がタンパク質と補酵素でできている場合，設問のa～eで正常に機能できるものは何かを考える。

STEP ③ チャレンジ問題 2 p.48～51

1 (1)① アクチン　② ダイニン
③ キネシン
(2) A－25　B－2　C－9
(3) 細胞の構造や核の形を保つ役割。
(4) 原形質流動　(5) ウ，エ　(6) マイナス端
(7) ダイニン　(8) エ，カ

2 (1)① ポリペプチド　② 二次構造
③ αヘリックス　④ βシート
⑤ 三次構造　⑥ ヘム　⑦ 四次構造
(2) 折りたたまれる過程－フォールディング
タンパク質－シャペロン
(3) 活性部位とは異なるアロステリック部位に物質が結合すると，酵素の立体構造が変化し酵素活性が変化する酵素。
(4) 酸素の多い肺では効率よく酸素と結合し，酸素の少ない組織では効率よく酸素を放出することができるという利点。

3 (1) A－$2C_3H_4O_3$　B－$6CO_2$
(2) 680 L　(3) 334 kJ

4 (1) 750 ルクス
(2)① ア　② ケ　③ カ

5 (1) a－電子伝達系　b－補酵素
(2) ①，②，③，④　(3) ④，⑤
(4) 電子伝達系のはたらきでチラコイド内に運ばれる。
(5) 光リン酸化
(6) CO_2 あるいは H_2O の酸素を ^{18}O で標識し，生じる酸素が放射性をもつかどうかを調べた。
(7) ミトコンドリア，細胞質基質
(8) ウ，エ，オ
(9) 昼間は気孔を閉じ，夜に気孔を開く。

解説

1 (3) 別解として，「固定結合(デスモソーム，ヘミデスモソーム)の形成にはたらく」や「核膜の補強として核を囲む網目状構造(ラミナ)を形成している」もある。デスモソームではカドヘリンが結合した細胞内付着タンパク質と結合し，ヘミデスモソームではインテグリンと結合した細胞内付着タンパク質と結合する。
(4) 別解として，「アメーバ運動」や「動物細胞の細胞質分裂」もある。ミオシンは細胞小器官や小胞，mRNAなどの「積み荷」を乗せて運び，アクチンフィラメント上を移動する。
(5) **ア**：細胞内のカドヘリンと接着結合しているのはアクチンフィラメントである。
イ：中間径フィラメントは，主に動物細胞に多く見られる。
オ：セルロース繊維は細胞壁の骨格を構成している。中間径フィラメントは繊維状タンパク質が寄り集まったものである。
(6) 中心体から放射状に伸びる微小管は，中心体側がマイナス端，その反対側がプラス端。
(7) 問題文中の，「ゴルジ体は中心体近くに存在する」という記述から考えると，ダイニンになる。
(8) 小胞体とゴルジ体を経て輸送されるタンパク質は，細胞外へ分泌されるものや細胞膜に組み込まれるものがある。一方，リソソームはゴルジ体から形成されることから，リソソームへ輸送されるタンパク質も同様の経路で運ばれる。

2 (2) タンパク質は，固有の一次構造にもとづいて熱力学的に最も安定した立体構造をつくる。この過程を**フォールディング**という。また，**シャペロン**というタンパク質は，変性したタンパク質を認識して凝集を防ぐ作用がある。シャペロンによってほどかれたタンパク質は，正しい立体構造に再度フォールディングされるようになる。
(3) **アロステリック酵素**による酵素活性の調節は，活性部位以外の場所に特定の物質が結合することによって行われる。このことで酵素の立体構造を，活性状態または不活性状態で安定させる。
(4) 赤血球中のヘモグロビンの役割を考え，肺胞と組織における酸素濃度に注目しながらグラフを見るとよい。

3 (1) **解糖系**は，1分子のグルコース $C_6H_{12}O_6$ が2分子のピルビン酸 $C_3H_4O_3$ になる過程で，生じたピルビン酸がクエン酸回路の原料となる。**クエン酸回路**では，グルコース1分子あたり6分子の CO_2 がつくられる。

(2) 1Lの血液が酸素25mLを運ぶので，酸素を1L運ぶには40Lの血液が必要である。1時間で17Lの酸素が必要なら，心臓は1時間あたり，40×17＝680〔L〕の血液を送り出す必要がある。

(3) 消費される酸素がすべて呼吸で使われた場合，1時間あたり，17÷24.6≒0.69〔mol〕の酸素が消費される。呼吸反応全体の化学反応式から，グルコース1molの分解には酸素6molが必要なので，酸素0.69molを消費すると，グルコースは 0.69÷6＝0.115〔mol〕分解されたことになる。グルコース1molの分解で生じるエネルギーは2900kJ，1時間に生み出されるエネルギーは，2900×0.115＝333.5〔kJ〕

4 (1) **図1**の60分の時点の光の強さを横軸に，O_2放出量を縦軸に描くと光－光合成曲線になる。光－光合成曲線では，弱光のときグラフはほぼ右上がりの直線になる。暗所での酸素吸収，つまり呼吸速度は1時間あたり5であり，3000ルクスでの見かけの光合成速度は15（光合成速度は20)なので，光補償点は，光合成速度が5になる 3000÷4＝750〔ルクス〕になる。

(2) ① 20000ルクスなので光飽和の状態である。CO_2濃度は0.03％から1.0％に変えているが，0.03％は二酸化炭素飽和ではないので，濃度を高くすれば光合成速度は上昇するはずである。一方，CO_2濃度は呼吸速度には影響を与えない。したがって，見かけの光合成速度も上昇することになる。**図1**の20000ルクスのグラフより高い値になっているグラフは**ア**しかない。

② 暗所条件だから呼吸しか行われていない。温度が15℃から25℃に変化すれば呼吸速度は上昇する。呼吸速度の上昇はグラフを下にずらすことになる。**図1**の暗所のグラフより低い値になっているグラフは**ケ**しかない。

③ 光の強さ3000ルクスで温度を15℃から25℃に変えた。3000ルクス時点での光合成の限定要因は光の強さなので，温度を高くしても光合成速度は変わらない。つまり，1時間あたりの光合成速度は20になる。一方，呼吸速度は，②の結果から1時間あたり10となる。したがって，1時間あたりの見かけの光合成速度は，20－10＝10 となる。

5 (1)・(2)・(4) ①は**光化学反応**を示しており，光化学系Ⅱで吸収された光エネルギーで，②の反応(**ヒル反応**)が，光化学系Ⅰで吸収された光エネルギーで，③の反応，つまり補酵素$NADP^+$が還元され，還元型補酵素NADPHができる。また，2つの光化学反応の間で受け渡されるe^-が④の過程で**電子伝達系**に受け渡され，この過程で生じるエネルギーでH^+がチラコイド内に運ばれ，濃度勾配に従ってストロマ側に戻るとき，ATPが合成される。以上がチラコイドで起こる反応である。

(3) チラコイドで起こる反応では，光エネルギーの吸収や水の分解には酵素は関与しないが，電子伝達系ではATP合成酵素によってATPがつくられる。また，⑤のストロマでの反応はすべて酵素による反応である。

(5) 呼吸の電子伝達系でNADHなどが酸化され，ATPがつくられる過程を，**酸化的リン酸化**という。光合成の④の過程のように，光エネルギーに依存してATPが合成される反応を**光リン酸化**という。

(6) ヒルは，すりつぶした葉に電子を受けとる物質を加えると，光さえあれば，CO_2なしで酸素が発生することから，水が分解されて酸素が発生すると考えた。ルーベンは，放射性の^{18}Oを用いて，生じる酸素がH_2OとCO_2のいずれが遊離する酸素O_2の材料になるかを調べ，ヒルの仮説を確認した。

(7) 細胞内でATPを生産するところとして最も重要なものは，**ミトコンドリア**である。また，呼吸の第一段階である解糖系では，**細胞質基質**中でATP合成を行っている。

(8) 熱帯草原に生える植物やトウモロコシ，サトウキビなどの栽培植物の多くは，気温が高く，日あたりのよい草原で生育するため，二酸化炭素濃度が限定要因になりやすい。そこで，カルビン回路よりも効率よくCO_2を受けとるC_4回路をもつことで，CO_2の影響を受けにくくしている。このような植物は**C_4植物**とよばれる。C_4植物は，高温かつ強光下での光合成速度が大きい。呼吸速度も大きく光飽和点はとても高い。チラコイドでの反応とC_4回路を**葉肉細胞**で行い，カルビン回路は**維管束鞘細胞**(しょうさいぼう)が行う。クロロフィルなどの光合成色素は，光化学反応のための物質であり，チラコイド構造もATPやNADPHの生産の過程で必要な構造であるため，維管束鞘細胞は葉緑体・葉緑素をもたない。

(9) ベンケイソウやサボテンなどの砂漠に生える植物には，ベンケイソウ型有機酸代謝(CAM)を行うものが多く，このような植物を**CAM植物**という。乾燥地帯に見られる植物は，光合成の盛んな昼間に気孔を開くと，蒸散によって体内から水分が失われてしまう。そこで，CO_2を受けとるCAM回路をもつCAM植物では，夜間に気孔を開いてCO_2を吸収し，昼間は，夜間にとり入れたCO_2を使って光合成を行い，気孔は開かない。

第 3 章 遺伝情報の発現と発生

9 DNA の複製と遺伝子発現

STEP ① 基本問題 p.52 ~ 54

1 ① リン酸 ② 2 ③ 逆(反対)
④ 二重らせん ⑤ デオキシリボース
⑥ シトシン ⑦ チミン ⑧ 水素
⑨ 5′ ⑩ 3′

2 (1) メセルソン，スタール
(2) (右図)
(3) A
(4) B
(5) 半保存的複製

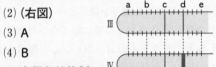

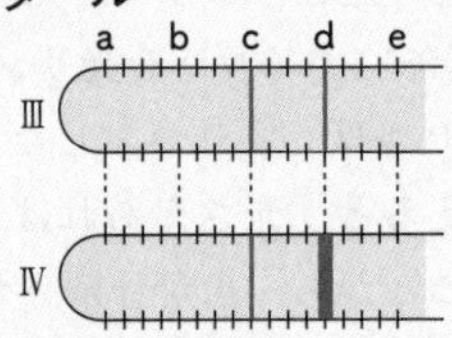

3 (1) a − RNA ポリメラーゼ
b − エキソン c − イントロン
d − mRNA e − 3 f − コドン
g − リボソーム h − tRNA
i − アンチコドン j − ペプチド結合
(2) ① 転写 ② スプライシング ③ 翻訳

4 (1) A − イ B − カ C − ウ D − ア
E − オ F − ク
(2) ① ラクトースあるいはその代謝産物
② ラクトースがあるときのみ，それをグルコースに変える酵素をつくることで，酵素を無駄なく合成することができる点。

5 ① ヌクレオソーム ② クロマチン
③ RNA ポリメラーゼ ④ ほどけた
⑤ 基本転写因子 ⑥ プロモーター
⑦ 転写調節領域

解説

1 DNA のヌクレオチドは，糖である**デオキシリボース**にリン酸と塩基が結合したものである。糖を構成する炭素には 1′ から 5′ まで番号がつけられており，1′ の炭素に塩基が，5′ の炭素にリン酸が結合している。また，ヌクレオチドどうしが結合してヌクレオチド鎖を形成するときは，ヒドロキシ基(-OH)がついている 3′ の炭素に次のヌクレオチドのリン酸が結合する。このように，炭素に番号をつけ，**3′ 末端**，**5′ 末端**という名まえをつけることでヌクレオチド鎖の方向性を区別している。

2 (1)・(2) DNA の複製のしくみに関する**メセルソン**と**スタール**の実験である。放射性でない同位体 ^{15}N を使い，遠心分離で生じる塩化セシウムの濃度勾配(こうばい)で，もとの DNA 鎖と新しくできる DNA 鎖を比較したことが重要である。^{15}N の重い DNA をもつ大腸菌を ^{14}N の培地に移して 1 回分裂させると，生じる DNA 鎖はもとのものよりもやや密度が小さくなる。つまり，遠沈管内でもとの DNA のバンドが b にあるのに対して，より上ずみ側，つまり**図 2** では c の位置に検出される。2 回分裂した時点では，1 回分裂時と同じ c とさらに上ずみ側の d の位置に，同じ太さのバンドが検出される。これは 2 本鎖でできたもとの DNA が 1 本鎖に分かれ，それに新しい材料でもう一方の鎖がつくられると考えると説明できる。したがって，3 回分裂した時点では，d のバンドの DNA(軽い DNA)からは軽い DNA が 2 本でき，c のバンドの DNA(中間の密度の DNA)からは c の位置のバンドと d の位置のバンドの DNA が 1 本ずつできる。つまり c の位置の 3 倍の量のバンドが d の位置で検出されることになる。

(3)〜(5) **図 1** の A の仮説(**保存的複製**)だと，1 回目の分裂では，b と d の位置に等量のバンドが検出されるはずである。B・C の仮説では，いずれも 1 回目の分裂で中間の密度の DNA(c)だけができるため，**図 2** のⅡの結果と一致する。しかし，2 回目の分裂では，C の仮説(**分散的複製**)では，中間の密度の DNA(c)と軽い DNA(d)のさらに中間の位置に 1 本のバンドが検出されるはずである。中間の密度の DNA と軽い密度の DNA が半々になるのは，B の仮説(**半保存的複製**)のみである。

> **ここに注意** 半保存的複製では，3 回目の実験結果が，中間の密度の DNA：軽い DNA = 1：3，4 回目の結果は，中間：軽い = 1：7 となり，n 回目の結果は，$1 : 2^{n-1} - 1$ となる。

3 真核生物において，遺伝情報にもとづくタンパク質合成は，**転写**，**スプライシング**，**翻訳**の 3 段階からなる。転写の過程では，まず DNA の二重らせんの一部がほどけ，そのうちの一方の鎖(**アンチセンス鎖**)に **RNA ポリメラーゼ**が付着して，RNA が合成される。生じた RNA には，タンパク質のアミノ酸配列を指定する**エキソン**とよばれる領域と，アミノ酸配列には無関係の**イントロン**とよばれる領域が含まれている。スプライシングとは，RNA から意味のないイントロンの領域を切り去り，意味のあるエキソンの領域だけがつながった **mRNA** をつくる過程で，核内で行われる。このようにしてつくられた mRNA が，核膜孔から細胞質中に出て**リボソーム**と結合し，翻訳が起

こる。翻訳は，mRNA からタンパク質がつくられる過程で，mRNA のもつ3個の連続する塩基配列(**コドン**)に，コドンと相補的な塩基配列(**アンチコドン**)をもつ **tRNA** が付着する。この tRNA は，アンチコドンごとに特定のアミノ酸と結合しており，このアミノ酸が，すでにある合成中のタンパク質末端のアミノ酸と**ペプチド結合**することで，タンパク質合成が進む。

4 (1) ジャコブとモノーによる，**ラクトースオペロン**に関する設問である。彼らは，大腸菌を栄養源がラクトースだけの培地に移すと，その直後にラクトースをグルコースに変える複数の酵素の合成が始まることに着目し，これらの複数のタンパク質の遺伝子(**構造遺伝子**)が，DNA 上に連続して並び，上流側にその転写開始を支配する**オペレーター**とよばれる領域があって，1つのオペロンを形成していると考えた。オペレーターは，転写開始時に RNA ポリメラーゼが結合する**プロモーター**とよばれる領域と一部重なり合っており，オペレーターに DNA の別の部位にある調節遺伝子がつくる調節タンパク質(**リプレッサー**)が付着していると，RNA ポリメラーゼが結合できなくなり，転写は起こらない。しかし，ある誘導物質(設問の図のG)がリプレッサーに結合すると，リプレッサーはオペレーターに結合できなくなり，RNA ポリメラーゼがプロモーター部位に結合し，構造遺伝子の転写が始まる。

(2) ラクトースオペロンは，呼吸基質としてラクトースしかないときのみ転写を行う。これは，大腸菌の周りにラクトースしかないとき，ラクトース(実際にはその代謝産物)が誘導物質としてリプレッサーに結合することで，リプレッサーは，オペレーターに結合できなくなり，転写が起こるしくみになっている。このしくみにより，大腸菌がほかの呼吸基質を利用しているときは，ラクトースをグルコースに変える酵素群はつくられず，ラクトースしかないときのみこの酵素群がつくられることになる。大腸菌にとって，必要なときだけ必要な物質をつくるという点で合理的なしくみになっている。

5 真核生物の DNA はヒストンと結合して**ヌクレオソーム**を形成し，さらに折りたたまれた**クロマチン繊維**という構造になっている。クロマチン繊維の状態では RNA ポリメラーゼなどが結合できないため，ほどけた状態にすることが必要である。調節タンパク質のうち，転写を促進するものを**アクチベーター**，転写を抑制するものを**リプレッサー**という。転写制御にはたらく調節タンパク質や**転写調節領域**は1つとは限らず，複数の調節タンパク質が1つの遺伝子の転写制御にはたらくことがある反面，1種類の調節タンパク質が複数種類の遺伝子の転写制御にはたらくこともある。

STEP ② 標準問題 p.55～57

1 (1) リン酸 (2) DNAヘリカーゼ
(3) b − DNAポリメラーゼ
A − リーディング鎖 B − ラギング鎖
(4) プライマー (5) 岡崎フラグメント
(6) DNAリガーゼ

2 (1) ウ，エ
(2) 合成した RNA には，mRNA にある開始コドンがなかったから。
(3) CAC
(4) AAACAAAC…の塩基配列の人工 RNA から試験管内でポリペプチド鎖をつくる。
別解 CAAGCAAG…の塩基配列の人工 RNA から試験管内でポリペプチド鎖をつくる。

3 (1) 転写
(2) アミノ酸配列を指定しない領域(イントロン)が切除され，アミノ酸配列を指定する領域(エキソン)だけをもつ mRNA がつくられる。
(3) 翻訳
(4) S-Ph-Ph-Le が繰り返されるポリペプチド鎖
(5) S だけのポリペプチド鎖，V だけのポリペプチド鎖

4 (1) ① オペロン ② プロモーター
③ オペレーター ④ 抑制
(2) エ
(3) ⑤ ヒストン ⑥ 基本転写因子
⑦ 核 ⑧ スプライシング

解説

1 (1) DNA の半保存的複製の過程はとても複雑である。それは，リン酸とデオキシリボース，塩基からなるヌクレオチドによって DNA がつくられることで，DNA の鎖の一方の端には**リン酸**があり，他方の端には**デオキシリボース**があることと，2本の DNA 鎖でその向きが逆になっていることによる。DNA 鎖のリン酸側の末端を **5' 末端**，デオキシリボース側の末端を **3' 末端**という。

(2)・(3) DNAの複製の過程で，DNAの二重らせんをほどく酵素を**DNAヘリカーゼ**という。DNAの複製を行う**DNAポリメラーゼ**は，DNAを5'→3'方向にしかつくれない。そこで，その方向にDNAの複製が進むようにほどけた設問の図の上の鎖では，DNAがほどけていくのに合わせて複製が進み，長いDNA鎖(**リーディング鎖**)が合成できる。一方，設問の図の下の鎖は，ほどける方向と複製の方向が異なるため，DNAポリメラーゼはもとのDNA鎖の適当なところに結合して，ほどける方向とは逆方向に短いDNA断片②を複製することになる。DNA断片がつながってできた鎖Bを**ラギング鎖**という。

(4)・(5) ラギング鎖のDNAの複製では，DNAポリメラーゼが結合する部位が多数必要となる。このような複製基点の目印として小さなRNAが知られており，これを**プライマー**とよぶ。また，プライマーから始まる複製でつくられるラギング鎖のもととなるDNAの断片を，発見者の岡崎令治(おかざきれいじ)にちなんで**岡崎フラグメント**という。

(6) ラギング鎖のDNA複製では多数の岡崎フラグメントがつくられるが，それをつなぎ合わせて長いDNA鎖にしないと複製は完了しない。このような，短いDNA断片をつなぎ合わせる酵素が**DNAリガーゼ**である。

2 (1) 遺伝暗号解明の研究は，ニーレンバーグの実験から始まった。彼は，ウラシル(U)だけからなるRNAを人工的に合成し，これにリボソームや細胞質基質中の酵素，各種のアミノ酸，各種のtRNA，ATPなどを混ぜて，試験管内で人工的にポリペプチドをつくることに成功した。彼のつくったポリペプチドは**フェニルアラニン**だけでできており，UUUのコドンがフェニルアラニンを指定することが示唆された。コラーナらは，ニーレンバーグの手法を使い，より複雑な構造のRNAをもとに実験を行った。

(2) 試験管内でうまくいく人工RNAによるポリペプチド鎖形成も，細胞内ではうまくいかない。これは，リボソームへのmRNAの付着やその翻訳開始には一定のしくみがあるためである。特に翻訳開始には，mRNAの最初のAUGが**開始コドン**となり，それ以降の塩基3個が1つのアミノ酸を指定するコドンとなっているというしくみが重要である。試験管内では，この開始コドンのない人工RNAでも，任意の位置から翻訳される。したがって，どこから翻訳が始まるかによって，1つのRNAからでもたくさんの種類のポリペプチド鎖ができる。

(3) ACACACAC…というRNAには，ACAとCACの2つのコドンが交互に繰り返されている。そのいずれかがトレオニンまたはヒスチジンである。一方，AACAACAAC…というRNAからは，試験管内では読み始め位置が不確定ということもあって，AACというコドンの繰り返しの場合，ACAの繰り返しの場合，CAAの繰り返しの場合の3種類のポリペプチド鎖ができる。つまりAAC，ACA，CAAのコドンのいずれかが，グルタミン，アスパラギン，トレオニンということになる。したがって，両者に共通のACAがトレオニン，ヒスチジンのコドンは前者の残り，つまりCACということになる。

(4) 実験結果から，AACとCAAが，それぞれグルタミンとアスパラギンのいずれかのコドンであることがわかる。このどちらの塩基配列がどちらのアミノ酸のコドンであるかを検証するには，さまざまな方法が考えられる。AAACAAAC…のRNAを細胞外で翻訳すると，AAA，CAA，ACA，AACのコドンが繰り返されることになる。ACAはトレオニンを指定しているので，その前にくるアミノ酸がCAAの指定するもの，後にくるアミノ酸がAACの指定するものとわかる。この場合，AAAがトレオニンを指定する場合はコドンを確定できないが，それは別の実験で確認すればよい(実際AAAはトレオニンのコドンではない)。また，別解のように，CAAGCAAG…のRNAを用いると，CAA，GCA，AGC，AAGの繰り返しになるので，AACのコドンは含まれず，CAAのコドンが確定できる。この場合もGCA，AGC，AAGにグルタミンやアスパラギンのコドンが含まれていると複雑になるが，それは別の実験で確認すればよい(実際これらの3つは2種類のいずれのアミノ酸のコドンでもない)。

3 (1)〜(3) 1は**転写**，2は**スプライシング**，4〜6は**翻訳**の過程にあたる。スプライシングでは，転写でつくられるエキソンとイントロンを合わせもつRNAから，アミノ酸配列を指定しないイントロンが除かれ，アミノ酸配列の指定に関わるエキソンだけをつないだmRNAが再構築される。

(4) ポリUCUUつまりUCUUの繰り返しのRNAは，UCU，UUC，UUU，CUUの4つのコドンが繰り返し出現することになる。したがって，設問の表からアミノ酸の略号を読みとればよい。

(5) 試験管内では読み始め位置は決まっていないので，ポリAGUつまりAGUの繰り返しのRNAはAGUのコドンだけ，GUAのコドンだけ，UAGのコドンだけを繰り返すRNAということになる。これを設問の表から読みとればよいが，UAG のコドンは**終止コドン**なので指定するアミノ酸はなく，ポリペプチドは形成されない。

4 (2) ラクトースに由来する物質(ラクトース代謝産物)が，調節タンパク質である**リプレッサー**に結合することで，リプレッサーは**オペレーター**(転写調節領域)に結合できなくなり，転写の抑制が解除される。

10 動物の発生

STEP ① 基本問題 p.58 ～ 59

1 (1) d，e
(2) A－キ　B－カ　D－ウ
E－ア　I－イ
(3) B－46　D－46　F－23
(4) D－20　F－10　J－5

2 (1) 卵の種類－**等黄卵**　卵割の様式－**全割**
(2) **動物極**　(3) **経割**
(4) ① **桑実胚**(そうじつはい)　② **原腸胚**
③ **プリズム幼生**　④ **プルテウス幼生**
(5) a－**割球**　b－**胞胚腔**
c－**一次間充織**　d－**原口**

3 (1) 卵の種類－**端黄卵**　卵割の様式－**全割**
(2) **植物極**
(3) ① **胞胚**　② **神経胚**　③ **尾芽胚**
(4) **陥入**
(5) a－**原腸**　b－**卵黄栓**　c－**神経板**
d－**脊索**　e－**側板**
(6) ③

解説

1 (1)・(2) 図の A は，生殖細胞のもととなる細胞，つまり**始原生殖細胞**で，これは体細胞分裂(図の a)で増えながら，やがて卵のもとになる**卵原細胞**(B)になる。卵原細胞はさらに体細胞分裂(b)を繰り返すが，やがてその一部が成長(c)して，**一次卵母細胞**(D)になる。一次卵母細胞は減数分裂を開始し，減数第一分裂(d)で，大きな**二次卵母細胞**(F)と小さな**第一極体**(E)になり，減数第二分裂(e)で，大きな**卵**(J)と小さな**第二極体**(I)になる。

(3) 染色体数とは染色体の本数のことで，ヒトの場合，複相つまり $2n$ の細胞では 46，単相つまり n の細胞では 23 となる。ヒトの体細胞は $2n$ であり，減数第一分裂終了時点で n になる。したがって，図の A ～ D の細胞の染色体数は 46，E ～ J の細胞の染色体数は 23 となる。

(4) DNA の複製が行われた場合，DNA 量はもちろん倍化するが，染色体の本数は変わらないので，染色体数は変わらない。体細胞分裂では染色体数は変化しないので，G_1 期(DNA 合成準備期)の A の細胞の DNA 量を 10 とすると，B，C，D の G_1 期の DNA 量は 10 である。しかし，設問では D の分裂直前，つまり DNA 複製後の G_2 期の DNA 量をたずねているので，その量は倍化していると考える。減数分裂では第一分裂と第二分裂の間で DNA の複製は行われないので，F は D の半分の DNA 量になる。また，J の DNA 量も F の半量になる。

2 (1) ウニの卵は，少ない卵黄が卵全体にほぼ均等に分布する**等黄卵**で，卵割のじゃまになる卵黄が少ないので，卵全体が分裂する**全割**が行われる。図の 16 細胞期だけは，ウニ特有の現象で，大・中・小割球の大きさの異なる**割球**ができる時期があるが，その後，速やかにほぼ同じ大きさの割球の集合体に戻る。

(2)・(3) 卵を地球にみたてて，極体が放出される側を**動物極**，そのちょうど反対側を**植物極**という。また，動物極，植物極を通る面での卵割を**経割**，両極を通らず経割に垂直な面での卵割を**緯割**という。

(4) 16 細胞期で割球に大小ができると，その後，大割球ははやく，小割球は遅く卵割を行い，やがて割球の大きさはほぼ均等に戻る。この間，割球の数は順次増えていくことになる。○○細胞期とはよびにくく，その形がクワの実に似ることから**桑実胚期**とよばれる。ウニの発生では，**胞胚期**にふ化が起こり，やがて植物極側の細胞が陥入して**原腸胚期**に入る。その後，形が変形して三角形に近い**プリズム幼生期**を経て，骨片の発達した**プルテウス幼生期**に入る。

(5) 受精卵が卵割してできた細胞を**割球**とよぶ。卵割が進むと割球は胚の表面に並び，内部に腔所ができる。卵割期の腔所は**卵割腔**とよばれるが，胞胚期以降は**胞胚腔**とよばれる。胞胚期の終期，あるいは原腸胚期の初期に植物極側から胞胚腔にこぼれ落ちる細胞群があり，これを**一次間充織**という。一次間充織は，やがて骨片などの中胚葉性の細胞に分化する。また，原腸胚期には，間充織とは別に，細胞が層をなして植物極側から胞胚腔に向かってくびれ込む現象が起こる。これが**陥入**で，陥入によってできた新たな腔所を**原腸**，陥入の起こったところを**原口**という。ウニでもカエルでも，原口は成体の肛門に相当する。

3 (1) カエルの卵は，卵黄量が多く，植物極側にかたよっている。このような卵を**端黄卵**といい，卵割の様式は**全割**だが，植物極側に多い卵黄が卵割のじゃまになるため，卵割の結果生じる割球は，動物極側で小さく，植物極側では大きくなる。このような卵割を**不等割**という。

(2)〜(4) **桑実胚期**において，細胞の大きさが大きい側が植物極である。カエルの胚では，桑実胚以降，胚の動物極側に半球状の卵割腔(胞胚期以後は胞胚腔とよばれる)ができる。①の時期は**胞胚期**で，胞胚腔の壁が複数の細胞層よりなっている(ウニでは一層)。その後，赤道よりやや植物極よりの背側から細胞層が内部に入り込む**陥入**が起こり，**原腸胚期**に入る。カエルの発生では，原腸胚期後，背側に神経板が形成され，それがやがて神経管になっていく**神経胚期**がある。神経胚期を過ぎると，尾芽が形成される**尾芽胚期**になり，およそのからだのつくりができる。

(5) 図の a は，陥入によってできた**原腸**である。カエルの原口は三日月状から丸い輪になり，まわりが外胚葉性の黒っぽい細胞で包まれるため，壺(つぼ)に栓をしたような**卵黄栓**(b)が観察される。図の c は，神経胚初期に見られる**神経板**で，やがて**神経溝**を経て**神経管**になる。神経管の腹側にできる d は**脊索**で，発生が進むと退化してなくなる。図の e は**側板**とよばれ，やがてその背側は腎節となって腎臓などに分化し，それ以外の部分は心臓や血管などになっていく。

(6) カエルでは，尾芽胚期にふ化が起こる。

STEP ② 標準問題 p.60 〜 63

1 (1) ① **一次精母細胞** ② **減数分裂**
③ **精細胞** ④ **一次卵母細胞**
(2) **受精膜の形成** (3) **(下図)**

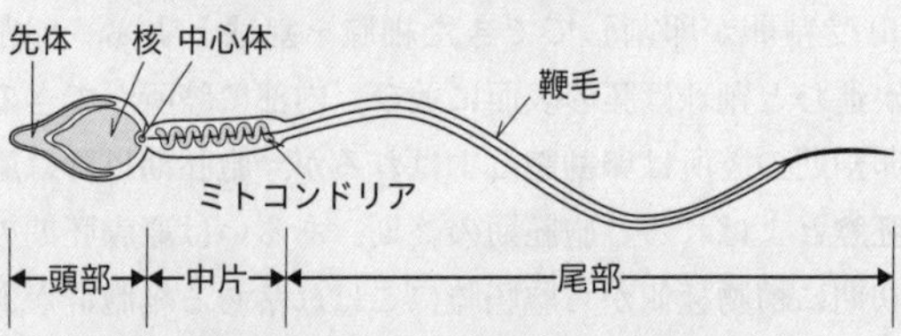

(4) **胚の発生のエネルギー源となる。**
(5) 精原細胞－ $2n$ 卵原細胞－ $2n$
(6) **4000 個** (7) **100 個**

2 (1) a－**ゼリー層** b－**先体** c－**表層粒**
d－**ミトコンドリア** e－**受精膜**
(2) **先体反応**
(3) **ゼリー層や卵黄膜を溶かす。**
(4) **複数の精子の卵への進入を防ぐ。**

3 (1) a－**全割(等割)** b－**全割(不等割)**
c－**盤割** d－**表割**
(2) a－エ b－ア c－イ d－ウ
(3) **卵割のじゃまをする卵黄の量と分布で卵割のしかたが異なる。**
(4) **間期が短い(細胞周期がはやい)。細胞の成長をともなわない(卵割でできる細胞が徐々に小さくなる)。**

4 (1) (A→) B→C→D→F→H→J
(2) 発生段階－**胞胚** 時期－**FとHの間**
(3) **FよりGのほうが卵黄が植物極側に多くかたよって分布しているから。**

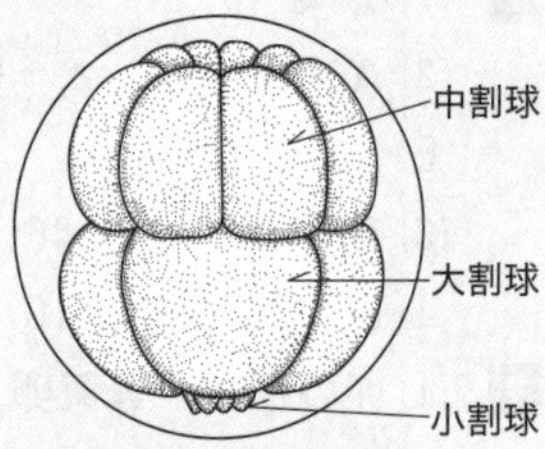

(4) (右上図) (5) **原腸胚**
(6) エ→ウ→ア→オ→カ→イ→キ
(7) K－イ L－キ
(8) ウニ－**Fの後(Hの前)** カエル－L

5 (1) a－キ b－イ c－エ d－ク
e－ア f－オ g－ウ h－ケ
(2) ① a，b，d ② c，e，f，g
(3) **体腔**
(4) ① e ② g ③ a ④ h
⑤ b ⑥ e ⑦ h ⑧ b
(5) c

6 (1) ① **ウニにはあるがカエルには見られない。**
② **ウニでは一層，カエルでは多層である。**
(2) a－ウ c－エ e－キ h－チ
j－セ l－ナ

7 (1) ① **二次卵母細胞** ② **排卵** ③ **着床**
(2) a－**極体** b－**桑実胚**(そうじつはい)
c－**胚盤胞(胞胚)** d－**内部細胞塊**
e－**胎盤**
(3) **ES 細胞(胚性幹細胞)**

解説

1 (1) **精原細胞**や**卵原細胞**は，**精子**や**卵**のもとになる細胞だが，まだ体細胞分裂を行う段階である。減数分裂を行う直前の細胞は**一次精母細胞・一次卵母細胞**とよばれる。雄では，減数分裂でつくられる細胞は精細胞で，形を変えて(3)の解答のようになってから精子とよばれるようになる。一方，雌では減数分裂が終了すれば**卵細胞**になるが，脊椎動物の場合は，卵原細胞が分裂をやめて成長し，卵黄を蓄積した一次卵母細胞となり，ホルモン刺激による減数第一分裂によって二次卵母細胞になり，休止状態になる。その後，精子の進入で減数第二分裂を再開する。

(2) 卵1個と精子1個が合体する現象が**受精**である。しかし，受精時には，一般に1個の卵に多数の精子が接近している。卵の中には，複数の精子が卵内に進入したうえで，そのうちの1個の核のみが卵の核と合体するものもあるが，多くの場合，1個の卵には1個の精子しか進入しない。これは卵に多精受精を防止するしくみが備わっているためで，ウニの卵などに見られる受精膜の形成はその例である。

(3) 以下が精子の模式図を描くときのポイントである。

・**頭部**，**中片**，**尾部**があり，頭部の大部分は**核**だが，その先端部に**先体**があること。

・頭部と中片の境界付近に**中心体**があり，中片には**ミトコンドリア**が見られること。

・尾部には**鞭毛**(べんもう)があること。

(4) **卵黄**は卵細胞に含まれる貯蔵物質で，受精までは使われることなく貯蔵される。その後，発生が進むにつれて胚のエネルギー源(養分)となり，消費される。

(5) 説明が「自然数 n を用いること」としかないが，これは一般的に体細胞の染色体数(核相)を $2n$，配偶子の染色体数(核相)を n で表すという意味に理解する。減数第一分裂が起こるまではふつうの体細胞と同じ染色体数であるので，精原細胞も卵原細胞も核相は $2n$ である。

(6)・(7) 1個の一次精母細胞は減数分裂によって4個の精細胞になり，そのまま4個の精子ができる。一方，1個の一次卵母細胞は，減数分裂によって1個の卵と3個の極体となる。極体は受精には関与しない。

2 精子が卵のまわりの**ゼリー層**に入ると，ゼリー層に含まれる物質と反応して，精子の頭部の先端にある**先体**が壊れ，内容物を放出する。その結果，頭部の前側にアクチンフィラメントの束でできた**先体突起**ができるとともに，先体中にあった酵素がゼリー層や卵黄膜を溶かす。これら一連の反応を**先体反応**という。酵素のはたらきで卵黄膜に穴が開くと，先体突起が卵の細胞膜と接触し，受精が始まる。卵の表面にある**表層粒**の内容物が卵黄膜の内側に放出され，卵と卵黄膜の間に**腔所**をつくる。ウニでは，外側の卵黄膜が細胞膜から離れて，受精膜に変化する。表層粒中に含まれていた成分の一部は卵表に透明帯を形成する。その後，精子の核(**精核**)と卵の核(**卵核**)が合体して受精が完了する。**受精膜**などの構造には多精受精を防ぐはたらきがある。

> ここに注意　ヒトの受精の際には受精膜はできないが，卵表の変化によって多精受精を防ぐしくみが備わっている。

3 (1)・(2) 卵割には，図の a と b のように卵細胞全体が分裂する**全割**と，c と d のように卵の一部しか分裂しない部分割がある。a は8細胞期の時点で割球の大きさに差のない**等割**で，ウニや哺乳類の卵割はこれにあたる。b は8細胞期の時点で動物極側の割球が小さく，植物極側の割球が大きい**不等割**で，両生類などの卵割を示す。c は動物極側のみで卵割が起こる**盤割**で，魚類や鳥類の卵割がこのタイプになる。d は最初核分裂だけが起こり，やがて体表だけが卵割する**表割**で，昆虫類などの卵割を示している。

(3) 卵割の様式は**卵黄**の量と分布によって決まる。卵黄量が少なく卵内にほぼ均等に分布する**等黄卵**では，均等な卵割，つまり a のような等割となる。卵黄が植物極側に多く集まる**端黄卵**では，卵黄が卵割のじゃまになるため，植物極側が割れにくい b のような不等割になる。しかし，同じ端黄卵でも，鳥類のように卵黄量が非常に多い場合は，植物極側では卵割ができず，動物極側の一部(胚盤)でのみ卵割する c の盤割となる。一方，昆虫類などの卵では，卵黄が多く，卵の中央部に集まる心黄卵となる。この場合，卵割は表面部でのみ起こり，表割となる。

(4) 卵割は体細胞分裂の一種である。しかし，間期が非常に短い。これは G_1 期と G_2 期，つまり細胞の成長期がないことによる。受精時には，十数回分の細胞分裂の準備が完了している。結果的に細胞分裂の周期がはやく，分裂のたびに生じる細胞(割球)が小さくなっていくことになる。

4 (1) ウニの卵は等黄卵で，8細胞期まで等割である。図の E，G，I では植物極側割球が動物極側よりも大きいので，カエルの胚と考えられる。また，K の神経胚，L の尾芽胚はウニの発生では存在しない発生段階である。

(2)・(5) A→B→C→D→Fの段階は，**受精卵→2細胞期→4細胞期→8細胞期→桑実胚期**である。Hは**原腸胚期**で，Jは**プルテウス幼生**を描いている。詳細な発生段階表に従えば，16細胞期，胞胚期，プリズム幼生期が描かれていないことになる。しかし16細胞期は，卵割期の一段階であって卵割期が5つも描かれていることと，(4)で16細胞期に関する問いがあることから排除できる。プリズム幼生期は原腸胚期からプルテウス幼生期の間の移行期で，「重要な部分」という設問の主旨から考えると排除すべきである。

(3) Fはウニの，Gはカエルの桑実胚である。Gでは植物極側の割球が動物極側よりも大きい。この違いは，植物極側に卵黄が多いため，植物極側で卵割が起こりにくくなっていることの現れである。

(4) ウニの卵割はほぼ等割であるが，第4卵割のみは不等割となって16細胞期胚ができる。このとき，動物極側は経割で，ほぼ同じ大きさの中割球が8つできる。植物極側は不均等な緯割で，4つの大割球と4つの小割球ができる。小割球は植物極に生じる。

(6)・(7) カエルの発生段階のうち，受精卵→2細胞期→4細胞期→8細胞期→桑実胚期→胞胚期→原腸胚期まではウニと同じである。その後，神経管のできる**神経胚期**，尾芽ができる**尾芽胚期**を経て**幼生**となる。図のKはそのうちの神経胚初期であり，Lは尾芽胚期である。

(8) 胚が成長して卵膜の外に出ることを**ふ化**という。ウニでは胞胚期の体表に繊毛ができ，回転しながら酵素を分泌して卵膜を溶かし，ふ化する。一方，カエルでは尾芽胚初期までは卵膜の中で発生が続き，やはり体表に繊毛が生えて，運動しながら酵素を出すことで，尾芽胚期の中頃にふ化が起こる。

5 (1)〜(3) カエルの神経胚期末，あるいは尾芽胚初期の図は頻出である。外胚葉性のb表皮とd神経管の間にあるa神経冠細胞は，将来，感覚神経や交感神経などに分化する。中胚葉はこの時期にはcの脊索，eの体節，fの腎節，gの側板に分かれている。神経胚期末ではfとgは分かれておらず，合わせて広義の側板とよばれる。gの内部の腔所は体腔とよばれ，のちに体壁と内臓諸器官の間の腔所になる。

(4) 外胚葉からは表皮や神経系ができるが，眼の水晶体は神経管由来の眼杯の**誘導**作用によって表皮からつくられ，眼杯の一部が網膜になる。真皮は皮膚を構成する組織だが，中胚葉性で，骨や骨格筋とともに体節からできる。心臓は中胚葉性の器官で側板から形成される。肺の内壁や肝臓は内胚葉性の器官である。

(5) cの脊索は発生の過程で重要な構造だが，体節から脊椎骨が形成されるとその役割を終え，退化する。

6 (1) 受精膜は多精受精を防止する構造であり，ウニではよく発達する。しかしカエルやヒトの発生過程では観察されず，卵表の変化で多精受精を防いでいる。直径0.1 mmと小さな胚であるウニでは胞胚壁の細胞層は一層であるが，直径2 mm近いカエルでは，胞胚壁は数層の細胞層からなる。

(2) ウニは**等黄卵**・ほぼ**等割**で，カエルは**端黄卵**・ほぼ**不等割**である。カエルの胚では植物極側に卵黄が多いため，**胞胚腔**は動物極側にかたより，**陥入**も植物極側の赤道面近くで起こる。陥入した細胞はウニでは内胚葉となり，**消化管**になる。カエルでは陥入した細胞は中胚葉となり，その内側の内胚葉に**腸管**が生じることで消化管ができる。ウニの胚は胞胚期にふ化するが，カエルの胚では器官形成が進んだ尾芽胚になってようやくふ化する。

7 (1)・(2) ヒトなどの脊椎動物では，一次卵母細胞は減数第一分裂を途中で休止する。その後，生殖腺刺激ホルモンのはたらきで減数分裂を再開し，減数第一分裂が終わった**二次卵母細胞**の状態で**排卵**される。したがって，受精卵の動物極側には極体が残っている。ヒトの卵は等黄卵なので等割を行い，桑実胚期まで発生が進むが，胞胚期に相当する**胚盤胞期**になると，胚の中に**内部細胞塊**が形成され，外層は**栄養外胚葉**とよばれる。胚が子宮に**着床**すると，栄養外胚葉は子宮内膜とともに**胎盤**を形成し，胚に栄養や酸素を供給する。その結果，ヒトのからだとなるのは，基本的に内部細胞塊のみである。

(3) 内部細胞塊はヒトのからだの各部に分化する**多分化能**をもっている。この部位からとり出された**ES細胞**(**胚性幹細胞**)は高い分裂能をもち，さまざまな組織の細胞に分化することが可能で，**再生医療**への応用が期待されているが，倫理的な問題も多い。

11 発生現象と遺伝子発現

STEP ① 基本問題 p.64〜65

1 ① 原基分布図(予定運命図) ② 外胚葉
③ 中胚葉 ④ 内胚葉 ⑤ 表皮
⑥ 神経管(神経板，神経) ⑦ 脊索
⑧ 体節 ⑨ 側板 ⑩ フォークト
⑪・⑫ 中性赤，ナイル青(順不同可)
⑬ 局所生体染色(法) ⑭ 予定運命

2 (1) シュペーマン　(2) 原口背唇部
(3) 以後の発生は止まり，永久胞胚の状態となる。
(4) 二次胚
(5) c－腸管　d－腎節　e－脊索
f－体節　g－神経管
(6) e，f

3 (1) ニューコープ　(2) 誘導　(3) 内胚葉
(4) Ⅰ－原口背唇部　Ⅱ－眼杯
Ⅲ－水晶体　Ⅳ－角膜
(5) 灰色三日月環
(6) a－眼杯　b－水晶体　c－網膜
d－角膜

解説

1 **フォークトの原基分布図(予定運命図)**である。フォークトは，イモリの胞胚を細胞に無害な色素で部分染色する**局所生体染色法**によって，胚表面の各部が将来何に分化するかという**予定運命**を調べた。その結果，イモリの胞胚の動物極側は**外胚葉**に，赤道付近は**中胚葉**に，植物極側は**内胚葉**に分化した。また，動物極側で図の右側つまり背側は**神経管**に，腹側は**表皮**になった。赤道付近の中胚葉性の部位では，背側は**脊索**に，腹側は**側板**に分化し，図の中央付近は**体節**に分化した。

2 **シュペーマン**は，ヨーロッパ産の2種類のイモリの交換移植実験から，神経になるか表皮になるかの決定が原腸胚期に起こることをつきとめ，その現象に原口の上側の部位，つまり**原口背唇部**が重要と考えた。この実験では，原口背唇部を切りとられた胚は，陥入が停止し，その後の形態変化が全く起こらず，**永久胞胚**となって，やがて胚内の栄養を消費して死亡する。一方，原口背唇部を移植された胚では，移植片によって**二次胚**が形成される。二次胚の中で移植片に由来するのは脊索と体節の一部のみで，ほかはすべて誘導によってつくられる。

3 (1)～(3) **ニューコープ**は，原口背唇部による誘導作用の前に，もう1つの誘導作用である**中胚葉誘導**が起こることをつきとめた。植物極側の内胚葉細胞が動物極側にある細胞に作用して，外胚葉を中胚葉へと予定運命を変えることがわかった。(2)は中胚葉誘導と答えたいところであるが，漢字2文字との指定があるので**誘導**と答える。
(4)・(6) 外胚葉を神経管に誘導するのは，原口背唇部のはたらきである。形成された神経管はその後，脳や脊髄に分化するが，脳の膨らみである**眼胞**が表皮と接触して**眼杯**になった時点で，新たな形成体となり，表皮を**水晶体**に誘導する。眼杯はのちに図の c，つまり**網膜**になる。生じた水晶体がさらに表皮に作用する形成体となり，**角膜**を誘導する。
(5) 原口背唇部は，発生初期に精子の進入点の逆側に生じた**灰色三日月環**に由来する。胞胚期にこの部位で，BMP というタンパク質のはたらきを阻害するタンパク質がつくられる。動物極側で BMP がはたらいた部位の細胞は表皮になるが，阻害タンパク質によって BMP がはたらかない部位の細胞は神経になる。胚の赤道付近の中胚葉領域では，BMP 阻害タンパク質の濃度勾配により，脊索・体節・腎節・側板などが形成される。

STEP 2 標準問題 p.66～67

1 (1) ア　(2) イ，オ　(3) ウ，オ
(4) カ，キ，ク　(5) オ，ケ

2 (1) ① B　② C
(2) 灰色三日月環はやがて原口背唇部となり神経管などの誘導を行う。
(3) 左は正常胚に，右側は永久胞胚になる。

3 (1) 全能性
(2) ① 胚盤胞　② 内部細胞塊
③ ES 細胞(胚性幹細胞)
④ iPS 細胞(人工多能性幹細胞)
(3) 山中伸弥

4 (1) ① 母性効果遺伝子　② 濃度勾配
③ 位置情報(前後軸)　④ 分節遺伝子
(2) a－ビコイド　b－ナノス
(3) ホメオティック遺伝子

解説

1 (1) 有櫛動物のクシクラゲは，2細胞期に胚を2分するとからだの半分，4細胞期に4分するとからだの$\frac{1}{4}$の構造しかつくれない。このような卵を**モザイク卵**という。
(2) ウニやカエル，イモリは，2細胞期に2分しても，それぞれの割球だけで完全な幼生ができる**調節卵**である。イモリの胚を糸でしばる実験は，シュペーマンによって初めて行われた。
(3) イモリの胚の原口背唇部の移植による二次胚の形成は，**誘導**作用，**形成体**の発見であり，シュペーマンの最も重要な発見といえる。

(4) フォークトは，イモリの後期胞胚の表面を**局所生体染色法**で染色し，**原基分布図**を作成した。

(5) シュペーマンは，初期原腸胚で，予定表皮域と予定神経域の交換移植を行い，移植片が移植した部位の予定運命に従って分化することを確認した。一方，同じ実験を初期神経胚で行うと，移植片は移植する前の部位の予定運命に従って分化した。このことから彼は，表皮になるか神経になるかの予定運命の決定が原腸胚期に起こることを発見した。

2 (1) 両生類では，(地球に例えて)北緯 60° 付近に精子が進入する。その結果，胚表の黒い色素層が一部回転運動し，その逆側，つまり B と赤道面の間付近に色のうすい**灰色三日月環**ができる。発生が進んで原腸胚期になると，この部位のやや下方に**原口**ができて**陥入**が起こる。

(2) (1)の過程で，灰色三日月環の部分は初期原腸胚期には**原口背唇部**になっており，形成体として神経管などの分化を促す。「灰色三日月環の細胞質が原口背唇部の誘導作用に関わっている」でもよい。

(3) ふつう受精卵は，灰色三日月環を二分する形で第一卵割を行う。その結果，どちらの割球も単独で正常発生が可能である。しかし，灰色三日月環を一方にのみ含むように分割すると，灰色三日月環を含む細胞は単独で正常に発生するが，含まない細胞は卵割を繰り返すものの，単独では陥入が起こらず，いわゆる永久胞胚の状態で発生が停止する。

3 (1) 受精卵は，その生物のすべての細胞に分化する能力をもっており，この能力を**全能性**という。

(2)・(3) 哺乳類の胞胚に相当する，胚盤胞期の内側の細胞，つまり**内部細胞塊**は哺乳類のからだになっていく部分で，この中から高い分裂能と分化能をもった細胞がとり出され，**ES 細胞**とよばれるようになった。一方，胚の細胞や個体の分化した細胞にいくつかの遺伝子を人工導入して，高い分裂能と分化能を合わせもつ細胞がとり出され，**iPS 細胞**とよばれている。iPS 細胞は京都大学の山中伸弥らによって作成された。なお，ES 細胞や iPS 細胞のもつ能力は**多分化能**とよばれ，受精卵同様の全能性をもつかどうかはまだ解明されていない。

4 ショウジョウバエのからだの前後軸を決める物質の mRNA は，母体の卵巣内で卵形成中に合成されて卵内の前端と後端に蓄積する。このように母体の遺伝子がつくった物質が胚発生に影響を与えるとき，その遺伝子を**母性効果遺伝子**という。卵の前端部ではたらく**ビコイド**と後端部ではたらく**ナノス**は，母性効果遺伝子によってつくられる代表的なタンパク質である。受精後それらの mRNA が翻訳されてビコイドやナノスが合成され，受精卵の前後方向にこれらの物質の濃度勾配ができる。これが相対的な位置情報となって胚の前後軸が決まる。母性効果遺伝子による前後軸形成ののち，体節ごとに決まった構造をつくるはたらきをもつ，**ホメオティック遺伝子**がはたらくまでの過程では，数種類の分節遺伝子がはたらいて，各体節の性質を決める。しかし，各体節でのホメオティック遺伝子のはたらきに異常があると，頭部に触角のかわりに前あしが生える**アンテナペディア**などの**ホメオティック突然変異**が起こる。

12 遺伝子を扱う技術

STEP 1 基本問題 p.68 ～ 69

1 (1) A－制限酵素　B－DNAリガーゼ　C－プラスミド

(2) Aの種類によってDNAの切断面の塩基配列が異なるため，同じAで切断したDNA断片どうしでないと，DNAリガーゼでつなぎ合わせることができないから。

(3) ベクター

(4) a－イントロン　b－スプライシング

2 (1) エ　(2) TCCAAAGGCCTTTGGA

(3) イ　(4) エ

3 ① 電気泳動　② 負(マイナス)

③ 陽　④ 遅い

⑤ サンガー法(ジデオキシ法)

⑥ 止める

解説

1 (1) 遺伝子操作は，①**制限酵素**による目的遺伝子の切り出し，②遺伝子を細胞内に運ぶ**ベクター**(細菌を用いる場合は**プラスミド**とよばれる環状 DNA)に組み込む，③ベクターの細胞内への導入，④導入遺伝子の形質発現の手順で行われる。

(2) 制限酵素は，用語 にもあるように，その切断面の塩基配列が決まっており，どの遺伝子を切り出すかによって使う制限酵素が異なる。また，制限酵素で切断された DNA には，特定の塩基配列が切り口のように残る。逆に，遺伝子とベクターを結合させる **DNA リガーゼ**は，同じ塩基配列ののりしろをもつものどうしをつなぐだけなので，同じ制限酵素で切ったものでないとうまくつながらない。

(4) 真核生物では，遺伝子にアミノ酸配列を指定しない領域(RNA のイントロンに相当)があり，転写の後，この領域をとり除く**スプライシング**が起こる。しかし，原核生物である大腸菌にはこの過程がなく，転写でつくられたRNAがそのままmRNAとしてはたらく。したがって，真核生物の DNA をそのまま原核生物に導入しても正常なタンパク質はつくられない。実際には，つくられた mRNA から**逆転写酵素**で合成された DNA，つまりエキソンだけでできた遺伝子をつくって大腸菌に導入する必要がある。

2 (1) **DNA ポリメラーゼ**は DNA 複製に関わる酵素で，DNA を切断しないので切断効率は関係なく，安全性についても特別に問題はない。プライマーの塩基配列との間に配列特性はあるが，複製される DNA の塩基配列に対する配列特性はない。増殖速度は PCR にかける時間に影響を与えるので重要だが，それ以上に重要なのが**耐熱性**である。設問のように，94℃ ↔ 55℃(もっと高い温度で行うことも多い)を繰り返すので，普通の酵素は変性・失活してしまう。PCR 法では，温泉水中などに生息する好熱性の原核生物がもつ最適温度の高い酵素を用いる。

(2) DNA の塩基どうしの結合を考えればよい。つまり A には T，C には G が相補的に結合することから塩基配列を書き出せばよい。

(3) 1 サイクルで 1 回の複製が起こる。1 回の複製で DNA 量は 2 倍になるので，n サイクルの PCR を行うと，DNA は 2^n 倍に増える。

(4) PCR 法は，特定の塩基配列の DNA 断片を短時間に多量に増幅させる方法で，DNA の塩基配列の特定などで同じ DNA を多量に必要とする際に重要である。細胞培養や細胞融合あるいは核移植などは重要なバイオテクノロジーの手法であるが，遺伝子そのものを扱うものではない。個人識別や親子鑑定などで用いられる DNA 鑑定は，DNA の塩基配列によって犯人を特定したり親子関係を確認したりするため，大量の DNA の複製をつくり，DNA の塩基配列を比較するのが一般的で，PCR 法のきわめて重要な応用例といえる。

3 寒天ゲルなどに電流を流して，帯電した物質を分離する方法を**電気泳動法**という。この方法を用いると，物質を大きさ(分子量)の違いによって分離することができる。DNA は負(マイナス)に帯電しているので，寒天ゲル中で電気泳動を行うと陽極へ向かって移動する。寒天ゲル中は寒天の繊維が網目構造のように広がっているので物質の移動が妨げられ，塩基対数が大きく長い DNA ほど移動速度が遅くなる。

サンガー法(ジデオキシ法)は 1970 年代に確立された技術で，複製の際に取り込まれるヌクレオチドの順番を調べることで，鋳型となる 1 本鎖の DNA の塩基配列を調べるものである。これは通常のヌクレオチドの他に，取り込まれると伸長反応が起こらなくなるヌクレオチドに蛍光色素をつけたものを加えることで，さまざまな DNA 断片を得る。それを電気泳動で長さに応じて分け，順番に並んだ DNA 断片の末端に結合させた蛍光色素の種類を順にたどることで，鋳型となった 1 本鎖の DNA の塩基配列がわかる。

STEP ② 標準問題 p.70～71

1 (1) **制限酵素 X，DNAリガーゼ**

(2) **①は Amp^r 遺伝子をもたず，アンピシリンの影響で増殖できないが，②はプラスミドAの導入で増殖できたから。**

(3) **実験 2 では $LacZ_\alpha$ 遺伝子は調節タンパク質の結合によってはたらかなかったが，実験 3 では試薬Dによって $LacZ_\alpha$ 遺伝子がはたらき試薬Cが青色物質になったから。**

(4) **試薬Dにより転写が起こったが，DNA 断片の挿入により正常なラクターゼが合成されなかったから。**

2 (1) **チロシナーゼ遺伝子のプロモーター部分からやや上流側の領域と，チロシナーゼ遺伝子のやや下流側の領域を結合させる。**

(2) **プロモーター部位に RNA ポリメラーゼが結合できず，チロシナーゼ遺伝子の転写ができないので，黒色素が合成できない。**

(3) (遺伝子型，体色の順に)
試料 1 − **ウ，エ**　試料 2 − **ア，エ**
試料 3 − **イ，オ**

(4) **500 塩基対**

3 **イ**

解説

1 (1) プラスミドに DNA 断片を挿入するには，まず環状のプラスミドを，DNA 断片をつくる際に使ったものと同じ制限酵素Xで切断して開鎖状にする必要がある。制限酵素の種類が違うと，両者の切断面ののりしろ部分の塩基配列が一致せず，プラスミドと

DNA 断片の接着ができないからである。開鎖状プラスミドと DNA 断片を接着するには，同じのりしろをもつ DNA どうしをつなぎ合わせる酵素である **DNA リガーゼ**が必要となる。

(2) ふつう細菌類は抗生物質耐性をもっていないので，プラスミドを含まない①の大腸菌はアンピシリンを含む培地では生育できない。一方，プラスミド A を含む②の大腸菌では，*Amp*ʳ 遺伝子をもつことになり，しかもその遺伝子は常に転写されている。したがって，②では培地中のアンピシリンは分解され，大腸菌が増殖して**コロニー**が形成される。

(3) 大腸菌が $LacZ_\alpha$ 遺伝子をもち，この遺伝子がはたらいてラクターゼがつくられると，試薬 C から青色物質ができて，コロニーが青色になる。大腸菌②は $LacZ_\alpha$ 遺伝子をもつが，実験 2 では，この遺伝子のオペレーター領域には調節タンパク質(リプレッサー)が結合しており，ラクターゼはつくられておらず，コロニーは白色になる。実験 3 では，調節タンパク質が試薬 D によってオペレーターと結合できなくなっているため，$LacZ_\alpha$ 遺伝子がはたらき，つくられたラクターゼにより，コロニーは青色になる。

(4) 実験 3 と同様に，実験 4 でも $LacZ_\alpha$ 遺伝子領域での転写が起こる。しかし，$LacZ_\alpha$ 遺伝子の途中に短い DNA 断片が挿入されているため，正常なラクターゼが合成されない。したがって，試薬 C は青色物質にならない。

2 (1) 起こっている変異がプロモーター部位への挿入変異なので，チロシナーゼ遺伝子のプロモーター部位をとり出す必要があるが，同様のプロモーターをもつほかの構造遺伝子がある場合，挿入がどの遺伝子のプロモーター部位で起こっているのかわからない。そこで，チロシナーゼ遺伝子にそのプロモーター部位を含む形で増幅させる PCR ができるよう，プライマーを結合させればよい。

(2) プロモーター部位は，RNA ポリメラーゼの結合開始点である。したがって，ここに挿入変異が起こると，RNA ポリメラーゼが結合できなくなって，チロシナーゼ遺伝子の転写が行われない。チロシナーゼがつくられないので，黒色素が合成できず，黄体色となる。

(3)・(4) 試料 1 では 1000 bp(塩基対)と 1500 bp にバンドが検出され，試料 2 では 1000 bp，試料 3 では 1500 bp でバンドが検出される。変異が挿入変異であることがわかっているので，1000 bp の DNA 断片が野生型，1500 bp の DNA 断片が変異型であることがわかる。試料 1 は両者を含むことから，ヘテロ接合体の試料と考えられる。その体色は，設問中に同じヘテロ接合体である F_1 が黒体色とあることから推測できる。また，挿入断片の長さは，1500 − 1000 = 500〔bp〕

3 それぞれの**マイクロサテライト**では，父親(王)由来，母親(王妃)由来の配列のうちどちらか一方が減数分裂によって子に伝えられる。よって，**ア**～**エ**のマイクロサテライトの 2 種類の配列のうち，どちらかが父親，もう一方が母親に由来する。そのようにしてみていくと，**イ**のみがすべてのマイクロサテライトで両親と一致している。

STEP 3 チャレンジ例題 3 p.72～73

1 (1) ① **チミン(T)** ② **ウラシル(U)**
③ **U** ④ **A** ⑤ **G** ⑥ **C**
⑦ **CUCGCUGAUCACUCAAAAUAAU**
(2) ⑧ **翻訳**
(3) ⑨ **CUC** ⑩ **UAA** ⑪ **終止コドン**
⑫ **Le-Al-Ap-H-S-Ly**

2 (1) **TATACTAGAAACCACAAAGGATACA**
(2) **AUAUGAUCUUUGGUGUUUCCUAUGU**
(3) **I-Ph-Gy-V-S-Ty-V**

3 (1) ① **外胚葉** ② **内胚葉** ③ **中胚葉**
④ **C** ⑤ **誘導**
⑥ **C の部位がほかの部位に作用して，中胚葉の形成を誘導したこと。**
(2) ⑦ **外胚葉** ⑧ **中胚葉**
⑨ **中胚葉誘導** ⑩ **植物極**
⑪ **外胚葉に分化する部位に作用し，中胚葉の形成を誘導するはたらき。**

4 (1) ① **耐熱** ② **高** ③ **失活**
(2) ④ **5′** ⑤ **3′** ⑥ **5′**

解説

1 (1) DNA にはアデニン(A)，チミン(T)，グアニン(G)，シトシン(C)の 4 種類の塩基があり，RNA にはアデニン(A)，ウラシル(U)，グアニン(G)，シトシン(C)の 4 種類の塩基がある。転写の際には，DNA から，A → U，T → A，G → C，C → G の形で RNA がつくられる。

(2) 真核生物であれば，DNA から mRNA がつくられる過程は，転写とスプライシングの 2 段階に分けられるが，原核生物である大腸菌では，転写のみで mRNA がつくられる。真核生物では，転写とスプライシングは核内で，mRNA からタンパク質がつくられる翻訳の過程は細胞質基質で起こる。原核生物では核と細胞質の区別がないため，転写と翻訳が細胞質で起こる。

(3) 設問文に断りがなければ，塩基配列の最初からアミノ酸を指定していけばよい。設問の場合コドンは，CUC・GCU・GAU・CAC・UCA・AAA・UAA となり，最後の U はそれ以降の 2 つの塩基と合わせて 1 つのコドンになる。mRNA のコドン表を見ると，最初から順に，それぞれロイシン(Le)・アラニン(Al)・アスパラギン酸(Ap)・ヒスチジン(H)・セリン(S)・リシン(Ly)となり，7 番目のコドン UAA が終止コドンになるため，そこでポリペプチド形成が終了する。結局，最後の U を含むコドンは翻訳されない。

2 (1) DNA どうしの塩基対は，A にはT，G にはC が相補的に結合している。間違えず置きかえていくことが重要である。

(2) DNA のうち，転写されるのはアンチセンス鎖である。結果的に，センス鎖のTがUに置きかわっただけの塩基配列の RNA ができる。

(3) 細胞内で翻訳が起こっていることに注意する。この場合は，最初の AUG が開始コドンとなり，その後の 3 つずつがアミノ酸を指定するコドンとして，ポリペプチドがつくられる。この場合，3 番目から 5 番目の塩基配列が最初の AUG なので，アミノ酸になる塩基配列は，AUC・UUU・GGU・GUU・UCC・UAU・GU となる。これを mRNA のコドン表から見ていけばよい。最後の GU はコドンの最後の塩基が不明だが，GUU・GUC・GUA・GUG いずれもがバリン(V)を指定する暗号になっており，設問も確定できる範囲すべての解答を求めているので，これも忘れず解答する必要がある。

3 実験 1，2 は，ニューコープによる中胚葉誘導の実験である。ニューコープは，アフリカツメガエルの胞胚を，A の動物極側部分(アニマルキャップとよばれる)と，C の植物極側部分，B のその間の部分に分離し，それぞれ単独培養を行って，A が外胚葉性器官，B が中胚葉性器官，C が内胚葉性器官に分化することを確認した。そのうえで，A とC を 3 時間だけ接着したのち分離して，その後，それぞれ単独で培養した。その結果，C はそのまま内胚葉性の組織になったが，A は予定運命を変えて中胚葉性の組織に分化した。このことから，ニューコープは，C の植物極側の細胞が胚のほかの部位に作用して，その部位を中胚葉性の組織に分化させる誘導の能力をもつことを確認し，この現象を**中胚葉誘導**と名づけた。

(2) 実験 3 は浅島誠(あさじままこと)による，**アクチビン**の中胚葉誘導実験である。浅島は，ニューコープのいう中胚葉誘導がどのような物質のはたらきで起こるかを解析し，ある種のがん細胞から抽出されたアクチビンというタンパク質にそのはたらきがあることをつきとめた。そのうえで A のアニマルキャップを切り出し，アクチビンを含む培養液中で育てたところ，外胚葉になるはずの A の領域に中胚葉性の組織や器官が形成されることを確かめた。その後，胞胚の植物極側細胞からもアクチビンが分泌されていることがわかり，アクチビンが中胚葉誘導物質であることが特定された。

4 (1) 発明された当初に用いられていた DNA ポリメラーゼは，PCR 法における温度が高くなる工程で熱変性して失活していたが，現在用いられている DNA ポリメラーゼには**耐熱性**があり，連続で反応を行うことができる。

(2) DNA の複製において，新生鎖は 5′→3′ 方向にしか伸長することができない。これにより，新生鎖の 5′ 末端側では RNA プライマーが分解された後，逆方向の 3′→5′ 方向へ新生鎖を伸長することができず，染色体 DNA は複製のたびに少しずつ短くなる。

STEP 3 チャレンジ問題 3 p.74～77

1 (1) ① **オペレーター** ② **プロモーター** ③ **RNA ポリメラーゼ** ④ **リプレッサー** ⑤ **DNA ヘリカーゼ** ⑥ **プライマー**

(2) **プロモーターと RNA ポリメラーゼの結合を抑制していたリプレッサーがオペレーターから外れるため，転写の抑制が解除される。**

(3) **点 6**

理由－**さまざまな複製途中の DNA があるがいずれもレプリケーター付近は複製されるので，最も量が多くなるから。**

(4) **逆転写酵素**

(5) DNA 断片の名称－**岡崎フラグメント**

DNA 鎖の名称－**ラギング鎖**

(6) **42℃では，変異株がもつ DNA リガーゼが不活性化してしまい，DNA 断片の間の切れ目が結合されないためラギング鎖が完成せず，生じた短い DNA 断片が残ったまま複製が進行するから。**

(7) **領域 B，領域 C**

2 (1) **実験3，実験4**

(2) 予定運命－**外胚葉**

発生能－**外胚葉，内胚葉(原腸)**

(3) 予定運命－**骨片**　発生能－**骨片**

(4) **小割球による誘導作用によって，本来外胚葉に分化する中割球由来細胞の一部が原腸になった。**

(5) ① **原口背唇部**（はいしん）　② **原腸胚期**

③ **脊索や体節の一部**

3 (1) ① **ベクター**　② **プラスミド**

③ **リガーゼ**　④ **ポリメラーゼ**

⑤ **オーダーメイド**

(2) **95℃－鋳型DNAの塩基対の水素結合が切れて1本鎖になる。**

55℃－プライマーと鋳型の1本鎖DNAが結合し，部分的に2本鎖になる(アニーリング)。

72℃－耐熱性DNAポリメラーゼがプライマーから鋳型DNAに従い，相補DNAを合成する。

(3) **256塩基対**

(4) **(a)群－ア　(b)群－イ　(c)群－ウ**

(5) **20%**

(6) **X_Gは400個のアミノ酸で構成されるポリペプチドであるが，A型のDNAでは396番コドンが終止コドンになるため，X_AはX_Gよりもアミノ酸が5個少ないポリペプチドになる。**

解説

1 (2) ラクトースがある環境下では，リプレッサーはラクトース代謝産物と結合することでオペレーターに結合できなくなる。その結果，プロモーターとRNAポリメラーゼが結合できるようになり，転写の抑制が解除される。

(3) レプリケーターの領域から複製が始まることから，増殖中の大腸菌のDNA部位の相対量は多くなる。

(4) 逆転写酵素は，遺伝子研究においてmRNAからDNAを作成するのに用いられている。DNAはRNAより安定していて扱いやすい。

(6)「電気泳動法で速く移動する1本鎖DNA断片」と記載されていることから，分子量の小さいDNA断片だと判断できる。このことから，生じた短い岡崎フラグメントどうしがDNAリガーゼによって結合できなかったと考えられる。

(7) 5′と3′の方向から，ラギング鎖になるのがどちらのほうであるか考える。

2 (1) **調節能力**とは，胚の一部を失ったり，加えたりしても，全体として1つの完全な胚をつくる能力をさす。ほぼ正常な幼生ができる実験は，実験3と4で，いずれも胚の一部を除去しているので，調節能力を示していることになる。

(2)・(3) 実験1の**局所生体染色法**で，中割球は外胚葉に，小割球は骨片をつくる細胞に分化していることがわかる。これが**予定運命**にあたる。実験4から，中割球からは原腸の形成も可能であることがわかる。このことから，中割球には外胚葉への分化能のほか，内胚葉に分化する能力もあることがわかる。一方，実験2や実験4から，小割球は，一次間充織あるいは骨片をつくる細胞へしか分化していないことがわかる。

(4) 実験1から，中割球は，ふつう原腸には分化しない。実験4で原腸に分化したのは，大割球を除去した結果，小割球と接したからと考えられ，接する小割球による誘導作用で内胚葉に分化したとしか考えられない。ただ，実験4ではほぼ完全な幼生ができており，中割球由来の細胞がすべて内胚葉に分化したわけではなく，外胚葉にも分化している。

(5) 同様の誘導作用としては，原腸胚期における原口背唇部の誘導作用が最も重要かつ有名な例であり，原口背唇部はのちに脊索や体節の一部に分化する。

3 (2) それぞれの温度ごとに異なる水素結合の挙動に注意する。

(3) 制限酵素*Alu* Ⅰは4塩基対を認識するので，その頻度は$4^4=256$（塩基対）に1回となる。

(4) 電気泳動の結果，G型では300塩基対，A型では100塩基対と200塩基対のDNA断片が現れる。

(5) GG型が64人，A<u>A</u>型が4人，G<u>A</u>型が32人だから，$\frac{4\times2+32}{(64+4+32)\times2}\times100=20$〔%〕となる。

(6) A型の遺伝子では，塩基置換部位を含む396番コドンが終止コドン(TAG)になっている。

終止コドン　　400番コドン　終止コドン

A型5′－TCTATAGCTCGATGACAAATAGCG－3′

第４章 生物の環境応答

13 刺激の受容

STEP 1 基本問題 p.78～79

1 (1) 適刺激
(2) ① 受容器－前庭　場所－耳
② 高い温度，低い温度，熱，化学物質（などから３つ）

2 (1) ① 角膜　② ひとみ（瞳孔）　③ 虹彩
④ 水晶体（レンズ）　⑤ 毛様体
⑥ チン小帯　⑦ 強膜　⑧ 脈絡膜
⑨ 網膜　⑩ 黄斑（中心窩（か））　⑪ 盲斑
⑫ 視神経　⑬ ガラス体
(2) A－③　B－⑦　C－⑩

3 (1) ① 視神経（視神経繊維）
② 視神経細胞　③ 連絡神経細胞
④ 視細胞　⑤ 色素細胞層
⑥ 桿（かん）体細胞　⑦ 錐（すい）体細胞
(2) 上

4 (1) ① 耳殻　② 外耳道　③ 鼓膜
④ 耳小骨　⑤ 半規管　⑥ 聴神経
⑦ 前庭　⑧ うずまき管
⑨ エウスタキオ管（耳管）
⑩ コルチ器（コルチ器官）　⑪ 聴細胞
⑫ おおい膜　⑬ うずまき細管　⑭ 前庭階
⑮ 鼓室階　⑯ 基底膜　⑰ 感覚毛
(2) ⑭

解説

1 受容器（感覚器官）ごとに**適刺激**とよばれる受容する刺激の種類が決まっている。

ここに注意　受容器の興奮は，神経によって中枢へ伝えられる。

2 ものを見るには，その実像を**網膜**に結像させるために，水晶体の厚さをその周囲にある**毛様体**で調節している。毛様体の輪状筋（環状筋）が収縮すると，**チン小帯**がゆるんで，水晶体の厚さが増し近くのものに焦点が合うようになる。光量が少ない場合には，**瞳孔**（ひとみ）を拡大して入光量を増やしている。

3 網膜の構造については，**1** の ここに注意 にあるように，視神経が視覚情報を脳に伝えることを覚えておきたい。２種類の視細胞のうち色覚をつかさどる**錐体細胞**は，その名称のようにやや太く錐体状になっている。明暗を知覚する**桿体細胞**の「桿」は，細長い棒状という意味をもつ。

4 耳には，音を受容する部分と平衡感覚を受容する部分がある。**鼓膜**の振動は，まず**耳小骨**を経て内耳の**うずまき管**内の**前庭階**に伝えられ，さらに，うずまき管の奥へ伝えられ，**鼓室階**へ戻ってくる。このとき**基底膜**が振動し，その上の**聴細胞**も共振し，感覚毛がおおい膜にあたって，興奮を生じる。⑤，⑦は平衡感覚を受容する部分である。

STEP 2 標準問題 p.80～81

1 (1) ① カ　② コ　③ ニ　④ ス　⑤ オ
⑥ ク　⑦ イ　⑧ ソ　⑨ ト　⑩ ヌ
⑪ エ　⑫ ツ　⑬ ウ
(2) 筋収縮の度合いを中枢へ伝える。（15字）

2 (1) ① 錐（すい）体細胞　② 桿（かん）体細胞
③ 黄斑（中心窩（か））　④ 水晶体（レンズ）
⑤ ガラス体
(2) 桿体細胞
(3) 桿体細胞中の色素が分解されて，桿体細胞が過度に興奮するためまぶしくて見えなくなるが，しばらくすると色素が減少し，桿体細胞の興奮性も低下して見えるようになる。

3 (1) ① 中耳　② 鼓膜　③ 耳小
④ うずまき管　⑤ 基底膜
(2) 振動数は同じだが，振幅が約 20 倍に増幅される。
(3) 名称－前庭
はたらき－からだの傾きを感じる。
別解 名称－半規管
はたらき－からだの回転を感じる。

4 1.3mm，右目

解説

1 いろいろな適刺激と受容器について，**STEP 1** とは逆の対応での出題とした。受容器については，視覚と聴覚の出題が中心になるが，耳については，聴覚以外に平衡感覚についても出題される。

2 眼の構造と網膜のはたらきに関する問題である。色を識別する**錐体細胞**は，光の三原色に対応して３種類ある。

(2)・(3) **桿体細胞**の先端部は，色素を含んだ円板が積み重なっている。これは光を吸収すると無色になり，桿体細胞を興奮させる。桿体細胞の興奮は，桿体細胞の終端部から伝達物質を放出して連絡細胞を刺激する。

3 音は，振動数(音の高低)，振幅(音の大小)，音色が聴覚において識別される。

(2) 広い面積で集めた振動のエネルギーを狭い面積に押し込むことになる。振動数(音の高低)は変化しないが，振幅(音の大小)が大きくなり音が増幅される。

(3) **半規管**と**前庭**は平衡感覚をつかさどる受容器である。半規管は感覚細胞にある感覚毛と内リンパ液によって回転を感じとる。前庭は感覚細胞と平衡砂で平衡を感じとる。

4 ●の消失と出現から，盲斑の幅 x を求める。
消失点は 210:70＝20：x
より，x≒6.7mm
出現点は 260:70＝20：x'
より，x'≒5.4mm
この差を求める。盲斑は黄斑に対して鼻側にある。右の図から x の左側に盲斑があり鼻側なので，右目となる。

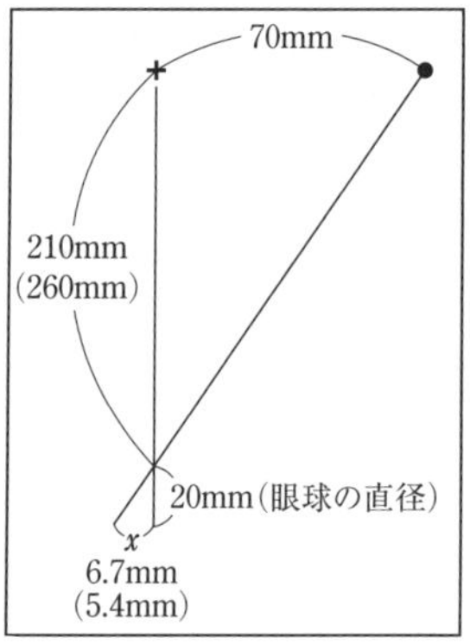

14 神経系とニューロン

STEP ① 基本問題 p.82～83

1 ① 受容器　② 感覚神経　③ 脊髄
④ 運動神経　⑤ 効果器　⑥ 反射弓

2 ① 静止電位　② 活動電位

3 (1) 細胞の内外の電位が逆転する。
(2) 名称－シナプス　はたらき－伝達
(3) アセチルコリン，ノルアドレナリン

4 (1) 閾値(いきち)に達しない刺激に対しては反応せず，閾値以上の刺激に対しては常に一定の電位変化を示す。
(2) 刺激の大小が興奮を発生する頻度となって伝わる。
(3) ① 有髄神経繊維，無髄神経繊維
② 跳躍伝導

5 (1) A－運動ニューロン(運動神経)
B－感覚ニューロン(感覚神経)
(2) a－軸索　b－シナプス
c－樹状突起　d－細胞体
(3) ア

6 (1) 30m/s　(2) 5.5 ミリ秒後
(3) 潜伏期　(4) 3.5 ミリ秒

解説

1 **屈筋反射**の**反射弓**についての出題である。反射弓ではこのほか，**膝蓋腱**(しつがいけん)**反射**がよく出題される。

> ここに注意　感覚の発生は大脳の感覚中枢で起こる。反射は，感覚の発生よりはやく命令が出される。

2 ニューロンの電位変化に関する問題である。電位変化はグラフで問われることが多い。**静止電位**と**活動電位**についてはおさえておきたい。

3 ニューロンの軸索の一部を刺激すると，活動電位を生じ，それによってその部分のまわりが刺激を受け，新たな活動電位を生じる。このようにして，ニューロン内を両方向に刺激が伝わっていくことを**伝導**という。伝導によって興奮がシナプスまで達すると，シナプス小胞から神経伝達物質が分泌され，隣のニューロンを刺激する。このように刺激がニューロン間を伝わっていくことを**伝達**という。

4 (1)・(2) 興奮が起こる最小の刺激の強さを閾値といい，このときの活動電位は一定の大きさを示す。つまり，活動電位の大きさは刺激の大きさに関係なく，活動電位を生じないか，一定値(最大値)を示すかのどちらかである。

> ここに注意　刺激の大きさは，活動電位の単位時間あたりの発生回数の形で伝えられる。

5 (1)～(3) **1** の反射の経路(反射弓)を，最小のニューロンで描いた問題である。軸索の末端から神経伝達物質が分泌されて興奮が伝達される。介在ニューロンは中枢にあるニューロンで，反射弓では，介在ニューロンの位置に反射の中枢が存在する。

6 (1) 伝導時間を求めるには，BC 間の距離を伝導に要した時間で割ると，

$$\frac{(45\text{mm}-15\text{mm})}{(5\text{ミリ秒}-4\text{ミリ秒})}=30〔\text{mm/ミリ秒}〕=30〔\text{m/s}〕$$

(2) D点はC点より 15mm 離れているので，(1)の速度で割ると，CD間の伝導に 0.5 ミリ秒を要する。

よって，$5+0.5=5.5$〔ミリ秒後〕

(3)・(4) C点を刺激してから筋肉が収縮するまでの時間から，AC間を伝わる時間を引いたものになる。

$$\frac{45\text{mm}}{30\text{mm}/\text{ミリ秒}}=1.5\text{〔ミリ秒〕},\ 5-1.5=3.5\text{〔ミリ秒〕}$$

STEP ② 標準問題 p.84～85

1 (1) a－樹状突起　b－細胞体　c－核
d－軸索　e－髄鞘
(2) ① 興奮　② 活動電位　③ 両
④ シナプス　⑤ 神経伝達物質
⑥ 伝導速度
(3) 細胞膜の透過性が変化して，ナトリウムイオンが急激に膜内に進入して電位の逆転が起こる。
(4) アセチルコリン，ノルアドレナリン
(5) 興奮した状態を速やかに解消し，次の新しい興奮の伝達に備える必要があるから。
(6) Bは髄鞘があるため，跳躍伝導によって興奮はAよりはやく伝導する。
(7)
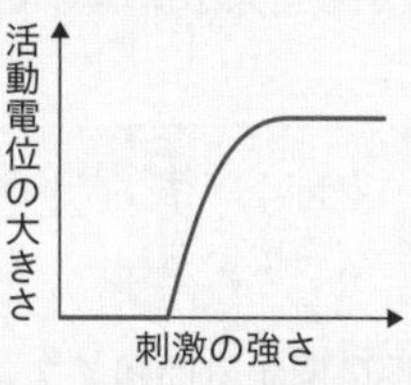

2 (1) 縦軸－mV　横軸－ms(ミリ秒)
(2) A－活動電位の最大値　B－静止電位
(3) 能動輸送

3 (1) ① 語句－中脳　記号－e
② 語句－小脳　記号－b
③ 語句－延髄　記号－c
④ 語句－間脳　記号－f
(2) ㋐ 新皮質
㋑ 辺縁皮質(古皮質・原皮質)
㋒ 視床下部

4 A－反射弓　B－受容器　C－効果器
D－筋紡錘　E－白質　F－灰白質
G－背根　H－腹根

解説

1 (7) **全か無かの法則**が重要である。興奮の活動電位の大きさは一定である。したがって，その発生頻度で刺激の強さを伝えることになる。神経細胞によって感受性が異なるので，電位の合計である活動電位の大きさはカーブを描いたグラフになる。

2 (3) 膜電位の変化は，**能動輸送**(**ナトリウムポンプ**のはたらき)によってつくり出された**ナトリウムイオン**と**カリウムイオン**の不均衡が，膜の透過性の変化で瞬間的に逆転することで起こる。

3 (2) 脳には多数のニューロンがあり，その細胞体が多数集まった部分を**灰白質**，軸索の経路となっている部分を**白質**という。大脳や小脳では，皮質が灰白質で，この部分でそれぞれのはたらきが決まる。また，間脳の側壁を**視床**といい，感覚神経の中継点になり，重要なはたらきをする。

4 STEP 1 の **1** を掘り下げた問題である。神経細胞(ニューロン)は大別すると，**細胞体**と**軸索**からなる。これらが集まって，**神経繊維**や中枢(**脊髄**や**脳**)を形成するが，前者(細胞体)はほかの細胞との間でシナプスを形成し，また，中枢ではたくさん集まって灰白質を形成する。後者(軸索)は中枢では集まって白質を形成する。大脳や小脳では皮質が灰白質になっているが，脊髄では髄質が灰白質になっている。

15 刺激への反応と行動

STEP ① 基本問題 p.86～88

1 (1) ① 効果器　② 繊毛　③ 鞭毛
(2) ① 筋細胞(筋繊維)　② 核
③ 筋原繊維　④ 横紋筋

2 (1) a－腱　b－骨格筋(横紋筋)
c－筋細胞(筋繊維)
d－サルコメア(筋節)
e－アクチンフィラメント
f－ミオシンフィラメント
(2) 横紋(筋)，平滑(筋)
(3) 滑り説
(4) ① 単収縮(れん縮)　② 不完全強縮
③ 強縮(完全強縮)

3 (1) (レベル)4　(2) (レベル)11　(3) イ

4 (1) ① 光走性　② 光走性　③ 電気走性
④ 流れ走性
(2) ① 負(の)重力走性
② 正(の)化学走性

5 (1)① 移動　② 化学物質
③ 刺激(かぎ刺激)　④ 連合
⑤ 予測(洞察)
(2) a－学習　b－本能行動　c－走性
d－本能行動　e－知能行動

解説

1 効果器としては筋肉が代表的であるが，汗腺や消化腺などの**外分泌腺**やホルモンを分泌する**内分泌腺**などもある。また，ホタルが光を放つ発光器官やデンキウナギなどが電気を出す発電器官も効果器である。

2 筋肉の構造では，横紋筋の微細構造まで扱われる。アクチンフィラメントがミオシンフィラメントの間に滑り込む**滑り説**はおさえておきたい。

> ここに注意　収縮時にアクチン・ミオシン両フィラメント自体の長さは変わらない。

3 (1) 収縮する筋細胞の数が少ないと筋肉の収縮の強さも小さい。刺激の強さを増していって，最初に収縮が起こったときが最も閾値(いきち)の低い筋細胞が収縮したときである。
(2) 筋収縮の強さが最大になったときが，すべての筋細胞が収縮を起こしたときである。

4 動物の行動では，教科書において，**走性**，**本能行動**，**学習**(**刷込み**)などが中心に扱われる。**知能行動**については，脳の発達した動物で見られる。

5 **生得的行動**と**習得的行動**の行動様式とその行動の内容についておさえておきたい。

STEP 2 標準問題　p.89～91

1 ① 横紋筋　② 平滑筋　③ 骨格筋
④ 筋細胞(筋繊維)　⑤ 筋原繊維　⑥ 核
⑦ 明帯　⑧ 暗帯　⑨ Z膜　⑩ 滑り説

2 ① ク　② イ　③ セ　④ ス　⑤ コ
⑥ ソ　⑦ ウ　⑧ サ　⑨ ア　⑩ キ
⑪ ケ　⑫ オ

3 (1) ア　(2) オ　(3) ア　(4) ア　(5) イ

4 (1) 物質－フェロモン　器官－触角
(2) 習得的行動は，後天的な記憶力が関与する学習や経験によって成立するが，生得的行動は，その生物が生まれつきもつあらかじめ決められた定型的な行動である。
(3) 卵で膨らんだ銀色の腹部
(4) 実験に選んだ雄の腹部が最も赤いと判断したのはAさんで，実際に雌に対照実験を行って選ばせていないから。
(5) イヌに餌を与える際に，同時にベルの音を聞かせることを繰り返すという条件づけをすることで，その後，そのイヌはベルの音を聞いただけでだ液を分泌するようになるという実験。

解説

1 横紋筋の**滑り説**は，次のような原理である。運動神経の興奮が，筋細胞内で筋小胞体からのカルシウムイオンの放出を促し，その結果，ミオシンの頭部がATP分解酵素としてはたらきエネルギーが供給され，アクチンフィラメントがミオシンフィラメントの間に滑り込む。

2 動物の行動には，**生得的行動**と**習得的行動**がある。生得的行動は，一定の刺激に対して決まった反応を生じる**反射**や，その連続によって起こる**本能行動**などである。習得的行動は，**連合学習**や**刷込み**，**試行錯誤学習**，**知能行動**(過去の経験から結果を予測して行動する)などである。

> ここに注意　刷込みは，生後はやい時期に学習される点で本能と異なっている。

3 ゾウリムシの走性に関する問題である。
(1) ゾウリムシは**負の重力走性**をもっている。
(3) ゾウリムシは体表に繊毛をもち，運動する。
(5) ゾウリムシは**負の電気走性**をもち，電流に対して，負の電極に向かう。

4 イトヨの本能行動の実験はオランダのティンバーゲンが行った有名な実験で，これ以外にカール・フォン・フリッシュのミツバチの8の字ダンスの実験も有名である。
(4) 動物実験では，条件設定が実験者によって厳密になされていないと，間違った結論を導くことになるので注意しなければならない。

16 植物の生殖と発生

STEP ① 基本問題 p.92 ~ 93

1 a－花粉母細胞　b－花粉四分子
c－雄原細胞　d－精細胞
e－胚のう母細胞　f－胚のう細胞
g－反足細胞　h－極核　i－中央細胞
j－助細胞　k－卵細胞
(1)①，②，⑤，⑥
(2) d，k
(3) 雄性配偶子－4(回)
雌性配偶子－5(回)

2 (1) a－胚球　b－胚柄(はいへい)　c－幼芽
d－胚軸　e－子葉　f－幼根
g－胚乳　h－種皮　i－珠皮　j－雌
(2) 無胚乳種子
(3) 胚乳は発達せず，栄養は子葉に蓄えられる。

3 (1) A－水　B－ジベレリン
C－アミラーゼ　D－グルコース
E－糊粉層(こふんそう)
(2) アブシシン酸
(3) ① 光発芽種子　② 暗発芽種子
(4) a－赤色光　b－遠赤色光
(5) フィトクロム

解説

1 植物の配偶子形成では，まず，おしべの葯(やく)に**花粉母細胞**(a)が，めしべの胚珠の中に**胚のう母細胞**(e)が形成される。これらの細胞はすぐに減数分裂して，**花粉四分子**(b)と**胚のう細胞**(f)になる。減数分裂で4個の細胞ができるが，胚のう細胞はそのうちの3個が小さく，やがて退化する。花粉四分子が分離した若い花粉の中では細胞分裂が起こり，**花粉管核**をもつ**花粉管細胞**の中に，雄原核をもつ**雄原細胞**(c)ができ，花粉が完成する。めしべの柱頭についた花粉は，発芽して花粉管を伸ばす。雄原細胞は花粉管内で再度，細胞分裂を行い，2つの**精細胞**(d)になる。一方，胚珠では胚のう細胞内で3回の核分裂が起こったのち，細胞質分裂が起こり，3つの**反足細胞**(g)，2つの**極核**(h)をもつ1つの**中央細胞**(i)，2つの**助細胞**(j)，1つの**卵細胞**(k)からなる**胚のう**が完成する。

(1)～(3) 図の①および⑤が減数第一分裂，②および⑥が減数第二分裂である。その後，雄性配偶子形成では，③，④の各過程で細胞分裂が起こり，配偶子である精細胞ができるので，この間の分裂回数は4回となる。一方，雌性配偶子形成では，⑦の過程で核分裂が3回起こるが，⑧の過程では細胞質分裂だけが起こり核分裂は起こらない。したがって，配偶子である卵細胞ができるまでの分裂回数は5回と数える。

2 重複受精後の被子植物の胚のうでは，受精卵が細胞分裂を繰り返し，**胚球**と**胚柄**ができる。このうち新しい植物体になるのは胚球で，さらに細胞分裂を繰り返して，**幼芽・子葉・胚軸・幼根**からなる**胚**ができる。また，精細胞と融合した中央細胞は，核分裂を繰り返して多数の胚乳核ができ，その後，しきりがつくられて多細胞の**胚乳**となる。**無胚乳種子**では，胚乳はそれほど発達せず，胚乳のかわりに子葉に栄養を蓄えて，種子の完成までに胚乳は消滅する。

3 (1)・(2) 種子の発芽は，十分な水と適度な温度の条件下で起こる。しかし，果実の成熟直後など，できて間もない種子はこれらの条件が整っていても，発芽しないことが多い。これは**アブシシン酸**が蓄積していることで，胚による水の吸収，つまり図の1の段階が起こらないことによる。種子内のアブシシン酸濃度が低下し，発芽の条件が整うと，胚による吸水が始まる。次に吸水した胚の中で，**ジベレリン**の合成と分泌が起こる。分泌されたジベレリンは胚乳の外層にある**糊粉層**に作用し，アミラーゼの合成を促す。合成されたアミラーゼのはたらきで，胚乳の主成分であるデンプンがグルコースに分解される。グルコースは水によく溶けるため，胚に移動して栄養となり，胚の成長を促進して，種子の発芽が起こる。

(3) 温度や水分など発芽の条件が整っていても，発芽に光条件が関係する種子がある。光があたることで発芽が起こる種子を**光発芽種子**，暗所でのみ発芽する種子を**暗発芽種子**という。光発芽種子としては，レタスが最も有名で，タバコ，マツヨイグサ，シロイヌナズナなどがある。暗発芽種子としては，カボチャ，キュウリ，ケイトウなどがあげられる。

(4)・(5) 長日植物や短日植物の花芽形成や，光発芽種子の発芽に影響を与える光として最も有効なのは，波長660nmの赤色光である。また，赤色光の効果は直後に照射される波長730nmの遠赤色光によって打ち消される。この現象は，この2つの波長の光を吸収して構造変化する色素タンパク質**フィトクロム**によって起こる。

近年，植物にはさまざまな光受容体があり，植物の生理現象に影響を与えていることが明らかになった。フィトクロム以外の光受容体としては，青色光を受容し光屈性に関与する**フォトトロピン**や，同じく青色光を受容し暗所での芽や葉の形態形成に関与する**クリプトクロム**が知られている。

STEP ② 標準問題 p.94～95

1 (1) a－イ　b－オ　c－キ　d－ケ　e－ウ　f－カ　g－ク　h－ア

(2) 胚のう

(3) ① 胚乳　② 胚

(4) 重複受精

(5) 卵細胞と精細胞の受精のみが起こり，極核と精細胞は融合しない。

(6) g－12　① 36　② 24

2 (1) A－④　B－⑧　C－③　D－⑦　E－⑨　F－①

(2) ③－カ　④－ア　⑧－イ

(3) A－*gg*　B－*Ggg*　D－*Gg*

3 (1) 卵細胞や中央細胞の破壊は誘引率に影響せず，助細胞の破壊によって誘引率が下がる。

(2) 卵細胞＋中央細胞の破壊は誘引率に影響せず，卵細胞＋助細胞1つ，中央細胞＋助細胞1つの破壊で誘引率が低下し，助細胞2つの破壊では誘引されない。

(3) 誘引率は助細胞2つでは高く，1つではやや低くなり，助細胞がないと全く誘引しない。

(4) 寒天培地の中央に花粉をまき，一方の端にルアーをしみこませて，その方向に花粉管が伸びるかを調べる。

4 (1) (頂端) 分裂組織

(2) ①は茎頂部にあり，②はそれよりやや下方の部位にある。

(3) 形成層　(4) ア，ウ

解説

1 (1)・(2) めしべの柱頭についた花粉は発芽して**花粉管**(c)を伸ばし，その先端に**花粉管核**(b)が，花粉管内には雄原細胞が細胞分裂してできた2つの**精細胞**(a)が見られる。花粉管が胚のうに伸びていくと，一方の**助細胞**(g)が消失して，その部位で精細胞の1つが**卵細胞**(h)と受精し，もう1つが2つの**極核**(f)をもつ**中央細胞**(e)と融合する。胚のうには，このほかに3つの**反足細胞**(d)が含まれている。

(3)・(4) 被子植物では，精細胞と卵細胞の受精，精細胞と中央細胞の融合という2つの合体が起こり，これを**重複受精**という。精細胞と卵細胞が受精してできた受精卵はやがて種子の**胚**となり，精細胞と中央細胞が融合してできた細胞はやがて種子の**胚乳**となる。

(5) 裸子植物の**胚のう**は，多数の胚乳細胞と2つの卵細胞からなる。花粉管中の2つの精細胞は，2つの卵細胞と受精するが，1個の胚しかつくらない。胚乳細胞は受精せず，核相が n のまま分裂を続けるので，重複受精とはいわない。

(6) 精細胞(a)の染色体数は n であるので，この植物の染色体数は $n=12$ つまり $2n=24$ である。助細胞(g)は減数分裂でできた細胞なので染色体数は n，(3)の①の胚乳は $3n$，②の胚は $2n$ である。

2 (1) カキの種子の外被は種皮で，その内側に胚と胚乳がある。Dの胚は，2枚の子葉と幼芽，胚軸，幼根からなるが，図では幼芽は2枚の子葉にかくれて見えない。

(2) ③の子葉は胚の一部で，卵細胞の核と精細胞の核が合体した受精卵からできる。

④の種皮は，胚のうを包む胚珠の表面にある珠皮が変化したもので，胚のうとは別の細胞に由来する。

⑧の胚乳は，中央細胞と精細胞が融合してできた細胞に由来する。

(3) Aの種皮は珠皮由来，つまり母体の細胞で，その遺伝子型は雌親の *gg* になる。Bは胚乳で，雄親からの精細胞(遺伝子型 *G*) 1つと中央細胞の極核(*g*) 2つが合体したものであるので，その遺伝子型は *Ggg* となる。Dの胚は，精細胞(*G*)と卵細胞(*g*)が合体したものからなり，その遺伝子型は *Gg* となる。

3 (1)～(3) 花粉がめしべの柱頭につくと，発芽して花粉管を伸ばし，やがて花粉管が胚のうに達する。花粉管の胚のうへの伸長が，何によって誘引されているかを調べる実験に関する設問である。完全な胚のうの誘引率との比較から，卵細胞，中央細胞，卵細胞と中央細胞の破壊は，花粉管の伸長に影響を与えない。一方，助細胞1個を破壊した結果は，ほかの細胞を破壊するか否かに関わらず，誘引率が70％程度とほぼ同じ値になり，影響のない場合の90％台と比べて，明らかな誘引率の低下が見られる。さらに，助細胞2個を破壊すると，胚のうは花粉管の伸長を誘引しない。

(4) 植物学者である東山哲也(ひがしやまてつや)は，助細胞で特異的につくられ分泌される，**ルアー**というタンパク質が花粉管誘引を起こす物質であることをつきとめた。しかし，設問の実験では，花粉管誘引に助細胞が必要であることはわかるが，ルアーが花粉管誘引物質であることはわからない。これを確かめるには，胚のうや助細胞がない状態で，ルアーだけを与え，ルアーに花粉管が誘引されるかを調べる必要がある。

4 植物では，基本的に**分裂組織**とよばれる組織でのみ細胞分裂が起こる。植物の分裂組織には，植物の前後軸方向に細胞を増やす**頂端分裂組織**と，左右，つまり横に太る方向に細胞を増やす**形成層**がある。さらに頂端分裂組織は，芽や茎の先端部にある**茎頂分裂組織**と根の先端部にある**根端分裂組織**に分けられる。頂端分裂組織では，盛んに細胞分裂が起こるが，分裂で小さくなった細胞はこの部位ではそれほど成長しない。芽や茎の場合，茎頂分裂組織の数 mm 下方に，分裂はしないが細胞が縦方向によく伸長する領域があり，この部位で実際の芽や茎の伸長が起こる。頂端分裂組織は，植物の発生初期からの分裂能力を保持し続けている組織で，**一次分裂組織**という。一方，形成層は，一度分化した細胞が脱分化して分裂能を獲得した組織で，**二次分裂組織**といわれる。形成層は，すべての植物にあるわけでなく，単子葉類とシダ植物には形成層がない。

17 植物の成長と花芽形成

STEP ① 基本問題 p.96 ～ 97

1 (1) ① **傾性** ② **屈性** (2) **ア，エ，オ，カ**
(3) **ウ** (4) **植物ホルモン**
(5) ① **a－↑ b－↓ c－← d－→**
② **図1－重力屈性 図2－光屈性**

2 (1) ① **×** ② **○** ③ **○** ④ **×** ⑤ **×**
⑥ **○** ⑦ **○** ⑧ **×** ⑨ **○** ⑩ **×**
(2) **光中断** (3) **限界暗期**

3 (1) **正の光屈性** (2) **オーキシン**
(3) **芽や茎の先端部**
(4) **a－根 b－芽 c－茎**
(5) **オ**
(6) **物質が下側に集まり，芽では下側が伸長して上向きに，根では下側の成長が抑制されて下向きに伸びた。**

解説

1 (1) 運動性をもたない植物も，環境からの刺激に対していろいろな反応を行う。その多くは，成長の差によって起こる**成長運動**によるものである。植物の反応のうち，刺激の方向に対して方向性のあるもの，つまり刺激の方向に屈曲する場合と，刺激と逆方向に屈曲する場合があり，これを**屈性**という。刺激の方向に屈曲する場合を正の屈性，刺激の方向と逆方向に屈曲する場合を負の屈性という。これに対して，刺激の方向ではなく，あらかじめ決まった方向に屈曲する場合を**傾性**という。

(2)・(3) 花粉管の伸長は，胚珠からの誘引物質に対する正の**化学屈性**である。チューリップの花の開閉は**温度傾性**で屈性ではないが，花弁の内側・外側の細胞の伸長成長の差，つまり成長運動であることは屈性と同じである。オジギソウの葉の就眠運動は葉のつけ根にある葉枕(ようちん)の膨圧の変化による**膨圧運動**で，成長運動ではない。芽生えの光の方向への屈曲は正の**光屈性**である。根の下方への伸長は正の**重力屈性**である。エンドウの巻きひげが支柱などに巻きつく反応は正の**接触屈性**である。

(4) 屈性の研究から，植物細胞の伸長促進物質である**オーキシン**が発見された。オーキシンのように，植物体でつくられ，移動して植物の生理現象を調節する微量物質を**植物ホルモン**と総称する。

(5) 芽生えを暗所で水平に置くと，重力刺激を受けて，芽は上方に，根は下方に屈曲する。これは芽が負の重力屈性，根が正の重力屈性を示すためである。垂直に立てた芽生えに横から光をあてると，芽は光の方向に，根は光と逆方向に屈曲する。これは芽が正の光屈性，根が負の光屈性を示すためである。

2 (1)・(3) 長日植物や短日植物は，連続する暗期の長さを花芽形成の一定の期間としている。図のⅠやⅢのように，連続暗期が一定の期間となる時間である図のAより長い条件では，短日植物が花芽を形成し，長日植物は花芽を形成しない。一方，ⅡやⅣは連続暗期の長さが一定の期間以下なので，長日植物は花芽を形成し，短日植物は花芽を形成しない。Ⅴは，1日の暗期の長さは一定の期間よりも長いが，連続暗期はいずれも一定の期間以下になるので，ⅡやⅣと同様の結果になる。なお，この一定の期間となる連続暗期の長さを**限界暗期**という。

(2) 暗期の途中に光を照射し，連続暗期の長さを短縮する処理を**光中断**という。明期の途中に光を消して連続日長を短縮する処理は**暗中断**というが，植物は連続暗期のみを感受しているので，暗中断は実験結果に影響を与えない。

3 (1)〜(3) アサガオの芽生えが明るい方向に向くのは，**正の光屈性**による。正の光屈性は，芽の先端部でつくられるオーキシンが，芽の先端部で光のくる方向とは逆の側に移動し，根に向かって移動するため，光と逆側で細胞の伸長が促進される結果である。

(4) オーキシンの伸長成長促進作用は，その濃度に依存する。植物の部位によって，促進作用が強くなる最適濃度が決まっており，それより濃度が低くても高くても伸長成長は小さくなる。根の最適濃度はとても低く，芽がそれに次ぎ，茎の最適濃度はとても高くなる。

(5) 似たはたらきは伸長成長促進作用と考える。サイトカイニンは植物の成長を促進する植物ホルモンで，側芽の伸長を促進するが，その作用は主に細胞分裂の促進である。カロテンは光合成色素，アントシアニンは花の色などの色素で，いずれも植物ホルモンではない。エチレンは気体の植物ホルモンで，果実の成熟などを促進するが，伸長成長には関係しない。ジベレリンは種子発芽の促進や単為結実などに関する植物ホルモンだが，強い伸長成長促進作用をもつ。

(6) 下線部②の現象は，夜間に起こっているので，光とは関係のない**重力屈性**による。芽の先端部でつくられたオーキシンは，極性によって根の方向に移動するとともに，重力によって植物体の下側に移動する。芽ではオーキシン濃度が高くなった下側がよく伸長し，芽の先端は上向きにもち上がる。一方，根では(4)のグラフのように，オーキシン濃度が高いと，伸長成長が抑制されるので，かえって上側のほうがよく伸長し，根は下向きになる。

STEP ② 標準問題 p.98〜101

1 (1) ① **屈性** ② **傾性** (2) **植物ホルモン**
(3) 実験Ⅰ−②，**ウ** 実験Ⅱ−①，**エ**
実験Ⅲ−③，**イ**

2 (1) ① **ウ** ② **ウ** ③ **ア** ④ **ア** ⑤ **イ**
⑥ **ウ** ⑦ **ウ** ⑧ **ウ**
(2) ① **ア** ② **ア** ③ **エ** ④ **ア** ⑤ **エ**
⑥ **ウ** ⑦ **ア** ⑧ **ア**
(3) **オーキシン**

3 (1) **a−ウ b−ア c−イ**
(2) ① **頂芽優勢** ② **増加**
③ **低下** ④ **閉じる**

4 (1) **伸長成長部の成長には酸素が必要である。**
(2) **A液中の成分に伸長成長部の成長を促進する成分が含まれている。**
(3) **伸長成長作用のあるA液があっても，酸素がなければ伸長成長部の成長は起こらない。**
(4) **オーキシン(インドール酢酸，IAA)**

5 (1) **A−光周性 B−中性植物**
C−連続暗期 D−限界暗期
E−葉 F−フロリゲン
(2) ① **b，c，f** ② **b**
(3) **dやそれを暗中断したgでも花芽形成せず，cでは花芽形成するがそれを光中断したeでは花芽形成が起こらないこと。**

6 (1) ① **フロリゲン** ② **葉** ③ **師管**
④ **短日植物** ⑤ **短日処理**
(2) **a−○ b−○ c−○**
d−× e−○

解説

1 (1) 植物の反応のうち，刺激の方向に対して方向性のあるものを**屈性**，刺激の方向ではなく，あらかじめ決まった方向に屈曲するものを**傾性**という。

(2) 植物体でつくられ，移動してさまざまな生理的現象を引き起こす微量の物質を**植物ホルモン**という。

(3) 実験Ⅰは，雲母(うんも)片を用いて，伸長成長促進物質が光のあたらない側を下方に移動し，芽の正の光屈性を起こしていることを確かめた実験で，20世紀初頭にボイセン＝イェンセンが行ったものである。また，ボイセン＝イェンセンは寒天を用いた実験も行い，伸長成長促進物質が水溶性であることも発見した。実験Ⅱは，19世紀にダーウィン親子が行った実験で，幼葉鞘(ようようしょう)の先端部で光を感受し，それよりやや下方部で伸長成長することを確認したものである。実験Ⅲは，ウェントが暗所で行った実験で，芽の先端では光の有無にかかわらず伸長成長促進物質がつくられ，それが寒天中に比較的よく保持される物質であることを発見した実験である。

2 (1)・(3) 幼葉鞘の先端部でつくられる伸長成長促進物質である**オーキシン**は，光を照射しない場合，極性に従って下方に移動し，細胞の伸長を促す。先端を切断しても，②のようにもとに戻したり，⑧のように間に寒天片をはさむ形にすると，オーキシンの移動は妨げられない。オーキシンの移動を妨げる雲母片(うんも)も⑥，⑦のように縦に差し込んだ場合，下方への移動に影響はない。③のように切除した先端部をずらしてのせると，オーキシンが右側の伸長部にしか達しないので，右側が伸びて，幼葉鞘は左側に屈曲する。④，⑤のように雲母片を水平に差すと，その部位でオーキシンの下方への移動を妨げる。④のように左に差すと，オーキシンは右側のみ下方に移動するため，右側が伸長して，幼葉鞘は雲母片を差した左側に屈曲する。⑤ではこれと逆になる。

(2) 左から光を照射すると，オーキシンの光と逆側への移動が起こる。しかも，この移動は，幼葉鞘の先端部でのみ起こり，その下方部では起こらない。①，②，④，⑦，⑧では，オーキシンは右側に移動し，そのまま下方に移動するため，右側の伸長が促され，幼葉鞘は左に屈曲する。③では，オーキシンが右に移動するが，下方に植物体がないため，伸長部にオーキシンが伝わらず，伸長成長はほとんど見られない。⑤でも，オーキシンが右に移動するが，その下方への移動は雲母片によって妨げられるので，伸長成長はほとんど見られなくなる。⑥では，オーキシンの右方向への移動が雲母片によって妨げられる。しかし，極性による下方への移動はそのまま起こるので，結局幼葉鞘はそのまま上に伸長する。

3 頂芽の成長時に側芽の伸長が抑制される**頂芽優勢**は，主に**オーキシン**のはたらきによる。伸長時の頂芽は，自身の伸長に最適な濃度のオーキシンをつくるが，つくられたオーキシンは極性に従って下方へ移動し，側芽の伸長を抑制している。また，気孔の閉鎖には**アブシシン酸**が関わっている。気孔の開閉は**膨圧運動**で，アブシシン酸の分泌によって，孔辺細胞が水を放出し，その膨圧が下がる。孔辺細胞は，水を吸って膨潤していた状態では2つの細胞の中央部に空所ができて気孔が開いているが，膨圧が下がって形が扁平(へんぺい)になると，中央の空所がなくなり気孔が閉じるのである。なお，気体の植物ホルモンとしては**エチレン**のみが知られており，エチレンは空気中を移動するため，近くにある別の植物体にも影響を与える。

> **ここに注意** 未熟なバナナを，熟したリンゴのそばに置いておくとバナナがはやく熟するのは，エチレンが空気中を移動して伝わる結果である。

4 (1) このような実験考察問題では，それぞれの実験の相違点を確認することが重要である。実験ⅠとⅡでは，窒素ガス中で行ったか，空気中で行ったかが相違点になる。窒素ガス中での実験Ⅰで重量の増減が見られなかったのは，酸素がないと成長が起こらないことを示している。

(2) 実験ⅡとⅣでは，伸長成長部をつけた液が成長成分のB液だけか，B液に茎頂部の抽出液(A液)を加えたものかというのが相違点になる。両者の結果を比較すると，重量の変化率に8倍の違いがある。実験に使った植物の部位が伸長成長部であるので，重量の違いは伸長成長の差と考えられる。

(3) 実験ⅢとⅣでは，(1)と同様に，窒素ガス中で行ったか，空気中で行ったかが相違点になっている。結果を見ても窒素ガス中では成長は起こっていない。これは，A液中に含まれる伸長成長促進成分があっても，酸素がなければ伸長成長が全く起こっておらず，伸長成長促進成分の効果が全く見られなくなることを示している。

(4) 茎頂部から抽出される**伸長成長促進物質**であるから，オーキシンである。植物ホルモンとは断っていないので，**インドール酢酸**(IAA)も正解である。

5 (1) 短日植物や長日植物の花芽形成が日長の影響を受ける**光周性**は，連続する暗期の長さによって決まる。花芽形成の基準となる連続暗期の長さは**限界暗期**とよばれ，植物の種類や品種によって限界暗期の長さは異なる。植物が暗期の長さを感受するのは成長した葉で，短日植物や長日植物では，花芽形成に適した光条件を葉が感受すると，葉から**フロリゲン**とよばれる植物ホルモンが分泌され，幼芽が花芽に変化する。花芽形成に光周性が関係しない植物は**中性植物**とよばれる。

(2) ①は，与えられた連続暗期が限界暗期の11時間よりも長いものを選べばよい。b，c，e，fはそれぞれ12時間以上の暗期だが，eでは光中断があるため，連続暗期は8時間にしかならないので花芽形成は起きない。fでは光中断が行われているが，連続暗期は12時間あるので花芽形成が起こる。②は長日植物が開花しない条件なので，与えられた連続暗期が13時間よりも長いものを選べばよい。

(3) 短日植物の花芽形成については，

A：連続する明期の長さが一定の期間以下になると花芽形成をする。

B：連続する暗期の長さが一定の期間以上だと花芽形成する。

C：1日の中で明期(暗期)の割合が一定の期間以下(以上)だと花芽形成する。

という3つの仮説が立てられる。これらの仮説を検証するためには，同じ明暗周期の実験で，明期に暗中断をするものとしないもの，暗期に光中断をするものとしないものを比較すればよい。同じ明暗周期で，明期に暗中断する実験としない実験の組み合わせとしてはgとdしかない。また，同じ明暗周期で，暗期に光中断する実験としない実験の組み合わせにはeとc，fとbがあるが，fは長いほうの連続暗期が限界暗期である11時間以上あるので光中断の意味がない。残ったgとd，eとcを比較すると，仮説Aだとd，gの結果が異なるはずだが，実際にはどちらも花芽形成が起きない。仮説Bだとc，eの結果が異なるはずで，実際にcでは花芽形成するが，eでは花芽形成が起きない。仮説Cだとd，gの結果，c，eの結果はそれぞれ同じになるはずである。d，gの結果は同じだが，c，eの結果は同じでない。以上のことから，仮説Bが正しいことがわかる。

6 (1) 荒木崇(あらきたかし)らの研究から，フロリゲンは，シロイヌナズナではFTタンパク質とよばれる物質であることが明らかになった。フロリゲンは成長した葉でつくられ，茎の師管部を通って茎頂に移動し，茎頂の細胞中のタンパク質とともに，花芽形成遺伝子をはたらかせる。フロリゲンの実験には，短日植物のオナモミがよく用いられる。オナモミは，成長した葉1枚を1日だけ，暗所に限界暗期以上の時間置く短日処理をするだけで，すべての幼芽が花芽に分化する。

(2) Aの実験では，葉1枚だけが短日処理をされており，この場合，オナモミではすべての幼芽が花芽になる。接(つ)ぎ木をすると師管どうしがつながるため，フロリゲンは接ぎ木した部位を越えて伝達される。したがって，Bの実験では，左側の株の幼芽も花芽になる。Cの実験では左側の株の葉がすべて除かれているが，右側の葉1枚でも短日処理をすれば，すべての幼芽が花芽になる。Dの実験では，短日処理をした右の株の途中で，形成層より外側を除去する**環状除皮**をしている。フロリゲンは師管を通るので，環状除皮をすると，そこから先には伝わらない。したがって，環状除皮した部分よりも短日処理部に近いeでは花芽形成が起こるが，環状除皮部を越えたdの部分にある幼芽は花芽ではなく葉芽に分化する。

STEP 3 チャレンジ例題 4 p.102～103

1 (1)① イ　② ア
(2)③ ア　④ ア　⑤ 負　⑥ ク

2 (1)(A)－ウ　(B)－ア
(2)S_1－イ　S_2－イ　S_3－キ

3 (1)① 24
(2)② 遅れて　③ 25
(3)④ サーカディアンリズム(概日リズム)
(4)⑤ 6時から18時

4 (1)① 先端部　② 伸長成長部
③ とり込み輸送体　④ 排出輸送体
⑤ a　⑥ b　⑦ 極性　⑧ 極性移動
⑨ A，C

5 d＞a＝b＞c

解説

1 基準電極bに対して測定電極aの変化を考える。その前提条件として(1)で確認したい。

2 (A)で基準電極bと測定電極aの位置を逆にすると，bは細胞内になるので負(－)になる。基準電極bからみてaの変化を考える際に，静止電位の状態を考えると，グラフの開始位置が明確になる。

3 恒暗条件下では，活動時期が1日に1時間ずつ遅くなっているので，恒暗条件にして24日目に入るときには，23時間活動が遅れる。よって，休息時期は23日目の5時から24日目の17時までとなり，24日目の休息時期は6時～18時までの12時間となる。1日が6時から始まることに注意する。

4 オーキシンは，茎や芽生えの先端部で合成され，重力ではなく，植物自体のもつ方向性，つまり極性によって根の方向に向かって移動する。このような極性による物質の移動を，**極性移動**という。オーキシンの極性移動については，植物細胞の細胞膜にある2種類のタンパク質が関係している。AUX1とよばれる**とり込み輸送体**のタンパク質は，植物細胞の茎頂に近い側の細胞膜に偏在する。一方，PINという**排出輸送体**のタンパク質は，植物細胞の根に近い側の細胞膜に偏在する。この2種類のタンパク質の偏在によって，オーキシンは茎頂側から根の側に向かって運ばれることになる。したがって，設問の図では，オーキシンはaからbの方向にしか移動しないので，A，Cではオーキシンを含まない寒天側に移動するが，BやDではオーキシンの移動は起こらない。なお，オーキシンの排出輸送体の一部は，光や重力などの刺激によって分布を変えることが知られており，これがオーキシンの水平移動に関与しているともいわれている。

5 芽生えに横から光を照射すると，オーキシン排出輸送体の位置が変わり，オーキシンは影側に運ばれる。しかし，この排出輸送体の移動は茎頂部でのみ起こる。

したがって，③では，オーキシンが右側に偏在しｃとｄの寒天中のオーキシン濃度はｄのほうが著しく高くなる。これに対して茎頂部をスズはくでおおった②では，オーキシンは左右が等濃度のままで下方に移動するので，ａ，ｂの濃度は同じで，ｃとｄの濃度の中間になる。

STEP ③ チャレンジ問題 4
p.104～107

1 (1) ① 運動　② 有髄　③ 軸索
④ 跳躍伝導　⑤ シナプス
⑥ アセチルコリン　⑦ 水晶体(レンズ)
⑧ 桿体
(2) A－体性　B－自律　C－感覚
D・E－交感，副交感(順不同可)
(3)
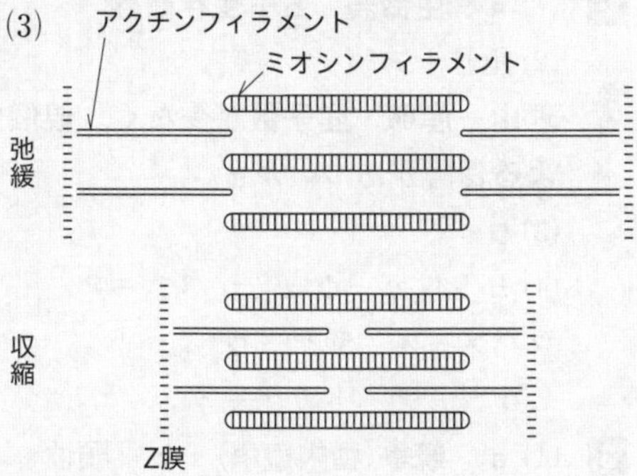

(4) エ　(5) A－オ　B－エ　C－イ

2 (1) Aが最も伸長して長くなり，B，Cはあまり変わらないが，ややBのほうが長くなる。
(2) a側の細胞の長径のほうが長い。
(3) 不定根　(4) オーキシン

3 (1) 光周性
(2) a－中性植物　c－長日植物
(3) a－イ，カ　d－ウ，エ
(4) フロリゲン(花成ホルモン)
(5) フィトクロム
(6) a，e，d，b
(7) 人工照明で長日条件に置き，花芽形成をさせたい時期の前に短日条件に置く。
(8) 植物－a　理由－熱帯地方では季節による日長差がほとんど見られないため。

4 (1) ① 虹彩　② 視神経
③ ナトリウムチャネル
④ ナトリウムイオン
⑤ カリウムチャネル
⑥ カリウムイオン
⑦ ナトリウムポンプ　⑧ 光走性
(2) 毛様体が弛緩してチン小帯が伸ばされ，水晶体が薄くなり，焦点距離が長くなる。(37字)
(3) (i) 3種類の光によく反応する視細胞の興奮の割合の違いを，脳で処理し色を識別する。(38字)　(ii) エ
(4) (i) cやd－受動輸送　e－能動輸送
(ii) 細胞内の呼吸でできたATPを，細胞膜のナトリウムポンプ自体が分解することでエネルギーが供給される。(49字)
(5) 適刺激

解説

1 (5) 網膜に映る像は倒立実像で，その情報を視神経が脳に送って視覚が成立する。Aは，右目の網膜からの情報をすべて遮断し，Bは，右目の左側網膜[右側から来て左側網膜に映る実像]と左目の右側網膜[左側から来て右側網膜に映る実像]の情報を遮断し，Cは，右目の右側網膜[左側から来て右側網膜に映る実像]と左目の右側網膜[左側から来て右側網膜に映る実像]の情報を遮断する。

2 (1) 芽生えや茎の先端部でつくられるオーキシンは，やや下方に移動して伸長成長部の伸長成長を促進する。芽生えの先端部は，図1のAの領域の上側1mm程度の範囲に限られており，それより数ミリ下の部位が最も伸長成長する。つまり，オーキシン生成部も伸長成長部もAの領域に含まれている。B，Cの領域はほとんど伸長成長しないが，Bの領域は伸長成長部に近く，少し伸長する可能性がある。
(2) 光屈性で芽生えが屈曲するのは，細胞の伸長成長の差であって，細胞数は変わらない(オーキシンはほとんど細胞分裂を促進しない)。よって，a側の細胞のほうがb側の細胞よりも長径が長くなっている。
(3)・(4) 芽生えの地上部を切り出して水につけたものの断面部は，茎に分化した細胞からなる。そこに発生する根は，本来の器官である根のような複雑な構造をもっておらず，**不定根**とよばれる。不定根の形成促進もオーキシンのはたらきによる。

3 (1)生物が日長の影響でさまざまな反応や生理現象を起こすことを**光周性**という。
(2) aのように，日長によって花芽形成に要する時間に影響がない植物を**中性植物**という。cは日長が一定以下だと花芽形成をしないことを示している。したがって，cは**長日植物**であり，逆に日長が一定以上だと花芽形成しないdは**短日植物**である。
(3) aの中性植物，dの短日植物を選べばよい。ホウレンソウとダイコンは，いずれも春に開花する長日植物である。オナモミとアサガオは，夏以降に開花する短日植物である。キュウリやトマトは，気温によって開花の時期を決める中性植物で，温室などで栽培すれば1年中花をつけることができる。
(4)植物一般の設問なので，フロリゲンが答えとなる。
(5)短日植物，長日植物限定の話であり，光受容タンパク質とあることから，フィトクロムとわかる。
(6)設問のグラフの日長時間10時間のところに垂直な直線をひこう。cのグラフはその線と重ならない。つまり植物cはこの条件では花芽形成しない。それ以外のグラフはすべてこの垂線と重なる。花芽形成がはやく起こるもの，つまり垂線と交さする位置が下にあるものから順に答えればよい。
(7)日本では，キクが墓などへの献花によく用いられるので，どの季節にも需要がある。そこでかなり前から電照ギクと称して，秋以外の時期にキクが市販されている。秋になって日長時間が短くなると，花芽形成を始めるので，照明によって暗期時間を限界暗期以下に抑え(**長日処理**)，花芽形成を遅らせたうえ，必要に応じて**短日処理**をして出荷する。
(8)あたたかいから日あたりがよいに違いないと長日植物を選んではいけない。北極地方では，夏には白夜があり，冬にはほとんど太陽が昇らない。このように，緯度が高いと，季節による日長差が大きくなるが，逆に低緯度地方では，季節による日長差はほとんどない。赤道上では1年を通じて昼12時間，夜12時間の周期になる。したがって，赤道付近では短日植物も長日植物も花芽形成を調節できないので，熱帯の植物は中性植物ばかりになる。

4 (2)遠くを見るには，水晶体の厚みを薄くし，焦点距離を長くして，網膜に像が映るようにピントを調節する。
(3)(i)1つの視細胞しか興奮を生じない刺激は，ほかの2つの視細胞の助けを得られず識別しづらい。
(4)(i) c～eによる反応やその結果ではなく，輸送のしくみを答える。

第5章 生態と環境

18 個体群

STEP 1 基本問題 p.108～109

1 (1)**環境収容力** (2)(**下図**)

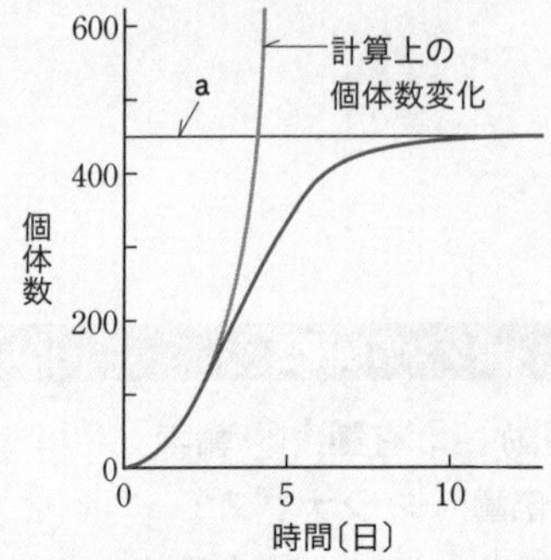

(3)**個体群の成長曲線** (4)**密度効果**
(5)**変化－相変異** 小さいとき－**孤独相**
大きいとき－**群生相**

2 (1) **a－生命表** **b－生存曲線**
(2)**記号－ア**
理由－産卵・産子数が少なく，親個体による保護があついから。
(3)**ウ**
(4)**ヨトウガ－ウ** **ミツバチ－ア**
ツバメ－イ **サケ－ウ**
ヒツジ－ア **トカゲ－イ**

3 (1) **a－競争(種内競争)** **b－順位**
c－つつきの順位
d－縄張り(テリトリー)
e－分業 **f－社会**
(2) **A－0～11** **B－5.5**
C－小さくなる。
(3)**昆虫では分業による形態差が顕著だが，脊椎動物では見られない。**
生殖と生活をになう個体が，昆虫類では別個体で固定されているが，脊椎動物ではどの個体にも両方の能力があり，地位は流動的である。
別解 **昆虫では，分業は生まれながらあるいは生後すぐに決まり，脊椎動物では成長につれて変化する。**

解説

1 (1)～(3) 個体群が，適当な生活空間と食物がある条件下で，個体数を増やしていく過程を，**個体群の成長**とよび，それをグラフ化したものを個体群の**成長曲線**という。個体群の成長は，はじめ1→2→4→8→16→…のように指数関数的な増加になる。しかし，やがて増加速度が鈍り，ある一定の個体数になると，その数を中心に安定するようになる。このような自然の限界を**環境収容力**という。

⑷ 個体数や個体群密度が増加すると，個体群の成長の速度が鈍るのは，生活空間や食物などの資源をめぐる種内競争の増加などにより，出生率の低下や死亡率の増加が起こるためで，個体群密度の増加によるこのような変化を**密度効果**という。

⑸ 密度効果によって，個体に極端な形態や行動などの変化を生じさせる場合，これを**相変異**という。ワタリバッタでは，低密度の状態が数世代続くと現れる**孤独相**のときは，地味な**保護色**で移動性・集合性が弱い。しかし，高密度の状態が数世代続くと現れる**群生相**になると，鮮やかな**警告色**(異種個体を驚かすような色彩)で，集合性が強くなり，はねが発達して移動性も高くなる。

2 ⑴ ある時期に生まれた卵や子などが，成長するにつれてどれだけ生き残るかを示した表を**生命表**といい，これをグラフ化したものを**生存曲線**という。

⑵～⑷ 生存曲線のうち，**ア**のタイプは，初期死亡率が低く，多くの個体が老齢まで生存する**晩死型**で，大形で少数の卵や子を産み，親個体が子を手あつく保護する哺乳類に多く見られる。ミツバチのような子育てをする社会性昆虫もこのタイプに入る。**ウ**のタイプは，初期死亡率が高い**早死型**で，小形で多数の卵を産み，親個体による保護が見られない。産卵数が多いため，環境条件がよいときは，成長する個体数がかなり多くなるが，環境条件が悪化すると，親の保護がないため，成体に育つ個体がほとんど見られなくなることも少なくない。多くの水生無脊椎動物や昆虫類・魚類がこのタイプになる。**イ**のタイプは生涯を通じて，齢あたりの死亡率あるいは死亡数がほとんど変わらない。小形の鳥類およびトカゲなどのハ虫類によく見られる。

3 ⑴ 同種生物は同じ食物を食べ，同じような場所で生活する。このため，食物や生活空間をめぐる競争(**種内競争**)が起こる。競争は互いの個体に不利益なので，これを回避するために，個体群内にさまざまな秩序維持のしくみが見られる。個体群内に優劣の**順位**が形成され，これによって不要な争いを回避することがある。ニワトリのつつきの順位はその一例である。また，アユなどに見られる**縄張り**(**テリトリー**)も，自己の占有空間を誇示しあうことで，不要な争いを避けるしくみといえる。個体間に役割分担ができ，相互依存的に個体群の秩序が保たれるしくみを**分業**といい，分業などで個体群内に複雑な組織化が起こった状態を**社会**とよんでいる。リーダーなどの個体の存在も分業の一形態と考えられる。

⑵ 下線部で「利益が～コストを上回る」ことが縄張り維持の必要条件であることが示されている。**A**では，利益のグラフがコストより上になる範囲の縄張りの大きさを読みとればよい。利益とコストの差の値が最も大きくなる縄張りの大きさが最適な縄張りサイズである。**B**では，2つのグラフの差を読みとればよい。5～6の間の答えであれば，正解としてよい。**C**のように個体群密度が増加すると，縄張りに侵入する個体が増えるため，維持コストの増加が考えられる。ほかの条件が変わらないとすれば，利益のグラフは変化しないので，コストのグラフだけが上にずれる。その結果，利益とコストの差の値が最大となる縄張りの大きさは右の図のように小さくなる。

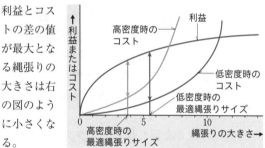

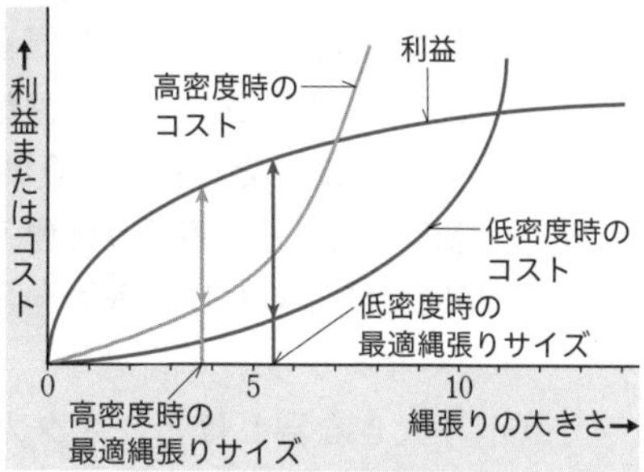

⑶ 動物の社会には，哺乳類に代表される脊椎動物型のものとミツバチやシロアリなどの**社会性昆虫**型のものがある。昆虫の社会では，女王アリやワーカー(はたらきアリ)・兵アリのように，個体群の中の役割によって形態や機能に著しい違いが見られる。また，個体群内の役割は，生まれながらあるいは生後すぐに決まり，その後変化することはない。さらに，女王アリや王アリのような生殖個体は生活能力がなく，ワーカーや兵アリのような生活能力のある個体には生殖能力がないことも特徴の1つである。

STEP ② 標準問題 p.110～113

1 ⑴ ① 48　② 50　③ 10　④ 240
⑵ 標識再捕法　⑶ ア，エ，オ

2 ⑴ a－保護色　c－弱い　e－弱い　g－遅い
⑵ ヨトウガ(アブラムシ)

3 ⑴ ① 直線状　② 年齢ピラミッド　③ 老齢型(老化型)

(2) a－862　b－8.6　c－30.7
d－152
(3) 産卵数・産子数の多少。親個体による卵や子に対する保護の強さ。
(4) ア，オ
(5) 産卵数がきわめて多いが，若齢のうちにほとんど死亡する。環境条件によって成体まで育つ個体の数が増減しやすい。

4 (1) 個体群密度が低いほど個体の成長がはやく，個体の平均重量は増加する。
(2) 個体群密度に関わらず，収量はほぼ一定になる。
(3) ① 高く　② 限界　③ 減少
④ 光　⑤ 養分

5 (1) 方法－コール(テリトリーソング)
動物－ウシガエル
(2) アユ－食料　トンボ－配偶者(雌)
(3) ボウズハゼ－アユと同じ付着藻類
ほかの魚－アユとは異なる食物
(4) 密度が高いと，縄張りに侵入する個体の排除に忙しくなり，食物を食べる時間がなくなるから。
(5) ① 大きな群れほどオオタカの攻撃成功率が下がる。
② 群れの個体数が多いとオオタカをはやく発見できるため，ハトが逃避反応をとりやすくなるから。

6 (1) H→B→G→(A，C，E)→F→D
(2) 三すくみの関係
(3) 個体間の不要な争いを避けることで，個体群が安定的に保たれる。

7 (1) 社会性昆虫
(2) a－ワーカー(はたらきアリ)
b－兵アリ　c－女王アリ　d－王アリ
(3) 成長とともに個体の役割が変化する。役割による個体間の生活の能力や生殖の能力の違いが見られない。
(4) ヘルパー　(5) 利他行動
(6) コールなどの音声。
フェロモンなどの匂い。
色や模様を見せ合う誇示行動などの視覚情報。

解説

1 (1)・(2) 一度捕獲した個体に標識をつけて放ち，再度捕獲した際の標識個体の割合から全体の個体数を求める方法を**標識再捕法**という。標識再捕法は，

全個体数：1回目捕獲個体数
　＝2回目捕獲個体数：2回目のうちの標識個体数

という関係から全個体数を推定する方法である。

(3) 標識再捕法の前提には，標識が消えないこと，標識個体が死なない(あるいは標識個体と非標識個体の死亡率が変わらない)こと，個体の誕生・移入・移出が起こらないこと，標識個体の行動が非標識個体と比べて変化しないことなどがあげられる。

2 (1) 個体群密度の違いが個体の形態や行動などに影響を与え，形質のまとまった変化が生じるとき，これを**相変異**という。個体群密度が低い状態が数世代続くと現れる相を**孤独相**，高い状態が数世代続くと現れる相を**群生相**という。トノサマバッタでは，孤独相の個体は体色が緑色や茶色で，周囲の色と紛れた**保護色**になっている。これに対して群生相では黒みがかった体色に黄色が混じるなど，異種個体を驚かすような**警告色**をしていることが多い。また，群生相になると，からだが小さくなるのに対してはねが発達し，長距離の移動に適した形態となるため，集合性も強いことから，群生相の個体は生息地から集団で移動することが多い。さらに，群生相では孤独相よりも大形の卵を産み，発育・成長の速度も大きい。

(2) トノサマバッタ(種レベルではワタリバッタと同じ)のほか，ヨトウガや各種のアブラムシ，ウンカやヨコバイの仲間などで相変異がよく見られる。

3 (1) 生存曲線については，グラフの縦軸に注目したい。STEP 1 の **2** のように縦軸が0.1，1，10，100，…となっている目盛りを対数目盛りというが，このときは齢あたり死亡率が一定だと，グラフが直線になる。生存曲線は，ある時期に生まれた生物の生き残っている数をグラフ化したものだが，ある時点で各齢の個体数を調べたグラフが**年齢ピラミッド**になる。年齢ピラミッドには，下の図の3つのタイプがある。

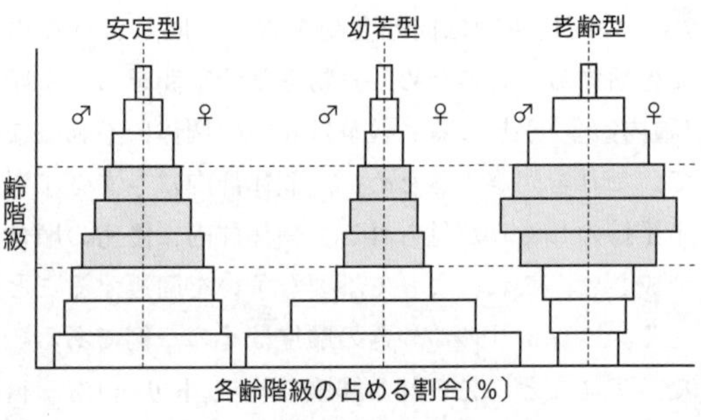

(2) ある齢の生存数から死亡数を引いた値が次の齢の生存数になるので，例えば**a**は，904－42＝862 になる。齢ごとの死亡率は，その齢での死亡数を生存数で割り 100 をかければ求められる。

例えば**c**は，242÷788×100≒30.71〔%〕となる。

(3)・(4) 生存曲線の違いは，一般に産卵(産子・種子)数と卵や種子などの大きさ，(動物の場合)親の保護という観点でとらえる必要がある。**幼若型**の生物は，一般に小さな卵を多数つくり，親は子の保護を行わない。これに対して**老齢型**の生物は，大形の卵や子・種子を少数つくり，親による卵や子の保護が手あつい。設問の表の生物は，0 齢および 1 齢での死亡率が 10%未満で大変低く，寿命に近い 4 齢・5 齢の死亡率が極めて高い。したがって，(4)では語群中から老齢型の生存曲線になるネコとヒトを選べばよい。

(5) 幼若型の年齢ピラミッドになる生物は多産非保護型なので，環境が卵の成長に都合がよい条件のときは，多数の次世代ができる。しかし，捕食者が多かったり，温度が適温でなかったりすると，親の保護がない分死亡率が上がり，次世代がほとんど育たない。その結果，このタイプの生物では，世代ごとの個体数の変動が大きくなることが多い。

> ここに注意　生存曲線は，設問によってはグラフの縦軸が 0，10，20，30，…となる場合があり，この場合の直線のグラフは，生涯を通じて齢あたりの死亡数が一定ということを表す。

4　図 1，2 は，**最終収量一定の法則**という農学の法則を示したものである。土地面積に対してある程度以上の種子をまいた場合，種子の密度が高くても低くても，単位面積あたりの収量はほとんど変わらない。これは，個体群密度が上がると，各個体の成長速度が低下するためで，密度効果の一種と考えられている。なお，この現象は，植物の成長が単位面積あたりに照射される太陽からの光エネルギーと土壌中の養分量によって限定されていることによって起こる。

5　(1) 縄張りを誇示する行動には，声によるコールのほか，オオカミやジャイアントパンダなどの**マーキング**(においで自分の縄張りを誇示する)がある。

(2) 夏季のアユは，川で個体ごとに縄張りをつくる(縄張りをつくらない群れアユもいる)。これは石の表面のケイ藻類を主食とするアユが，一定量以上の食料を確保するための行動である。これに対して，シオカラトンボなどは，産卵に適した水辺に雄が縄張りをつくる。雄はその縄張りから同種の雄を排除し，雌がやってくると交尾して産卵を促す。このような縄張りは**繁殖縄張り**といわれる。

(3) 食物確保の縄張りなので，アユが同種他個体のほかボウズハゼを攻撃するのは，ボウズハゼとアユの食物が同じであることによる。一方，ほかの魚を攻撃しないのは，ほかの魚類の食物がアユと異なっているか，アユと共存する際に食いわけを行っていることによる可能性がある。

(4) **図 1** から，縄張りアユが縄張りに侵入した同種他個体を排除する頻度が高いと，食物をとる頻度が少なくなることがわかる。個体群密度が増えて，縄張りへの侵入個体が増えると，食物を食べる時間がなくなり，その結果，縄張りを維持する必要性がなくなる。

(5) **図 2 a** から，単独個体や 10 羽以下の群れのモリバトに対するオオタカの攻撃成功率は高く，50 羽以上の群れのモリバトに対しては攻撃成功率は著しく低下していることがわかる。**図 2 b** は，大きな群れほどオオタカが遠い位置にあるときに逃避反応が起こっていることを示している。これは多くの個体の目があることで，群れ全体として外敵の接近をはやく確認できるためと考えられる。

6　(1)・(2) ニワトリのつつきの順位では，つつく個体が優位で，つつかれる個体が劣位である。**H**は自分以外のすべての個体をつつくので最優位の個体であり，**D**はどの個体もつつかず，すべての個体につつかれるので，最劣位の個体ということができる。このようにみていくと，**A**，**C**，**E**の個体間で**A→E→C→A→**…という，順位が判定できない関係が見られる。このような関係を**三すくみの関係**という。この関係はふつう 3 個体の間で生じ，四すくみや五すくみになることはないといわれている。

(3) ニワトリなどの鳥類は，学習の能力があまり高くないので，安定した群れの中でも「つつき」が観察できる。しかし，哺乳類の群れでは，群れの形成初期や群れに外から個体が参入した場合以外，個体間の争いはほとんど観察されない。これは，群れの中の個体間に優劣の関係が決まり，互いの個体がそれを学習すると，優位と劣位の個体が出会ったときに，劣位の個体が資源を譲ることで無駄な争いが起こらないことによる。このことによって，個体群内で不要な争いが減少し，個体群維持を容易にしていると考えられている。

7　(1) 昆虫の仲間でもアリやシロアリ，ミツバチなどのハチ類，アブラムシ類などには個体間に分業が見られ，ある種の社会が形成されている。このように社会をつくる昆虫類を**社会性昆虫**という。

(2) シロアリの群れの中で，最も大きく腹部が発達したcの個体が**女王アリ**である。女王アリに次ぐ大きさで，腹部がやや大きなdの個体が**王アリ**である。ミツバチなどのハチ類では，雄個体は必要があるときに出現し，女王バチと交尾後すぐに巣から排除されるため，「王」とはよばれず，単に雄バチという。図のbは，頭部が大きく下あごが発達した個体で，巣を守る**兵アリ**である。これに対して，頭部が小さくあごもあまり発達しないaは，**ワーカー**あるいは，**はたらきアリ**とよばれ，食物の確保，巣づくり，育児などを行う。また，シロアリの群れは長期間維持されるので，女王アリや王アリが死んだときに備えて，数個体の置換生殖虫という生殖個体の予備軍がいることも多い。
(3) 哺乳類の社会にも役割分担が見られるが，その役割は個体の成長にともなって変化する。昆虫では，役割は生まれながら，あるいは生後すぐに決まり，変化することはない。また，哺乳類の社会では，すべての個体が原則として生殖能力と生活能力をもつが，昆虫の社会では生殖個体は生活能力がなく，生活能力のあるワーカーや兵アリには生殖能力がない。
(4)・(5) 哺乳類の社会では，年長の個体や繁殖に参加しない雄個体などが，群れ内の他個体が生んだ子を育児する例がよく見られる。このような個体は**ヘルパー**とよばれる。ヘルパーの行動のように，自己の不利益にも関わらず他者の利益となる行動は，**利他行動**とよばれ，血縁関係の深い群れ内の他個体の繁殖を助けることで，自分と同じ遺伝子を次世代に伝えることができるため，このような行動が起こるようになったと考えられている。
(6) 複雑な社会の形成には，同種個体間の情報の共有が必要であり，そのためのコミュニケーションが不可欠である。動物のコミュニケーションには，視覚，聴覚，嗅覚を利用したものが多い。

19 生物群集

STEP ① 基本問題 p.114～115

1 (1) Ⅰ－**エ**　Ⅱ－**ア**　Ⅲ－**ウ**
Ⅳ－**オ**　Ⅴ－**イ**
(2) ①・② **キ，シ**(順不同可)
③・④ **ウ，ク**(順不同可)　⑤ **ケ**　⑥ **オ**
⑦ **イ**　⑧ **コ**　⑨・⑩ **ア，カ**(順不同可)
(3) 表の番号－Ⅱ　相互作用の名称－**寄生**

2 (1) **優占種**　(2) **食物連鎖**　(3) **食物網**
(4) **生態的地位(ニッチ)**
(5) **生態的同位種**　(6) **競争(種間競争)**
(7) **食いわけ，すみわけ**

3 (1) **生産構造図**　(2) **層別刈取法**
(3) A－**広葉型**　B－**イネ科型**
(4) **ア，イ，エ，カ**　(5) **ウ，オ，キ**　(6) **B**

解説

1 (1)・(3) Ⅰの，共存によって両種とも不利益になる関係は**競争**である。Ⅱの，一方の種に利益があり，一方の種に害がある関係には，捕食・被食(**被食者－捕食者相互関係**)と寄生があるが，動物例にユキウサギとオオヤマネコがあげられているので，**捕食・被食**であるとわかる。Ⅲは，両種とも利益があるので**相利共生**，Ⅳは，一方の種に利益があり，他方の種に利害がないので**片利共生**である。Ⅴは，一方の種に害があり，他方の種に利害がないので**片害作用**といえる。
(2) ①・② ゾウリムシとヒメゾウリムシは生態的地位(ニッチ)が同じで，両種の間では**種間競争**が起こる。
③・④ アブラムシは，植物の茎から師管液を飲み，その糖分の一部を体外に排出する。アリはそれをもらうかわりに，アブラムシの捕食者であるテントウムシからアブラムシを守っている。
⑤・⑥ サメの体表に張りついて暮らすコバンザメは利益を得ているが，サメはコバンザメがつくことで利益も害もないといわれている。
⑦・⑧ アオカビが出す抗生物質のペニシリンは，肺炎球菌の増殖を抑えるが，アオカビに利益はない。
⑨・⑩ アフリカのサバンナにすむキリンとダチョウはいずれも草食動物だが，草の葉を食べるダチョウと低木の葉を食べるキリンには利害関係はないといわれている。ヒトとサナダムシは**宿主**と**寄生者**という**寄生**関係になる。

2 (1) 同じ地域に暮らす複数の個体群からなる生物の集団を**生物群集**という。生物群集のうちの植物個体群の集まりを**植物群落**といい，個体数や頻度・自然を覆う割合(被度)の高い植物を**優占種**という。優占種はその地域の生物群集を代表する生物である。
(2)・(3) 生物群集の生物間の関係で重要なものの1つに食う・食われるの関係(**被食者－捕食者相互関係**)がある。生物群集内に見られる直線的な食う・食われるの関係のつながりを**食物連鎖**という。実際の生物群集では，食う・食われるの関係は大変複雑な網目状になっており，これを**食物網**という。

(4)〜(6) 生物群集内の，各生物の食物網に占める位置や生活空間，活動時間はそれぞれ決まっている。各生物が生物群集内で占める位置を，**生態的地位**あるいは**ニッチ**という。同じ生物群集内では，生態的地位が同じ生物，つまり**生態的同位種**は共存できず，どちらか一方の種が絶滅するまで**競争**(**種間競争**)が続く。これを**競争的排除**という。

(7) 生態的地位の似た生物間にも，共通する資源をめぐって種間競争は起こる。種間競争は互いに不利益なので，両種の間で食物や生息場所を違えることで同じ生物群集に共存することがある。食物を違えることで共存する場合を**食いわけ**，生活空間や生息場所を違えることで共存することを**すみわけ**という。

3 (1)〜(4) 植物群落を階層ごとに刈り取り，高さごとに同化器官である葉と，非同化器官である茎や根などの乾燥重量を測定する方法を**層別刈取法**といい，その結果をグラフ化したものを**生産構造図**という。生産構造図は，大きく**広葉型**と**イネ科型**に分けられ，植物の物質生産の特徴を示す。広葉型は，比較的広い葉が，植物体の上部に，地面に水平につく。その結果，地表部は比較的暗くなる。葉が上方に多いため，それを支える茎や根は比較的大きくなり，広葉型になる森林では必ず，非同化器官の重量がきわめて大きくなる。一方，細長い葉が地面近くから斜め上に向けて生えるイネ科型では，光が地表近くまで届きやすく，からだを支える茎や根の重量は少ない。

(5) アカザ，ダイズは，教科書などでも見られる代表的な広葉型の植物である。ススキやチカラシバも，教科書で扱われる代表的なイネ科型の植物で，イネ科であるコムギもこの型になる。アカマツは針葉樹で広い葉をもたないが，樹木であり，太く長い幹をもち，広葉型の生産構造になる。ササやタケ類はイネ科の植物であるが，葉が地面に水平につき，地表部にほとんど葉が見られない広葉型の生産構造になる。

(6) イネ科型の草と広葉型の樹木が共存すると，大形の樹木が光を占有するので，種間競争では樹木のほうが有利である。しかし，同じ草丈の植物どうしで比較すると，広葉型は，葉が上方にしかなく，その部分での光合成は盛んだが，支えるための非同化器官の割合が多いので，呼吸量も大きく，純生産量はそう多くない。一方，イネ科型は，葉が斜めにつくため地表近くまで光が届くので，地上部全層で光合成ができる。また，非同化器官の割合も少ないので呼吸量も少なくてすむ。結果的に，同じ草丈なら，イネ科型の植物群落のほうが物質生産の効率は高い。

STEP ② 標準問題 p.116〜117

1 (1) **環境収容力**

(2) **それぞれの種を単独で培養し，それぞれの種が試験管のどの部位に多く集まるかを調べる。**

(3) **同じ食物を食べ，同じ場所で暮らす結果，両者の奪い合いになった。**

(4) **培養液には食物が酵母と特定の細菌だけだったが，池には多種の生物がいて，食いわけが成立していたから。**

2 (1) **B**

(2) **(右図)**

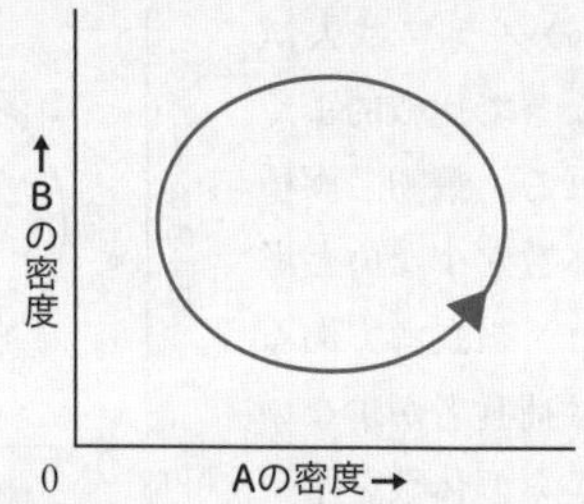

3 (1) **食物網**

(2) **変化－イガイばかりの生物群集になった。**

理由－ヒトデに食べられなくなったイガイが増え，ほかの生物の生活空間がなくなっていったから。

(3) **イガイやカサガイを捕食することによって生物群集のバランスを保つ役割。**

(4) **キーストーン種**

解説

1 (1) 実験 1 は，単独培養なので個体群の話である。個体群の成長は，自然の限界である環境収容力近くで安定することが多い。

(2) A 種と B 種が上下に分かれて生活していたのは，もともと生活空間が違ったのか，競争を避けるためのすみわけが起こったのかのいずれかである。これを確かめるには，単独培養時の両種の試験管中での生活位置を調べればよい。実験 2 の結果のままであれば，もともと生態的地位の違う種であったことになり，違いがなければ共存時にすみわけが起こったと考えられる。

(3) 種間競争は生態的地位が同じであることによって起こる。生態的地位は，食物，生活空間によって決まるが，この場合，培養液中の食物は定期的に与えられているので，生活空間のほうが重要である。しかし，培養液中に酵母と細菌類の 2 種類のみが入れてあるので，食物の共通性も無視できない。

(4) 両種の試験管の中の生活場所は同じであった。池でも両者の生活する水面からの高さは変わらなかったと思われる。そうすると，競争が起こらず共存ができるには，食物を違えているとしか考えられない。池には多くの生物がいるため，両種には食物とする生物の好みに違いがあったとするのが妥当であろう。

2 (1) 図1では，A種が先に増減し，それを追いかけるようにB種の増減が見られることがわかる。捕食・被食の関係では，捕食者の個体数は食物である被食者の個体数の大きさに依存するため，捕食者のグラフがやや後ろにずれた周期的な変化が見られることが多い。

(2) このグラフは入試問題などで比較的よく見られる。最初，両種の個体数が少ないと考えると，被食者であるA種は捕食者が少ないのだから個体数を増やす(グラフは右に移動①)。その後，食物が増えてくると，捕食者であるB種も増え始める(グラフは右上に移動②)。やがて捕食者が多くなると被食者はもう増えなくなり(グラフは上に移動③)，やがて減り始めるが，栄養十分の捕食者の増加は続く(グラフは左上に移動④)。その後，食物の減少で捕食者の増加も止まり(グラフは左に移動⑤)，やがて両種とも減少する時期が来る(グラフは左下に移動⑥)。捕食者の減少で被食者の減少は止まるが，捕食者は減少し続け(グラフは下に移動⑦)，やがて被食者の増加が始まる(グラフは右下に移動⑧)。このように見ると，グラフが解答のように円形となること，時間とともに反時計回りに移動することがわかる。

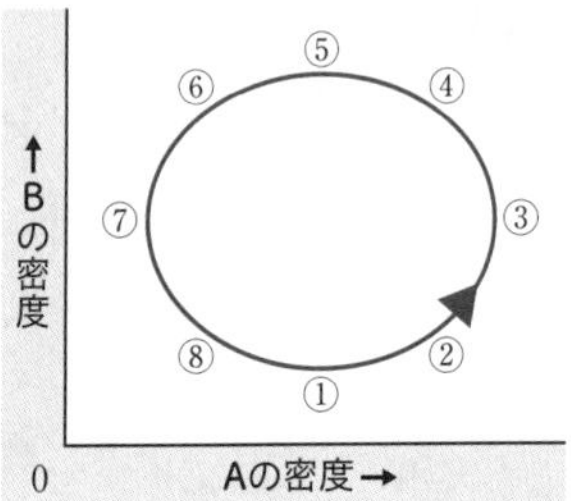

3 (1)「食べる・食べられるの相互関係」なので，「被食者－捕食者相互関係」と答えるのは正解ではない。図1の関係は，単純に2種の個体群間の関係ではない。食物連鎖とも答えたいところだが，食物連鎖は「直線状」の食う・食われるの関係。図は単純だが，食物網と答える。

(2) 図2でヒトデを除去し続けた場合，最終的に1種類しか生物がいなくなったことに注目する。1種類しか残らない状況は，イガイだけになってイガイが場所を占有し，カサガイなどの移動性の貝類は進出できなくなり，フノリなどの海藻類も定着できなくなる場合しかあり得ない。なお，イガイは海水中のプランクトンをこしとって食物とするため，岩場に付着する他の生物がいなくなっても生育可能である。

(3)・(4) ヒトデによるほかの生物の捕食が，岩の表面に張りついたり，移動したりする動物の間の生活場所をめぐる競争を緩和し，多種の生物の共存を可能にしている。このような生物は**キーストーン種**とよばれ，特定の生物群集の維持にはきわめて重要である。なお，ヒトの手が入って維持される生物の豊富な里山は，ヒトがキーストーン種であるともいえる。

20 生態系と生物多様性

STEP ① 基本問題 p.118～120

1 (1) A－ウ　B－オ　C－イ　D－エ
E－ア　F－カ
(2) 分解者
(3) 総生産量－ $B_0+C_0+D_0+E_0$
純生産量－ $B_0+C_0+D_0$
(4) $B_1+C_1+D_1+E_1$

2 (1) A－太陽　B－植物(生産者)
C－化石燃料　D－植物食性動物
E－生物遺体・排出物
F－動物食性動物
G－菌類・細菌(分解者)
(2) a－イ　b－ア　c－エ　d－ア
e－ウ　f－ア
(3) ① e　② a

3 (1) A－グルタミン酸　B－有機酸
(2) アゾトバクター，根粒菌，クロストリジウムなどから2つ
(3) ② 亜硝酸菌　③ 硝酸菌
(4) 硝化菌
(5) ④ 硝酸還元酵素　⑤ 亜硝酸還元酵素
⑧ アミノ基転移酵素
(6) ①の反応－窒素固定
植物のはたらき－窒素同化

4 (1) 生態ピラミッド
(2) 二次消費者の寿命が長く大形に成長する場合。
(3) 生産者－0.09〔%〕
一次消費者－13.2〔%〕
二次消費者－21.0〔%〕

5 (1) ① 遺伝的多様性　② 種多様性
③ 生態系多様性
(2) 攪乱(かくらん)　(3) 中規模攪乱説

6 ① **絶滅危惧種** ② **近交弱勢**
③ **SDGs** ④ **生態系サービス**
⑤ **地球温暖化** ⑥ **外来生物**

解説

1 (1) 図のA_0は，太陽光のエネルギーの枠からはみ出して描かれており，これはこの図のデータを採取した最初の**現存量**，つまりすでに生産者がもっている有機物を示している。太陽光から生産者に渡ったエネルギーでつくられた有機物のうち，C_0は一次消費者に移行しており，これが**被食量**(消費者にとっては**摂食量**)である。また，E_0は生態系外に出ていっていることから，呼吸によって消費される有機物を示しており，その分のエネルギーは熱エネルギーとなって生態系から失われる。B_0とD_0が残るが，D_0は(　　)へという形で，生産者の体内に残らないことが示されているので，落葉や枯死の量，逆にB_0は植物体内に残る有機物量，つまり生産者の**成長量**ということになる。一次消費者のA_1～E_1は生産者の記号と共通するものだが，F_1は一次消費者にのみ存在する記号である。F_1は一次消費者の摂食量にも含まれ，また，体内に残らないことから，食べたものが消化されずに排出された有機物量，つまり**不消化排出量**と考えられる。

(2) 図から，(　　)へいくのは**枯死量**(**死滅量**)と**不消化排出量**であることがわかる。これらの有機物はいずれも土壌や水中に蓄積し，**分解者**に利用される。

(3)・(4) 生産者の**総生産量**は，生産者が太陽エネルギーを利用して合成した全有機物量で，図中の「生産者へ」と書かれた総量である。一方，**純生産量**は，総生産量から生産者の**呼吸量**を引いた量をさす。一次消費者の**同化量**は，生産者から一次消費者に渡る有機物の全量であるが，摂食量そのものではなく，摂食量から不消化排出量を引いた値がこれにあたる。

2 (1) Cは，地中に蓄積した生物由来の炭素化合物とあることから，石油・石炭・天然ガスなどの**化石燃料**であることがわかる。Dを一次消費者，Fを二次消費者としても間違いとはいえないが，三次消費者以上の高次消費者がかかれていないので，解答のように答えるほうがよいだろう。

(2) B，D，F，Gから，大気中の二酸化炭素に向かうb，d，fの矢印は，いずれも呼吸による二酸化炭素の発生を示す。eは，ヒトによる化石燃料の大量消費，つまり燃焼を示している。

(3) ①はまさにeの化石燃料の大量消費にあたり，その結果，生態系を循環する炭素量自体が増大している。②は陸上植物の減少につながっている。陸上植物，特に樹木の減少は，植物体に固定されている炭素の放出という面が大きいが，光合成量の減少も大気中の二酸化炭素濃度の増大に大きな影響を与えている。

3 (1)・(3)～(5) 土壌や水中には，アンモニウムイオンや硝酸イオンなどの無機窒素イオンが含まれる。これらのイオンは植物体にとり込まれて，アミノ酸や有機塩基など，有機窒素化合物の原料となる。植物が，無機窒素化合物から有機窒素化合物を合成するはたらきを**窒素同化**という。土壌や水中の無機窒素化合物の起源は，生物の遺体や排出物から生じた**アンモニウムイオン**で，アンモニウムイオンは**亜硝酸菌**によって酸化されて**亜硝酸イオン**に，さらに**硝酸菌**によって酸化されて**硝酸イオン**になる。これらのはたらきは**硝化**とよばれ，亜硝酸菌と硝酸菌を合わせて**硝化菌**とよぶこともある。植物が吸収する無機窒素化合物は，一般にアンモニウムイオンと硝酸イオンであるが，硝酸イオンは**硝酸還元酵素**と**亜硝酸還元酵素**によってアンモニウムイオンとなる。このアンモニウムイオンが窒素同化に利用され，まず**グルタミン酸**というアミノ酸が**グルタミン**に変わる。このグルタミンがグルタミン酸に戻るときに，**α－ケトグルタル酸**という有機酸をグルタミン酸に変えることで，アミノ酸が新たに1つつくられることになる。こうして新たにできたグルタミン酸は，さまざまな有機酸と反応して，α－ケトグルタル酸に戻る際に，アミノ基を有機酸に渡すことで各種のアミノ酸がつくられる。このときにはたらく酵素を**アミノ基転移酵素**という。

(2)・(6) 窒素同化とは別に，大気中に豊富に含まれる窒素ガスN_2をアンモニウムイオンなどに変えるはたらきを**窒素固定**という。窒素固定を行うのはすべて原核生物で，マメ科植物との共生時のみ窒素固定をする**根粒菌**のほか，土壌や水中の細菌である**アゾトバクター**や**クロストリジウム**，**ネンジュモ**などの**シアノバクテリア**にこの能力がある。

4 (1) 生産者，一次消費者，二次消費者などの栄養段階の順に個体数を積み重ねたグラフを**個体数ピラミッド**，現存量(生物量)を積み重ねたグラフを**現存量ピラミッド**(生物量ピラミッド)，単位時間あたりに獲得するエネルギー量を積み重ねたグラフを**生産力ピラミッド**(生産速度ピラミッド)という。この3つを合わせたものを**生態ピラミッド**と総称する。

(2) 生態ピラミッドのうち，個体数ピラミッドはサクラの木とその葉を食べる毛虫の関係のように，生産者が大形で消費者が小形の場合，ピラミッドが逆転する。

現存量ピラミッドでは，植物プランクトンとそれを主食とする大形の淡水魚の関係のように，生産者が小形で，寿命が短く増殖がはやいのに対して，消費者の寿命が長く大形化する場合，逆転が起こることがある。しかし，安定した生態系では，生産力ピラミッドが逆転することはない。

(3) その地域に降り注ぐ太陽エネルギーの総量に対する生産者の総生産量の割合を，**生産者のエネルギー効率**という。この表の場合，470÷500000×100＝0.094〔%〕になる。**消費者のエネルギー効率**は，1つ前の栄養段階の同化量(生産者の場合は総生産量)に対するその消費者の同化量の割合である。したがって，一次消費者のエネルギー効率は 62÷470×100≒13.19〔%〕に，二次消費者のエネルギー効率は 13÷62×100≒20.96〔%〕になる。

5 (1) 生物多様性には，個体群内に多様な遺伝子構成の個体を含む**遺伝的多様性**，生態系内に多様な生物種が存在する**種多様性**，環境に対応して多様な生態系が存在する**生態系多様性**の3つの段階がある。遺伝的多様性は種個体群の安定に，種多様性は生態系のバランス維持に，生態系多様性は地球全体の生物相のバランスの維持に，それぞれ重要であると考えられている。

(2)・(3) 大規模な火山活動のような自然現象から，1本の木を伐採するヒトの活動まで，外的要因が生態系や生物に影響を与える現象を**攪乱**という。攪乱には，一次遷移を引き起こすような大規模な攪乱から，山火事や定期的に人の手が入る程度の中規模な攪乱，一本の木が倒れるなどの小規模な攪乱までさまざまなものがある。近年，中規模な攪乱は，生物群集内に複数の種を共存させることにつながり，種多様性をかえって高めるという**中規模攪乱説**が唱えられている。人の手が入っている里山という二次林で，種多様性が高いのはこの現象によるといわれている。

6 ① 絶滅危惧種とは，絶滅のおそれが生じている野生生物のことを指し，その原因には，開発によって生息地が減少したこと，密猟などの乱獲や環境汚染などで生息数が著しく減少したことがあげられる。絶滅のおそれのある野生生物をリストアップし，データベースにまとめたものは**レッドリスト**とよばれる。

② 遺伝的に近いものどうしが交配することで，潜在していた有害な表現形質が顕在してその種の出生率が低下したり，死亡率が上昇したりするおそれがある。

③ 2015年に国連総会で採択された**持続可能な開発目標**(Sustainable Development Goals)の略。

④ 生態系サービスは生態系ごとに種類が異なる。

⑤ 地球温暖化の原因として，CO_2 や CH_4，N_2O などの**温室効果ガス**の増加があげられる。

⑥ 外来生物に対して，その地域にもともと生息していた生物を**在来生物**(在来種)という。

STEP ② 標準問題 p.121～123

1 (1) ① **生態系**　② **生態ピラミッド**

(2) P－**生産者**　C1－**一次消費者**

(3) **ア，イ**

(4) **消費者である動物は，植物が光合成したエネルギーの一部しか栄養にできないので，生産者である植物を食べるほうが太陽エネルギーを効率よく利用できるから。**

2 (1) ① **ツンドラ**　② **熱帯林**　③ **388**

④ **60**　⑤ **15**　⑥ **37**　⑦ **52**

(2) ① Ⓐ－**277**　Ⓑ－**64**

② **Ⓑは樹木が多く，茎や根などの非同化器官に対する同化器官，つまり葉の割合が著しく少ないから。**

(3) ① バイオーム－**ステップ**　TOT値－**1**

② バイオーム－**亜寒帯林**　TOT値－**22**

3 (1) a－**アンモニウムイオン**

b－**硝酸イオン**　c－**根粒菌**

d－**窒素固定**

(2) 微生物－**硝酸菌**

有機物生産－**化学合成**

4 (1) ① **化石燃料**　② **温室効果**　③ **赤外線**

④ **生物多様性**　⑤ **種**　⑥ **光合成**

(2) **気候帯の変動による生育環境の変化，海面上昇による陸上生態系の縮小**

5 (1) a－**生態系サービス**　b－**個体群**

c－**遺伝的浮動**　d－**絶滅**　e－**分断化**

f－**局所個体群**　g－**出生率(繁殖力)**

h－**絶滅の渦**　i－**外来生物(外来種)**

j－**在来生物(在来種)**

(2) ① **ニホンオオカミ，ニホンカワウソなどから1つ**

② **トキ，ヤンバルクイナ，イリオモテヤマネコなどから2つ**

③ **オオクチバス，ウシガエル，フイリマングースなどから2つ**

解説

1 (1)〜(3) 一定の地域に暮らす生物の集団である生物群集と，それをとり巻く非生物的環境を合わせたまとまりを，**生態系**という。生態系内で生物は，光合成を行う植物である**生産者**(設問の図のP)と，それを食べる植物食性動物，つまり**一次消費者**(C1)や，植物食性動物を食べる動物食性動物，つまり**二次消費者**(C2)，動物食性動物を食べる動物食性動物，つまり**三次消費者**(C3)，各生物の遺体や排出物を利用してこれを無機物に変える**分解者**などに分けられる。これらの生物のうち，分解者を除く生物の数量的な関係をグラフ化して重ねたものを**生態ピラミッド**という。生態ピラミッドには，(3)に書かれているように3つの種類があり，ふつう栄養段階が下位のものの数量が上位のものの数量より大きい。しかし，栄養段階が下位である個体のほうが大形となる寄生連鎖の場合の個体数ピラミッドや，栄養段階が上位である個体の寿命が下位の個体より著しく長い場合の現存量ピラミッドでは，量的関係が逆転することがある。

(4) ヒトのような雑食性動物は，栄養段階の各段階に属する生物をすべて食物とすることができる。太陽から地球に到達するエネルギーは有限なので，生産者の光合成量には限りがある。植物を食物とするときは，生産者が固定した有機物をそのまま栄養として食べることになるが，動物を食べるときは，植物を食べた動物が有機物として固定した栄養を食べることになる。しかし実際には，ウシが1 kg成長する(栄養を蓄える)のに，草が10 kg必要であるといわれる。草を食べると10 kgの有機物が得られるのに，同じ条件でウシを食べると1 kgの栄養しか得られない計算になる。このように，エネルギー効率から考えて，地球上でたくさんの人口が暮らすには，植物食の割合を高めていく必要がある。

2 (1) 表をもとに考える。表中の純一次生産量と現存量の単位が g/m^2・年と g/m^2 で，いずれも単位面積あたりになっているので，①はその値が最も小さいツンドラを，②はその値が最も多い熱帯林を選べばよい。1 ha，つまり $10000 m^2$ あたりの現存量は，熱帯林では，$38800 \times 10000 = 3.88 \times 10^8$〔g〕= 388〔t〕となり，ツンドラでは，$650 \times 10000 = 6.5 \times 10^6$〔g〕= 6.5〔t〕となる。両者では，388 ÷ 6.5 ≒ 59.7〔倍〕の違いがある。また，熱帯林の面積 $17.5 \times 10^6 km^2$ は，陸地の総面積 $120.3 \times 10^6 km^2$ の 17.5 ÷ 120.3 × 100 ≒ 14.5〔%〕を占めるが，純一次生産量は，21.9×10^{12} kgC/年 と陸上全体の 58.5×10^{12} kgC/年 の 37.4 %を，植物現存量は，340×10^{12} kgC と陸上全体の 650×10^{12} kgC の 52.3%を占める。

(2) ツンドラでの現存量1 kgあたりの純一次生産量は，180 ÷ (650 ÷ 1000) ≒ 276.9〔g/kg・年〕，熱帯林での現存量1 kgあたりの純一次生産量は，2500 ÷ (38800 ÷ 1000) ≒ 64.4〔g/kg・年〕。両者を比較すると，ツンドラのほうが単位現存量あたりの純一次生産量が大きいことがわかる。これはツンドラでの生産者の多くが，コケ植物や地衣類という非同化器官があまり発達しない植物であるのに対し，熱帯林では樹木が生産者の大部分を占め，発達した茎や根などの非同化器官により呼吸量が大きく，単位重量あたりの純生産量がかなり小さくなることによる。

(3) 例えば熱帯林の場合，単位面積あたりの現存量を純一次生産量で割ったTOT値は，38800 ÷ 2500 ≒ 15.52〔年〕となる。この計算を各バイオームで行い，その値が最小のものと最大のものを答えればよい。

> **ここに注意** TOT値は生産者の平均的な世代時間に相当し，その生態系の特徴を理解するうえで重要であるといわれている。設問の数値を使うと，ステップではこの値が1となり，ほぼすべての植物が，1年で一生を終える一年生草本であることがわかる。これに対して亜寒帯林ではこの値が22となり，平均寿命の長い樹木が多い森林が見られることがわかる。

3 (1)・(2) 代表的な土壌中の無機窒素イオンは，**アンモニウムイオン・亜硝酸イオン・硝酸イオン**である。生物の遺体や生物の排出物に由来するアンモニウムイオンは，酸化されて，亜硝酸イオン→硝酸イオンと変化する。アンモニウムイオンを亜硝酸イオンに変える**亜硝酸菌**と，亜硝酸イオンを硝酸イオンに変える**硝酸菌**は，いずれも**化学合成細菌**である。マメ科植物に共生する**根粒菌**や，土壌細菌である**アゾトバクター**，**シアノバクテリア**の一種である**ネンジュモ**などは，大気中の窒素ガスをアンモニウムイオンに変えることで，有機窒素化合物の合成に関わっており，このようなはたらきを**窒素固定**という。

4 (1) 人類の，化石燃料の大量消費による大気中の二酸化炭素濃度の上昇は，メタンやフロンなどほかの温室効果ガスの濃度上昇とともに，地球から宇宙に放出される赤外線を減少させ，地球温暖化の原因となっている。このような気候変動を緩和しようという**気候変動枠組条約**と**生物多様性条約**は，生態系保存の大きな柱となる国際的取り組みである。

(2) 地球温暖化によって，気候帯が移動すると考えられており，その結果，各地域にすむ生物の生育環境が変化することが懸念（けねん）されている。また，気温上昇によって海水面が上昇し，干潟の消失や陸地面積の減少による陸上生態系への影響なども危惧されている。

5 (1) 人類は，衣食住を含め，生態系からさまざまな恩恵を受けており，これらを総合して**生態系サービス**という。その恩恵を受け続けるためには，生態系の基盤となる個体群の維持・安定が必要とされる。開発などによって生態系が分断され，個体群が小集団に分かれることを**分断化**という。分断化でできた小規模な個体群を**局所個体群**といい，局所個体群では，遺伝子の揺らぎ（遺伝的浮動）が大きくなったり，近親交配などによって有害遺伝子が蓄積したり，出生率（繁殖力）が低下したりしやすくなるなど，**絶滅の渦**に巻き込まれることが多くなる。また，ほかの地域から侵入した**外来生物**の中には，天敵の不在や高い繁殖力から，従来その場所で生活していた**在来生物**に影響を与え，その絶滅を引き起こすことが危惧されているものもある。

(2) ニホンオオカミは，1905 年に捕獲されて以来確認されておらず，狂犬病と人による捕獲で絶滅したとされている。ニホンカワウソも生息環境の悪化で激減し，2012 年に絶滅種に指定された。トキは在来個体は絶滅したが，中国産の同種の繁殖に成功し，野生に返すとり組みが進められている絶滅危惧種である。ヤンバルクイナやイリオモテヤマネコは，生息場所がきわめて限られた局所個体群しか残っていない絶滅危惧種である。外来生物のうち，在来生物の生存に大きな影響を与えるとして，**特定外来生物**に指定され，輸入，採集，飼育，移動が原則として禁止されているものには，解答であげたもののほかに，タイワンザルやヌートリアなどがある。

STEP 3 チャレンジ例題 5 p.124～125

1 (1) ① ある世代　② 理論上の増殖率
③ 上限　④・⑤ ア，ウ（順不同可）
⑥ オ　⑦ ウ　⑧ オ
(2) ⑨ 100　⑩ 990　⑪ 8920〔頭〕

2 (1) a − 134　b − 3407　c − 58.5
d − 1414
(2) 99.8〔%〕

3 300〔個体〕

4 (1) ① 50　② 10　③ 120　④ 600〔個体〕
(2) ⑤ 減少　⑥ 大きく　⑦ ア
(3) ⑧ 混ざり合う　⑨ 同じ　⑩ エ

5 (1) ① A　② 総生産量　③ B　④ 呼吸量
⑤ A − B
(2) ⑥ E　⑦ 摂食量（捕食量）
⑧ 不消化排出量　⑨ C　⑩ F
⑪ 被食量　⑫ 枯死量（死滅量）
⑬ H　⑭ E − C − F − H

解説

1 設問の文の通りに式を立てると，次世代の個体数は，ある世代の個体数×理論上の増殖率×（上限の個体数−ある世代の個体数）÷上限の個体数 となる。

(2) まず第 2 世代の個体数を計算する。第 2 世代の個体数は，$10 \times 10 \times (10000 - 10) \div 10000 = 99.9$ となり，個体数に小数はないので，四捨五入して 100 と考える。第 3 世代の個体数は，$100 \times 10 \times (10000 - 100) \div 10000 = 990$ となる，したがって，第 4 世代の個体数は，$990 \times 10 \times (10000 - 990) \div 10000 = 8919.9$ より，8920 頭ということになる。

2 (1) 生命表では，ある発育段階のはじめの生存数から死亡数を引いた値が，次の発育段階のはじめの生存数になる。卵からふ化幼虫までの段階では，$4287 - a = 4153$ になるので a が求められる。同様に，$4153 - 746 = b$ であり，$b - 1993 = d$ となる。また，各発育段階の死亡率〔%〕は，その発育段階での死亡数をその発育段階のはじめの生存数で割り，100 をかけた値になる。初期幼虫の段階の死亡率は，$1993 \div b \times 100$ で，上の式より $b = 3407$ であるので，$1993 \div 3407 \times 100 \fallingdotseq 58.49\cdots$ となる。

(2) 各発育段階の死亡率を合計してはいけない。この場合，その合計は 201.2 % となり，すべての個体が 2 回近く死ななければならないことになる。総死亡率は，総死亡数（最初の生存数−最後の生存数）を最初の生存数で割り，100 をかけた値になる。この場合，$(4287-7)\div4287\times100\fallingdotseq99.84$〔%〕になる。

3 最初の個体数を N, 年齢ごとの生存率を r ($r>0$) とすると，1 年後の個体数は rN となり，2 年後の個体数は r^2N, 3 年後の個体数は r^3N ということになる。$N=1000$, $r^3N=27$ であることから，$r^3=0.027$ となり，$r=0.3$ であることがわかる。したがって，飼育開始 1 年後の生存数は，$1000\times0.3=300$ となる。

4 (2) 試しに，2 回目の調査で捕獲した個体が 6 個体だったとして計算すると，推定結果は，

$50:x=6:120$ $x=1000$〔個体〕

となり，過大推定となる。

5 図の各記号は年間の移動炭素量で示され，解答も年間の炭素量で表すことになっているので，図中の記号をそのまま使えばよい。

(1) 植物の**純生産量**は，植物の**総生産量**，つまり図の A から，植物の**呼吸量**，つまり図の B を引いた値に相当する。

(2) 植食動物の**同化量**は，植食動物の**摂食量**，つまり図の E から**不消化排出量**を引いたもので，植食動物の成長量は，この同化量からさらに植食動物の呼吸量，つまり図の C，**被食量**にあたる図の F，および**枯死量**（**死滅量**）を引いたものである。図の H は不消化排出量と枯死量の和に相当する。よって，植食動物の**成長量**は，E − 不消化排出量 −（C + F + 枯死量）であり，H = 不消化排出量 + 枯死量であるから，E − C − F − H である。

STEP 3 チャレンジ問題 5 p.126 ～ 128

1 (1) オ

(2) ① イ ② キ ③ エ ④ キ ⑤ ク

(3) ウ

2 (1) ① 絶滅危惧種 ② レッドリスト

(2) 影響 1 − ニホンバラタナゴと交配することで，純粋なニホンバラタナゴの系統が失われる。

影響 2 − ニホンバラタナゴと競争することで，ニホンバラタナゴ個体群が衰退する。

(3) 動物 − アライグマ，フイリマングース，ウシガエル，ブルーギルなどから 1 つ。

植物 − オオハンゴンソウ，アレチウリ，ボタンウキクサ，オオフサモなどから 1 つ。

(4) 理由 − オオクチバスはオスがメスを誘引する性フェロモンを出すため。

利点 − オオクチバスの成熟メスだけを誘引して効率的に捕獲するので，オオクチバスの繁殖を効果的に抑制でき，大幅な個体数減少効果が期待できる。また，他の生物への悪影響がほぼないだろうと考えられる。さらに，手法は簡便かつ安価である。

3 (1) ① 硝化菌（硝化） ② 亜硝酸イオン

③ 還元 ④ α−ケトグルタル酸

⑤ アミノ基転移酵素

(2) 6.0×10g (60g)

(3) ウ，オ，キ

4 (1) すみわけ (2) 食物連鎖

(3) 河川改修が進み，ゲンジボタルがさなぎになる土手や，ホタルの成虫が配偶行動を行う河原の樹木などが減少した。

(4) 異なる地域にすむホタルやカワニナを放流することで，地域ごとのホタル個体群の遺伝的特性が失われる危険性がある。

解説

1 (1)・(2) グラフを見ると，入れた成虫の数が $N_0<200$ だと，次世代の羽化した成虫の数は，入れた数と比べて大きく増加している。これは個体群密度が低い

とき，増殖率が高くなっていることを示す。入れた成虫の数が $200<N_0<500$ までは，入れた成虫の数よりも羽化した成虫の数のほうが多く，この場合も個体群密度は増加しているが，その増加率は徐々に減っていることがわかる。さらに，入れた成虫の個体数が $550<N_0$ では，次世代の成虫の個体数はもとの世代より減少している。このことは，個体群密度の増加によって増殖率が低下し，$550<N_0$ では増殖率が1以下になることを示しており，密度が個体群の成長に影響を与える**密度効果**の1つとみることができる。

(3) 最初の成虫(0世代)の数が16だと，次世代(第1世代)は80程度になり，その次の第2世代は(入れた成虫が80程度だと)600程度になる。しかし，次の第3世代は，グラフから見て520程度に減少することになる。このように見ていくと，個体数は $N_1=N_0$ のグラフとの交点，つまり個体数550に収束していき，個体数が550になると，次世代も550になるので安定した個体数が維持される。

2 (2) タイリクバラタナゴが与える影響を，遺伝学的(影響1)に，および，生態学的(影響2)に考える。

(3) 解答の他にもあるので，一度実際に調べてみるとよい。

(4) 性フェロモントラップでメスのみを選択的に捕獲できることから，繁殖期のオオクチバスのオスの胆汁から抽出される性フェロモンはメスを誘引するフェロモンだと判断できる。利点としては，通常では捕獲しにくい成熟メスを効率的に捕獲することにより，オオクチバス個体群の再生産を抑えることができる。また，フェロモンは同種の個体間でのみ通用するため，他種への影響が少ない。フェロモンは化学物質であるため，組成がわかれば比較的簡単に合成することができ，方法も簡便である。

3 (2) Nの原子量が14，硝酸イオン(NO_3^-)の式量が62だから，土壌100gあたりに含まれている硝酸イオンは，

$$2.8〔mg〕\times \frac{80}{100}〔\%〕\times \frac{62}{14} = 9.92〔mg〕 = 9.92 \times 10^{-3}〔g〕$$

$5m^2(=50000cm^2)$，地表15cmの土壌の重量は，

$$50000〔cm^2〕\times 15〔cm〕\times 0.8〔g/cm^3〕= 6.0\times 10^5〔g〕$$

よって，この土壌中に含まれる硝酸イオンを x〔g〕とすると，

$$100:(6.0\times 10^5)=(9.92\times 10^{-3}):x$$

$$x=59.52 \fallingdotseq 6.0\times 10〔g〕$$

(3) 選択肢のうち，植物において合成される有機窒素化合物は，グルタミン合成酵素，RNA，フィトクロムである。

4 (1) 日本には約30種のホタルが生息する。ゲンジボタルの幼虫は比較的きれいな川にすみ，カワニナを食べる。ヘイケボタルの幼虫はやや汚れた川にすみ，食べる貝類がゲンジボタルと異なる。ヒメボタルは陸生で，カタツムリやキセルガイなどの陸生の貝類を食物とする。このように実際には食いわけも見られるが，設問では「異なる生活場所」と限定されているので，**すみわけ**と答える必要がある。

(2) 藻類－カワニナ－ホタルという直線的な捕食・被食の関係をたずねているので，**食物網**ではなく**食物連鎖**と答える。

(3) 治水事業として，人類の生活に都合のよいような河川改修が進んでいる。ゲンジボタルは水中に産みつけられた卵から水生の幼虫が生まれるが，さなぎは河川敷の土の中で育つ。また，成虫は流れのそばにある低木のまわりで配偶行動を行う。河川改修の結果，河川敷の土手がなくなると，ホタルがさなぎになる場所がなくなる。また，河川敷内にある河畔(かはん)林が減少することで，繁殖場所が減少している面もある。比較的きれいな川にすむゲンジボタルの幼虫が，河川の水質汚濁などにより生息域が狭まったという面も指摘できるが，最近では，日本の河川の水質は，従来よりも徐々に改善しつつある。しかし，都市部などでの光害で，光によって雌雄が出会うゲンジボタルの繁殖が妨げられているという面もある。

(4) 養殖漁業や種の保存から，生物を放流する活動はよく行われるようになった。しかし，例えばゲンジボタルの場合では，地域によって繁殖行動時の発光の間隔に違いがある，水温や水質汚濁に対する耐性も地域個体群ごとに違う，というようにゲンジボタルの中にも遺伝的多様性がある。違う地域のホタルを多量に放流すると，その地域特有の遺伝的特性が失われることがある。また，さなぎになる場所や繁殖場所の環境を改善せずに，たくさんのホタルを放流すると，限られた場所に多数の個体が集中しかえって個体群の衰退をはやめることも懸念されている。